# 크로아티아 홀리데이

# 크로아티아 홀리데이

2023년 1월 25일 개정 2판 1쇄 펴냄
2024년 6월 10일 개정 3판 1쇄 펴냄

**지은이** 양인선
**발행인** 김산환
**책임편집** 윤소영
**편집** 박해영
**디자인** 윤지영
**지도** 글터
**인쇄** 다라니
**출력** 태산아이
**종이** 월드페이퍼

**주소** 경기도 파주시 경의로 1100, 604호
**전화** 070-7535-9416
**팩스** 031-947-1530
**홈페이지** blog.naver.com/mountainfire
**출판등록** 2009년 10월 12일 제82호

ISBN 979-11-6762-100-9(14980)
ISBN 979-11-86581-33-9(세트)

# CROATIA
# 크로아티아 홀리데이

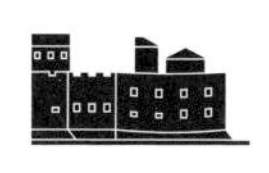

글 · 사진 양인선

꿈의지도

*Prologue*

◇

크로아티아를 가겠다고 마음을 먹은 지 여러 해가 지났다. 처음 크로아티아의 이야기를 꺼내면, 다들 "그게 어디야?"라고 묻던 곳이 그간 <꽃보다 누나>, <디어 마이 프렌즈>, <더 프렌즈> 등 여러 TV 방송을 타며 핫한 동유럽의 여행지로 떠올랐다.
일단 떠나보자!라며 시작된 크로아티아의 여행. 그해의 뜨거웠던 여름은 온통 크로아티아였다. 누군가가 칠해놓은 듯 그렇게도 파란 하늘. 사이다같이 짜릿하던 바다. 숨을 쉴 때마다 행복했던 바람. 사진으로는 전할 수 없는 진한 햇살. 크로아티아 여행은 눈을 뜨는 순간순간이 감동이었다. 매일 이만 보씩 걸어 밤이면 침대와 물아일체가 되어도 다음날 해가 뜨면 또 걸음을 멈추지 못했다.
더운 여름이 가고 찬바람이 솔솔 불어올 때쯤, 끝나지 않을 것처럼 길고 길었던 크로아티아 여행이 끝나던 날. 캐리어를 싸는데 너무 아쉬워서 크로아티아의 모든 것을 담아오고 싶었다. 사진과 글로는 그 감동을 도대체 담을 수 없는 곳이기에 이렇게 예쁜 아이가 여기 있다고 모두에게 자랑을 하고 싶었다.
크로아티아 전역을 누비다 보니 오기 전엔 몰랐던 크로아티아의 숨겨진 모습들, 아직은 정보가 부족한 여행지, 한국 사람들의 크로아티아 여행 패턴이 대부분 비슷하다는 것이 너무 아쉬웠다. 그래서 책을 집필하는 내내 큰 의무감에 사로잡혔다. 이 모든 것을 다 알려주고 싶은 마음이 간절했다. 당신이 가야 하는 곳은 당신이 알고 있는 그곳만이 아니라는 것을 말해주고 싶었다. 이 책을 보며 크로아티아 여행을 꿈꾸는 사람들이 나와 같은 감동을 나눌 수 있기를 소망한다.

*Special Thanks to*

◇

크로아티아의 모든 것을 느낄 수 있게 많은 도움을 주신 크로아티아 관광청 Nidzara, Tomislav Lescan, Tom, 안영은 과장님, 물심양면 크로아티아에 대한 지식을 내 머릿속에 꽉꽉 채워준 주형이, 나의 크로아티아 여행을 더욱 풍성하게 만들어준 남미와 한샘이, 항상 나를 열렬히 응원해 주는 최고의 지원군 나의 MK, 부족한 실력을 채워주는 꿈의지도 출판사, 항상 한국에서 나의 무사 여행을 기도하는 사랑하는 나의 가족에게 무한한 감사를 전합니다!

2024년 6월 양인선

# 〈크로아티아 홀리데이〉 100배 활용법

크로아티아 여행 가이드로 〈크로아티아 홀리데이〉를 선택하셨군요. '굿 초이스'입니다. 크로아티아에서 뭘 보고, 뭘 먹고, 뭘 하고, 어디서 자야 할지 더 이상 고민하지 마세요. 친절하고 꼼꼼한 베테랑 〈크로아티아 홀리데이〉와 함께라면 당신의 크로아티아 여행이 완벽해집니다.

**1) 크로아티아를 꿈꾸다**

① STEP 01 » PREVIEW 를 펼쳐 여행을 위한 워밍업을 시작해보세요. 아드리아해의 찬란한 유산 크로아티아에서 꼭 봐야 할 것, 해야 할 것, 먹어야 할 것들을 안내합니다. 큼직한 사진과 핵심 설명으로 여행의 밑그림을 그려보세요.

**2) 여행 스타일 정하기**

② STEP 02 » PLANNING 을 보면서 여행 스타일을 정해보세요. 크로아티아를 대표하는 6가지 키워드를 통해 크로아티아가 어떤 매력을 지니고 있는 나라인지에 대해 알고, 지역별 여행 포인트를 파악하다 보면 나만의 여행 테마가 정해집니다.

**3) 플래닝 짜기**

여행 스타일을 정했다면 기본 동선을 짤 차례입니다. 한국인 여행자를 위해 핵심만 엄선한 기본 코스부터 발칸 3국 한 달 코스까지, ③ STEP 02 » PLANNING 에서 크로아티아를 샅샅이 파헤칠 수 있는 다양한 일정을 안내합니다.

**4) 여행지별 일정 짜기**

여행 스타일과 동선을 정했다면 이제 여행지별로 구체적인 일정을 정해보세요. ④ CROATIA BY AREA 에서는 효율적으로 보고, 먹고, 즐기고, 쇼핑할 수 있는 추천 루트를 지역별로 제시합니다. 추천하는 루트만 따라 가도 여행이 완벽해집니다.

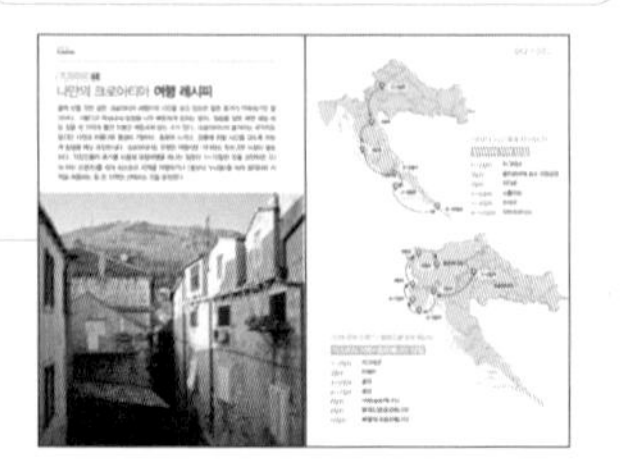

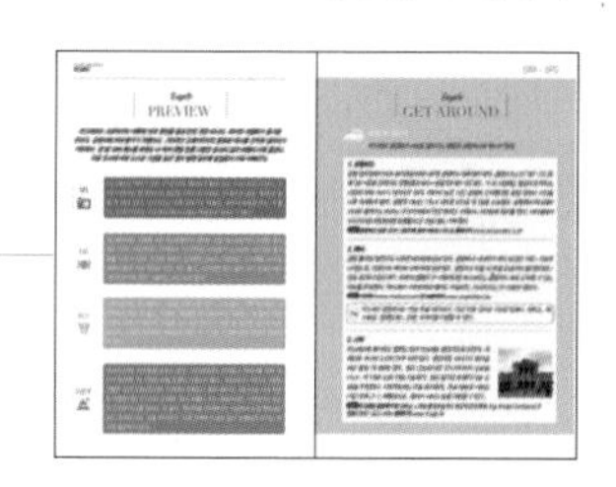

### 5) 교통편 및 여행 정보

각 도시마다 다양한 매력을 품고 있는 크로아티아는 교통편뿐만 아니라 여행자가 꼭 알아야 할 다양한 정보들이 가득합니다. ⑤ CROATIA BY AREA 에서는 각 도시의 여행 포인트 및 도시별로 여행지를 찾아가는 방법과 각 도시 내에서 이동하는 교통수단 등에 대해 꼼꼼하게 알려줍니다.

### 6) 지역별 일정 짜기와 QR코드 활용하기

여행의 콘셉트와 목적지를 정했다면 지역별로 동선을 짜봅니다. ⑥ CROATIA BY AREA 에서 크로아티아 지역별 관광지와 레스토랑, 쇼핑 숍 등을 보며 이동 경로를 짜보세요. 스폿의 자세한 정보가 더 필요하다면 QR코드를 활용해 보세요. QR을 열면 지도와 스폿의 정보를 간편하게 확인할 수 있답니다.

**Tip** 이 책에는 QR코드가 많이 있다. 내 스마트폰에서 카메라를 켜고 QR코드에 가져다 대면, 화면 아래 노란색 링크가 뜬다. 그 부분을 누르면 QR코드가 알려주는 사이트로 바로 연결된다.

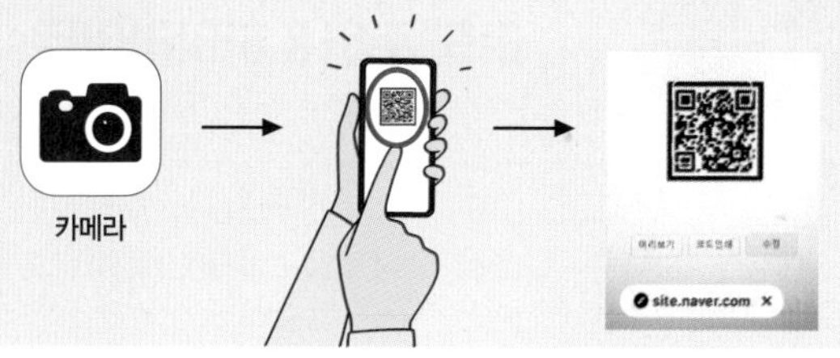

### 7) 숙소 정하기

여행 동선과 스타일에 맞는 숙박 시설이 무엇인지 찾아보세요. 크로아티아에는 백패커를 위한 아파트형 숙소부터 고급 호텔까지 다양한 형태의 숙소가 있습니다. ⑦ 각 지역의 SLEEP 에서 확인해보세요.

### 8) D-day 미션 클리어 & 여행 체크리스트

여행 일정까지 완성했다면 책 마지막의 ⑧ 여행 준비 컨설팅 을 보면서 혹시 빠뜨린 것은 없는지 챙겨보세요. 여행 60일 전부터 출발 당일까지 날짜별로 챙겨야 할 것들이 리스트 업 되어 있습니다.

# CONTENTS

CROATIA BY STEP

## 여행 준비 & 하이라이트

### STEP 01 Preview

크로아티아를 꿈꾸다



### STEP 02 Planning

크로아티아를 그리다

CROATIA BY AREA

# 크로아티아 지역별 가이드

## 01 자그레브



### ■ 플리트비체 호수 국립공원



## 02 달마티아 지역

### ■ 01 자다르



### ■ 02 트로기르



### ■ 03 스플리트



### ■ 04 스플리트 근교 섬



### ■ 05 마카르스카



### ■ 06 두브로브니크

## 03 이스트라 지역



## 04 주변국

# 크로아티아 안내도


스위스
Switzerland
오스트리아
Austria
헝가리
Hungary
슬로베니아
Slovenia
크로아티아
Croatia
루마니아
Romania
보스니아 헤르체고비나
Bosnia and Herzegovina
세르비아
Serbia
이탈리아
Italy
몬테네그로
Montenegro
알바니아
Albania
Cream Caffe 
Foto Luigi

# Step 01 Preview

## 크로아티아를 꿈꾸다

PREVIEW 01

# 크로아티아 MUST SEE

유럽의 숨은 보석 크로아티아. 특별한 휴가를 보내기로 결정한 당신이 놓치지 말아야 할 것들을 단 몇 가지로 정리하는 건 무리이다. 지역마다 다른 역사와 문화를 고스란히 간직하고 있는 소도시들. 빛바랜 거리를 쓰다듬는 아드리아해의 청량한 바람. 세월의 흔적이 묻어나는 골목들. 도저히 빠져나올 수 없는 마법 같은 순간들이 끊임없이 다가온다.

## 1 플리트비체, 사진으로는 담을 수 없는 신비한 물빛

© 크로아티아 관광청

2

눈 뜨고도 믿을 수 없는 그림 같은 광경
두브로브니크의 스르지산에서 만나는 아드리아해

3

세상에서 가장 로맨틱한 선셋, 로빈

4 성 돔니우스 대성당 종탑에서 내려다보는 스플리트

로마에 서 있는 듯한 착각! 풀라의 아레나 5

6

자그레브의 심장
반 옐라치치 광장

7

뜻밖의 풍경, 커다란 감동, 요새에서 내려다보는 흐바르

PREVIEW 02

# 크로아티아 MUST DO

걷고, 보고, 느끼고, 해야 할 것, 하고 싶은 것들이 끝없이 넘쳐나는 크로아티아는 시시각각 즐길 거리가 가득하다. 더 머무르고 싶은 곳에서는 시간이 더 빨리 흐르는 법. 부지런히 크로아티아의 빛나는 순간을 아낌없이 즐겨보자.

1 천년 역사가 살아 숨 쉬는 두브로브니크 성벽 투어

3 청정 바다, 아드리아해에서 카약 즐기기

4 돌고래가 기다리는 로빈의 선셋 크루즈

2 길을 잃으면 더 좋아! 구시가지의 미로 같은 좁은 골목 걷기

5 이게 그 유명한 레고 성당! 자그레브의 성 마르크 성당에서 깜찍한 인증사진 찍기

6 가슴이 터질 것 같은 무한 감동,
드라이브로 만끽하는 크로아티아

7 스플리트 디오클레티아누스 궁전의 낭만적인 밤
산책하기

9 바다의 춤, 파도의 노래, 자다르의 바다 오르간에 취하는 시간

8 우리가 사랑하는 그들의 여유, 노천카페에서 사람 구경

10 아드리아의 진한 바다에서 해수욕하기

이런 맛은 처음이야!
문어 샐러드

한 끼 식사로 든든해!
크로아티아의 국민 빵, 부렉

PREVIEW 03

# 크로아티아 MUST EAT

아드리아해를 끼고 있는 크로아티아 음식의 주재료는 해산물이다. 요리가 되어 나왔는데도 팔딱거릴 것만 같은 신선함에 감탄사가 절로 흐른다. 어디 그뿐인가. 청정하고 비옥한 환경으로 육류, 채소, 과일까지 본연의 맛을 제대로 느낄 수 있는 자연주의 음식 메뉴가 가득하다. 진정한 미식가들의 엄지가 척척 올라간다.

보기만 해도 욕심나는
풍성한 제철 과일

아드리아해에서
갓 잡아 올린 생선구이

재료의 맛이 하나하나
살아 있는 **해산물 스파게티**

이스트라의 명물
**안초비 카르파초**

와인과의 환상적인 만남
**참치 스테이크**

크로아티아의 대표 음식
**먹물 리소토**

쌉싸름한 카바(커피)와
찰떡궁합 **크림 케이크**

어디서 마시든 평균 이상
**카푸치노**

너무 맛있어서 수출도
못한다는 **크로아티아 와인**

푸짐하게 즐기는 전통
크로아티아 요리 **체바치치**

바다만큼 짜릿한 그 맛!
**레몬 맥주**

# Step 02
# Planning

## 크로아티아를
## 그리다

PLANNING **01**

# 크로아티아 **여행 오리엔테이션**

매력을 넘어선 마력의 나라. 크로아티아는 어떤 곳일까? 무슨 일이 일어났던 곳일까?
역사와 전쟁, 그리고 매력 넘치는 크로아티아의 이야기를 간단히 풀어본다.

'유럽의 작은 보석'이라 불리는 크로아티아는 아드리아해를 끼고 있는 발칸 반도 북서부에 위치해 있다. 우리나라에 알려진 것은 고작 몇 해 안 되었지만 유럽 내에서는 이미 최고의 휴양지로 이름을 떨친 지 오래다. 유럽 여러 저명인사들의 극찬과 함께 유럽인들이 선호하는 여행지 BEST에 선정이 되면서 6~8월 휴가시즌이면 이탈리아나 독일 등의 유럽인들로 차고 넘친다.

크로아티아는 겉모습만 보면 아름답기 그지없어 꽃길만 걸었을 것 같지만 아픈 과거가 가득한 나라이다. 기원전 로마 제국을 시작으로 헝가리, 오스트리아, 베네치아 등의 침략과 지배를 받았고, 제2차 세계대전에도 많은 영향을 받았다. 크로아티아는 1990년대까지 발칸의 공산국가 연방인 '유고슬라비아'의 일부였다. 1991년, 크로아티아는 유고슬라비아 연방으로부터 독립을 선언하였다. 크로아티아의 독립을 반대하는 세르비아와 치열한 내전을 치른 후 1995년 독립에 성공했다. 아직까지도 전쟁의 상처가 남아 있는 크로아티아. 그 역사의 흔적과 다양한 유럽의 문화가 뒤섞여 지금은 여행자들에게 좋은 관광거리를 선사하고 있다. 요새, 종탑, 성벽, 성당, 궁전 등 언뜻 보면 가는 곳마다 비슷한 것들이 있다고 생각될 수도 있지만, 그곳이 생긴 시대와 얽힌 역사들을 알면 특별하고 더욱 의미 있는 여행을 할 수 있다.

노벨 문학상 수상자인 버나드 쇼가 "지상 최대의 낙원을 보고 싶으면 이곳으로 오라"고 했던 크로아티아의 최대 관광지 두브로브니크를 시작으로 살아 숨 쉬는 유적지 스플리트, 요정의 정원이라 불리는 플리트비체, 세상에서 가장 로맨틱한 도시 로빈까지 크로아티아는 알수록 빠져나오기 힘든 여행지가 가득하다. 교통이 편리하고, 다양하고 맛있는 해산물 요리를 접할 수 있으며 중유럽과 서유럽에 비해 물가가 30~40% 저렴한 것도 장점이다. 온화한 지중해성 기후, 천혜의 자연을 가진 인간과 자연이 공존하는 나라. 크로아티아의 매력은 차고도 넘친다. 가는 곳곳 에메랄드빛 신비로운 크로아티아는 매력을 넘어선 마력의 나라이다.

PLANNING 02

# 크로아티아를 말하는 6가지 키워드

다녀온 사람마다 너무 멋지고 아름답다고 찬사를 보내는 나라 크로아티아. 아드리아해와 빨간 지붕, 해안을 따라 늘어선 사랑스러운 작은 도시들. 게다가 그 안에 숨겨진 문화와 예술, 역사를 알면 크로아티아라는 나라에 대한 기대가 풍선처럼 부풀어 오른다. 무작정 떠나는 여행도 설레지만, 알고 가는 여행은 더욱 깊이가 있다. 여행은 아는 만큼 보이기 때문이다.

### 1. 당신의 인생바다, 아드리아해

아드리아해. 서쪽은 이탈리아, 동쪽은 크로아티아를 비롯해 슬로베니아, 몬테네그로와 알바니아가 차례로 차지하고 있는 바다이다. 우리에게 '아드리아해'라고 하면 많은 사람들은 남쪽으로 위치한 나라 '그리스'를 떠올리지만 유럽인들에게 아드리아해는 오래전부터 변함없이 크로아티아다. 서쪽을 다 차지한 이탈리아는 해안선이 단조로운 반면 크로아티아가 속한 발칸의 아드리아해는 알프스산맥의 산계가 해안까지 내려와 푸른 바다에 초록빛을 더한다. 그 덕에 바다의 어디를 둘러봐도 그림 같은 풍경을 마주하게 된다. 게다가 바다 빛깔은 많은 사람들이 바다를 표현하는 코발트빛, 에메랄드빛 등의 말로는 아무리 호들갑을 떨어봐도 도무지 표현이 안 되는 환상적인 빛깔이다. 온화한 기후로 이스트라 지역은 9~10월, 두브로브니크는 11월까지도 바다에 들어갈 수 있는 날씨가 펼쳐지니 이보다 더 행복할 수는 없다. 크로아티아를 여행한다면 햇빛이 부서지는 아드리아해에서 수영하는 것은 필수. 차디찬 바닷물이 사이다처럼 온몸을 톡 쏘는 청량감. 잊지 못할 인생 바다를 만나는 순간이다.

## 2. 아드리아해와 빨간 지붕의 컬래버레이션

크로아티아 하면 빨간 지붕을 가장 먼저 떠올리는 사람이 적지 않다. 빨간 지붕의 시작은 단순하다. 동유럽의 토질은 붉은색인데, 처음 집을 짓기 시작할 때 이 붉은 흙으로 벽돌을 만들었고 테라코타('점토를 굽다'라는 뜻) 기법으로 구워서 지붕에 올리기 시작했다고 한다. 그렇게 하나둘 빨간 벽돌 지붕의 집들이 도시를 가득 채웠고, 이제 빨간 지붕은 크로아티아를 대표하는 모습 중 하나가 되었다. 요즘은 테라코타 기법을 사용하지 않아도 될 정도로 기술이 발전했고 원한다면 충분히 다른 색의 지붕으로 만들 수 있지만 수백 년을 지켜온 도시의 미를 약속이라도 한 듯 유지해 나가고 있다. 많은 동유럽 국가에서 크로아티아와 같은 빨간 지붕을 심심치 않게 볼 수 있지만 아드리아해와 빨간 지붕의 완벽한 컬래버레이션은 크로아티아의 상징이 되었다. 두브로브니크 성벽 아래 풍경은 크로아티아 여행의 화룡점정을 찍는다.

## 3. 소도시 여행

크로아티아 여행의 매력은 소도시 여행이다. 수도인 자그레브조차 타박타박 걸어서 여행이 가능할 만큼 대도시가 없기도 하지만 서부 해안을 따라 촘촘하게 늘어선 작은 도시들은 크로아티아 여행의 묘미이다. 얼기설기 미로같이 좁은 골목, 시곗바늘이 멈춘 듯 빛바랜 유적지, 그리고 그것들과 그림처럼 어우러져 지금을 살아가는 사람들의 모습. 글로 표현을 하면 다 비슷한 모습이지만, 하나하나 모두 다른 느낌이다. 보면 볼수록 매력적인 소도시의 모습에 여행에 대한 욕심이 더 생겨난다. 유명한 관광지를 숙제하듯 도장 찍기보다는 목적지도, 지도도 없이 크로아티아의 작은 골목들을 거닐어보자. 뒷골목에서 마주한 소소한 감동의 순간이 여행에 진한 여운을 가져다준다. 소박하고 여유로워 보이는 모습이 가장 '크로아티아다운' 모습이다.

### 4. 해산물 미식 탐험

남쪽이 길게 아드리아해에 면한 크로아티아는 어느 레스토랑을 가든지 해산물 메뉴가 빠지지 않는다. 식탁에 항상 밥과 고기가 빠져선 안되는 육식주의자라면 끼니 때마다 메뉴를 고르는 게 고역이겠다. 하지만 해산물을 좋아하는 사람이라면 삼시 세끼 열 손가락을 다 사용해도 바쁜 크로아티아의 식탁. 문어, 새우, 오징어, 생선, 홍합 등 그야말로 해산물 천국이다. 신선하냐? 묻지 말자. 아드리아해에서 갓 잡아 올린 해산물은 튀겨 나온 오징어조차 눈알을 굴리며 식탁에서 팔딱거릴 것만 같다. 멋들어진 다이닝도, 노천에서 달그락거리는 냄비도, 어디에서 무엇을 먹어도 크로아티아의 해산물은 근사하다. 게다가 다른 유럽 국가에 비해 저렴하기까지 하다. 크로아티아만의 특별한 레시피로 맛을 낸 요리도 있지만, 소스의 맛보다는 소금, 올리브 오일, 레몬 등을 이용해 자연 그대로의 맛을 살린 메뉴가 많은 편. 입맛 까다로운 미식가들이라면 더욱 식사 시간마다 흥이 넘친다. 새우의 일종인 스캄피, 문어 샐러드, 오징어 스튜, 생선구이 등 꼭 먹어봐야 하는 메뉴는 끝이 없다. 거기다 크로아티아산 화이트 와인 한 잔까지 더한다면 금상첨화. 자신 있게 말하지만, 기대해도 좋다. 단, 크로아티아 여행 후 한국의 식탁이 시시해 보이는 후유증은 본인의 몫이다.

## 5. 크로아티아 최고의 예술가 이반 메슈트로비치

크로아티아를 여행하다 보면 이반 메슈트로비치Ivan Meštrović가 누구지? 하게 될 정도로 자주 눈에 띄는 이름. 크로아티아뿐 아니라 세계적으로도 인정받은 예술가이다. 크로아티아 사람들에겐 크로아티아의 미켈란젤로라고 불릴 정도로 각별한 사랑을 받고 있는 크로아티아 최고의 조각가이자 건축가. 천재적인 재능과 함께 험난한 인생을 겪은 것도 미켈란젤로와 많이 닮았다. 1883년 크로아티아의 브를폴리예Vrlpolje에서 태어나 크로아티아에서는 자그레브와 스플리트를 오가며 작품 활동을 펼치고 영국, 프랑스, 이탈리아 등 유럽 각지에서 활발한 활동으로 국제적인 명성을 쌓았다. 제2차 세계대전 당시 히틀러의 나치즘에 반대했던 이반 메슈트로비치는 미국으로 원하지 않는 망명을 했다. 그리고 1962년 79세의 나이로 고국에 돌아오지 못한 채 생을 마감한다. 미국에서 활동을 하면서도 그는 고국인 크로아티아에 대한 사랑이 유별났다. 미국에서 59점의 조각상을 보내고, 1959년에는 자신이 평생 작업한 작품 400점 이상의 조각상과 드로잉 등 모든 소유물을 국가에 양도했다. 그 후, 그의 후손들이 작품을 기증하면서 총 약 700여 점 이상의 작품이 지금까지 남아 있다. 크로아티아의 자그레브, 스플리트 외 발칸 반도의 여러 지역에서 그의 작품을 만날 수 있다. 가장 많은 작품은 스플리트에 그의 별장으로 지어진 이반 메슈트로비치 갤러리에서 볼 수 있다.

## 6. 반전의 슬픈 역사가 숨겨진 크로아티아

이토록 아름다운 크로아티아는 2000년대 후반까지도 열에 아홉은 "그게 어디지?"라고 했던 나라다. 그 이유는 책 한 권으로도 모자란 유럽과의 얽히고설킨 역사 때문이다.

비옥하고 아름다운 땅을 가진 유럽의 남동부 지역. 중앙아시아와 유럽을 잇는 완벽한 위치를 차지했다. 고대부터 유럽의 많은 나라들이 탐을 내던 나라이다. 기원전 2세기부터 시작된 크로아티아는 고대 로마의 지배를 받았고, 그리스인들이 달마티아 지방을 장악하기도 했다. 4세기는 게르만족의 거센 침공에 시달렸고 8세기는 슬라브족이 땅을 차지했다. 중세 시대로 넘어오며 11세기부터는 헝가리 왕국, 15세기 베네치아 공국, 그 후 16세기 오스트리아의 지배를 차례로 받은 크로아티아. 듣기만 해도 몸살이 날 것 같은 시기를 거치며 그들이 남기고 간 흔적이 크로아티아 전역에 산재하게 되었다. 로마의 황제가 살던 궁전은 동유럽 최고의 유적지로 세계문화유산이 되었고, 베네치아 공국은 많은 베네치아 스타일의 성당과 건물을 유적으로 남겼다. 그 외에도 시조를 반영하는 많은 건축물과 요새들이 지금까지 고대와 중세시대 크로아티아의 큰 유물로 남겨졌다.

1918년 제1차 세계대전이 끝나기 전 세르비아의 주도 아래 슬로베니아, 크로아티아는 유고슬라비아 연방의 일원이 되었다. 종족은 같지만 문화, 경제, 종교, 풍습이 다른 세르비아의 지배를 거부한 크로아티아는 1991년 슬로베니아와 함께 독립국임을 선포했다. 이를 반대한 세르비아와의 내전이 시작되었고, 국제사회의 중재와 압력으로 1995년 마침내 슬로베니아와 함께 독립했다.

이제야 전쟁의 흔적에서 서서히 멀어지며 여행자에 대한 규제가 풀리기 시작했다. 비극적인 순간에도 크로아티아인들이 그들의 유산을 지키기 위해 노력한 대가로 우리는 크로아티아의 아름다움을 만끽할 수 있게 되었다. 그러나 가끔 드러나는 역사의 상처를 보면 마음이 숙연해지기도 한다. 짧은 글로 그들의 역사를 다 이해할 수는 없지만, 조금이나마 알고 다가서면 작은 집 한 채, 교회 하나를 보더라도 더욱 의미 있는 여행이 될 것이다.

PLANNING **03**

# 한눈에 쏘옥! 크로아티아 **지역별 여행 포인트**

일반적으로 크로아티아 여행은 수도인 자그레브에서 시작한다. 항공, 기차, 버스 등 모든 교통의 집결지가 자그레브이기 때문. 자그레브로 들어온 후 다른 곳으로의 경로를 정하면 된다. 일정이 넉넉해 원하는 곳을 다 돌아볼 수 있으면 좋겠지만 그렇지 않다면 눈물을 머금고 방향을 정하자. 만약 10일 이하라면 서쪽 해안의 이스트라 지역과 남쪽 해안의 달마티아 지역 중 한 곳으로 정하는 게 좋다. 유럽에서도 가장 로맨틱한 휴양지라고 알려진 이스트라 지역은 북쪽으로 슬로베니아와 인접해 있다. 〈꽃보다 누나〉의 영향으로 한국인에게 잘 알려진 달마티아 지역은 보스니아 헤르체고비나, 몬테네그로와 인접해 있어 발칸 반도의 또 다른 나라를 함께 여행할 수 있다. 이동시간을 고려해 되도록 일정을 넉넉하게 잡고 여행하자.

## I 자그레브 Zagreb I

크로아티아의 수도이자 얼굴이다. 유럽의 어느 곳이든, 혹은 한국에서 출발한 여행자들이라도 여행을 시작하는 곳은 여기다. 자그레브는 크로아티아의 다른 지역과 달리 내륙에 위치해 있다. 또 가장 큰 도시이다 보니 휴양지의 낭만보다는 도심 여행을 즐기는 곳이다. 자그레브는 보통 다른 지역으로 가기 위해 거쳐 가는 도시쯤으로 생각하는데, 의외로 알찬 여행을 즐길 수 있다. 물가 비싼 관광지에 비해 저렴하고, 잘 발달된 미식문화로 입이 즐겁다. 박물관과 갤러리가 많아 눈이 즐겁고, 유럽에서 가장 아름다운 공원으로 선정된 막시미르Maksimir 공원이 있어 힐링의 시간을 갖게 해준다. 매력을 알면 절대 그냥 지나쳐갈 수 없는 곳이 바로 자그레브다.

### 플리트비체 호수 국립공원 Plitvice Lakes National Park / Nacionalni Park Plitvička Jezera

자그레브에서 남쪽으로 약 110km 떨어진 크로아티아 최대 국립공원이다. 카르스트 지형으로 형성된 16개의 거대한 호수와 그 사이를 연결하는 폭포가 장관을 이룬다. 크로아티아 여행 코스에 반드시 포함시켜야 하는 곳으로 미네랄 가득한 호수 빛깔은 햇빛의 각도에 따라 시시각각 다른 표정을 보여준다. 신비롭고 아름다운 호수와 어우러진 공원은 온통 초록의 낙원 같은 풍경을 선사한다. 1979년 크로아티아에서 유일하게 유네스코 세계자연유산으로 등재되었다. 자그레브에서 다른 지역으로 이동하면서 경유지로 들르기도 좋다.

## | 달마티아 지역 Dalmacija |

익히 알려진 개의 품종인 달마시안의 원산지가 바로 달마티아다. 한국인이 좋아하는 여행지인 자다르, 스플리트, 흐바르, 두브로브니크 등이 달마티아 지역에 포함된다. 달마티아는 아드리아해를 따라 길게 뻗어 있다. 자다르가 있는 북부, 스플리트가 있는 중부, 두브로브니크가 포함된 남부로 나뉘는데, 가는 곳마다 변화무쌍한 모습의 크로아티아를 만날 수 있다. 이스트라 지역은 조용한 휴양지역으로 여행자들의 연령대가 좀 높은 반면, 달마티아 지역의 스플리트, 흐바르, 두브로브니크는 젊은 사람들의 휴양지로 인기가 좋은 편. 달마티아 남부로 내려갈수록 여행자는 더 많아지고, 물가는 점점 비싸진다. 휴가 최고 성수기인 7~8월이면 달마티아 최고 여행지 두브로브니크를 비롯해 파티 플레이스로 알려진 스플리트, 흐바르는 여행자들로 차고 넘친다.

### 자다르 Zadar

달마티아 지방의 주도다. 로마 제국 시대부터 문헌에 새겨진 고대 도시로 중세에는 슬라브의 상업 문화 중심지였다. 2차 세계대전을 비롯해 몇 번의 전쟁을 겪으며 완전히 파괴되었다가 복구되어 고대와 현대가 공존한다. 2016년 유럽 최고의 여행지로 선정되었다. 자다르에서는 세상 어디에서도 들을 수 없는 감미로운 바다의 오르간 소리를 꼭 들어봐야 한다.

### 스플리트 Split

크로아티아에서 자그레브 다음으로 큰 도시다. 1700년 전 로마 황제 디오클레티아누스의 궁전이 지어지며 '황제가 사랑한 도시'라는 별명이 붙었다. 아직까지 생생하게 남은 고대 로마 유적들은 유네스코 세계문화유산으로 등재되었다. 풍부한 역사와 세련된 도시의 모습이 여행 후 오랫동안 잊히지 않는 곳. 크로아티아의 인기 섬인 흐바르, 비스 등으로 향하는 페리를 탈 수 있다.

### 트로기르 Trogir

그리스인들에 의해 개척된 도시다. 두어 시간이면 대충 다 돌아보는 작은 도시지만 인상은 강렬하다. 중세도시 중에서 로마네스크 고딕 양식의 도시 배치가 유럽 전 지역에서 가장 완벽하다. 도시 전체가 1997년 유네스코 세계문화유산으로 지정되었다. 걷기만 해도 큰 의미가 있는 유서 깊은 여행지다.

### 흐바르 Hvar

이름만큼 독특하고 럭셔리한 분위기가 감도는 최고의 휴양지로 알려진 섬이다. 크로아티아에서 일조량이 가장 많은 지역으로 눈부신 햇살이 일 년 내내 함께한다. 봄이면 온통 보랏빛으로 물드는 라벤더 군락이 펼쳐지고, 요새에 오르면 바다와 어우러진 빨간 지붕의 집들이 눈부시다. 또 거리에는 고급 레스토랑이 즐비하고, 밤이면 파티복을 차려입은 젊은이들이 거리를 가득 메운다. 우리가 상상하는 꿈의 휴양지가 바로 흐바르다. 스플리트에서 페리로 1시간 거리다.

### 마카르스카 Makarska

달마티아 남부의 항구도시. 약 3,000명이 사는 아주 작은 도시이지만 휴양지로서의 매력은 충분하다. 3자 모양으로 나뉜 2개의 바다와 그 뒤를 병풍처럼 둘러싼 마카르스카의 모습은 그야말로 그림이다. 관광보다는 휴양지로 이름난 곳이라 겨울 시즌에는 매력이 조금 떨어진다. 스플리트와 두브로브니크 사이의 바다를 즐기고 싶다면 마카르스카가 정답이다.

### 두브로브니크 Dubrovnik

달마티아 지역을 대표하는 관광도시다. '아드리아해의 진주'라는 별명을 얻을 정도로 다녀온 사

람마다 극찬 일색이다. 가는 곳마다 입이 떡 벌어지는 풍광과 함께 유럽에서 가장 견고한 구시가지의 성벽은 여행자들을 이곳으로 불러 모으는 동경의 대상이다. 미로처럼 얽힌 골목을 탐험하고, 아름다운 아드리아해를 원 없이 즐긴다. 또 스르지산에서 보는 두브로브니크는 결코 잊을 수 없다. 다만, 최고 관광지로 발돋움한 곳이라 끊임없는 관광객 행렬과 비싼 물가는 감수해야 한다.

## | 이스트라 지역 Istra |

아직까지 한국인에게는 많이 알려지지 않았지만 유럽인들에게는 최고의 인기 휴양지다. 크로아티아의 가장 매력적인 모습이 집약되어 있는 곳이라 할 수 있다. 북쪽은 슬로베니아, 서쪽은 바다 건너 이탈리아와 국경을 마주하고 있다. 오스트리아, 로마 제국, 베네치아 공화국 시절의 영향으로 중유럽의 고급스러운 분위기가 감돈다. 눈부신 태양과 온화한 기후, 청정해변과 아름다운 경관 뭐 하나 빼놓지 않고 칭찬받을 만하다. 이스트라의 주요 여행지는 19세기 초기부터 유럽 왕실과 귀족들의 휴양지로 개발된 오파티야, 이천 년 전에 도시가 형성된 포레치, 세상에서 가장 로맨틱한 도시 로빈, 크로아티아에서 세 번째로 큰 항구도시 리예카 등이 있다. 리예카를 기점으로 아드리아해를 따라 북쪽으로 오르며 이스트라 지역의 도시를 탐닉해 보자.

### 리예카 Rijeka

크로아티아에서 세 번째로 큰 항구도시다. 15세기부터 합스부르크 제국의 무역항으로 발전한 곳으로 헝가리와 오스트리아의 분위기가 감돈다. 활기찬 분위기가 매력적인 도시로 이스트라 지역 여행의 출발점이다.

### 오파티야 Opatija

어디를 둘러봐도 온통 휴양지의 느낌이 물씬 흐르는 작은 도시다. 1884년부터 오스트리아 왕족과 귀족들이 드나들면서 휴양지로 발전했고, 지금껏 크로아티아 최고급 휴양도시로 손꼽힌다. 거리 가득 우아함이 흐르는 오파티야는 '크로아티아의 귀부인'이라는 별명이 딱 들어맞는다.

### 풀라 Pula

오랫동안 베네치아 공화국의 지배를 받아 중유럽과 지중해 문화가 뒤섞인 이스트라 지역에서도 이탈리아 문화, 음식, 역사가 가장 깊이 배인 도시다. 고대부터 이어져 온 풀라의 거리에 서면 여기가 로마인가? 하는 착각이 든다.

**로빈** Rovinj

크로아티아에서 가장 이국적이며 낭만적인 휴양 도시다. 드라마 〈디어 마이 프렌즈〉에서 완과 연하의 로맨틱한 장면이 그려진 도시이기도 하다. 세상 어디에도 없는 마법 같은 풍경을 만날 수 있다. 커플이라면 영원한 사랑을 속삭이겠지만, 솔로라면 이를 꽉 깨물어야 할 터! 이스트라 지역에서 가장 추천하는 도시이다.

**포레치** Poreč

기원전 2세기부터 기원후 1세기에 걸쳐 형성된 고대 로마의 도시다. 그 시절에 건설된 도시의 구조를 현재까지 그대로 보존하고 있다. 세계문화유산으로 등재된 유프라시안 대성당이 가장 큰 볼거리다. 활기찬 리조트 단지가 있어 휴양지로도 인기가 높다.

PLANNING 04

# 나만의 크로아티아 여행 레시피

홀딱 반할 것만 같은 크로아티아 여행지의 사진을 보고 있으면 짧은 휴가가 야속하기만 할 것이다. 그렇다고 욕심내서 일정을 너무 빠듯하게 잡지는 말자. 일정을 잘못 짜면 매일 아침 짐을 싼 기억과 빨간 지붕만 머릿속에 남는 수가 있다. 크로아티아의 볼거리는 유적지도 많지만 자연과 아름다운 풍경이 7할이다. 충분히 느끼고, 감동에 취할 시간을 갖도록 하는 게 일정을 짜는 포인트이다. 크로아티아는 유명한 여행지만 가더라도 족히 2주 이상이 필요하다. 직장인들이 휴가를 이용해 유럽여행을 떠나는 일정이 7~10일인 것을 감안하면 〈디어 마이 프렌즈〉를 따라 이스트라 지역을 여행하거나 〈꽃보다 누나들〉을 따라 달마티아 지역을 여행하는 등 한 지역만 선택하는 것을 추천한다.

<꽃보다 누나>들을 따라 떠나는

**달마티아 지역 10일**

| | |
|---|---|
| 1~2일차 | 자그레브 |
| 3일차 | 플리트비체 호수 국립공원 |
| 4일차 | 자다르 |
| 5~6일차 | 스플리트 |
| 7~8일차 | 흐바르 |
| 9~10일차 | 두브로브니크 |

<디어 마이 프렌즈> 촬영지를 찾아 떠나는

**이스트라 지역+슬로베니아 10일**

| | |
|---|---|
| 1~2일차 | 자그레브 |
| 3일차 | 리예카 |
| 4~5일차 | 풀라 |
| 6~7일차 | 로빈 |
| 8일차 | 피란(슬로베니아) |
| 9일차 | 블레드성(슬로베니아) |
| 10일차 | 류블랴나(슬로베니아) |

발칸 반도 여행을 꿈꾸는 당신을 위한

## 크로아티아+발칸 3국 2주 일정

| | |
|---|---|
| 1~2일차 | 자그레브 |
| 3일차 | 라스토케 |
| 4일차 | 플리트비체 호수 국립공원 |
| 5~7일차 | 스플리트 |
| 8일차 | 마카르스카 |
| 9일차 | 모스타르(보스니아 헤르체고비나) |
| 10~12일차 | 두브로브니크 |
| 13일차 | 부드바(몬테네그로) |
| 14일차 | 코토르(몬테네그로) |

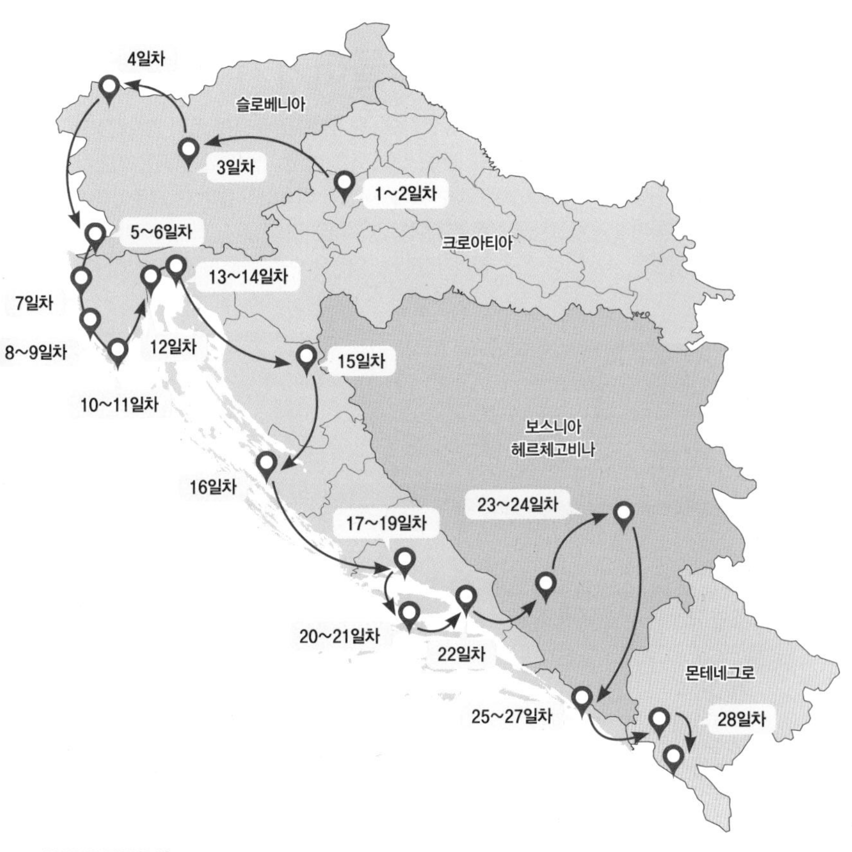


살살이 둘러보는

## 크로아티아 + 발칸 3국 한 달 일정

| | |
|---|---|
| 1~2일차 | 자그레브 |
| 3일차 | 류블랴나(슬로베니아) |
| 4일차 | 블레드(슬로베니아) |
| 5~6일차 | 피란(슬로베니아) |
| 7일차 | 포레치 |
| 8~9일차 | 로빈 |
| 10~11일차 | 풀라 |
| 12일차 | 오파티야 |
| 13~14일차 | 리예카 |
| 15일차 | 플리트비체 호수 국립공원 |
| 16일차 | 자다르 |
| 17~19일차 | 스플리트 |
| 20~21일차 | 흐바르 |
| 22일차 | 마카르스카 |
| 23~24일차 | 모스타르, 사라예보<br>(보스니아 헤르체고비나) |
| 25~27일차 | 두브로브니크 |
| 28일차 | 코토르, 부드바(몬테네그로) |

PLANNING 05

# 크로아티아 들어가기

크로아티아 직항은 성수기~평수기에만 운영한다. 정기적으로 운영을 하지 않으니 가는 시기에 따라 직항이 있을 수도 있고 없을 수도 있다. 직항이 없다면 경유 항공을 이용하거나 주변국을 먼저 여행한 후 육로로 들어갈 수 있다. 여행이 익숙하지 않아 먼 크로아티아까지 가는 길이 막막하더라도 차근차근 경로를 찾아보면 두려울 것도 없다. 크로아티아에 입성했다면 여행의 절반은 성공한 셈! 일단 들어가면 다음 일정은 순풍에 돛 단 듯 편안해진다.

## | 항공으로 가기 |

크로아티아 직항은 성수기 시즌마다 한시적으로 생긴다. 자그레브로 대한항공이 성수기철 잠시 운행을 하기도 한다. 2024년 5월부터는 LCCT항공사인 티웨이 항공이 100만 원대 초중반의 파격적인 요금으로 자그레브 직항을 운영하고 있다. 화, 목, 토 일주일에 세 편, 오가는 날짜를 정하는 것도 자유로워서 발권이 쉽다. 성수기에만 운행하고 있으니 여행 날짜를 정했다면 먼저 직항편이 있는지 검색해 보자.

직항이 없는 시기라면 환승 편을 이용하자. 뮌헨이나 프랑크푸르트, 오스트리아, 로마 등 주변 국가의 도시를 거쳐가는 항공편은 항상 많다. 루프트한자, 오스트리아 항공, 네덜란드 항공 등이 환승 항공권으로는 가장 쉽고 저렴하게 발권이 가능한 항공사이다. 발권할 때 항공 요금과 더불어 환승 시간을 꼼꼼히 확인해야 한다. 저렴할수록 환승 시간이 길어진다.

그 외 조금 더 저렴하게 발권하고 싶다면 환승 티켓을 따로 발권하는 방법이 있다. 인천과 크로아티아의 주변국으로 왕복 직항을 끊은 후 주변국에서 크로아티아로 드나드는 항공권을 따로 발권하는 것이다. 추천 루트는 인천 ↔ 로마 항공을 왕복으로 발권한 후 로마 → 자그레브 편도, 두브로브니크 → 로마 편도를 끊어서 아웃하는 일정이다. 로마 대신 비엔나 혹은 프라하도 괜찮다. 인천에서 왕복 항공권이 저렴한 티켓을 찾을 것.

발권을 총 3번 따로 해야 하는 번거로움이 있지만 보통 일정이 자그레브에서 시작해서 두브로브니크에서 끝나다 보니 여행 후 두브로브니크에서 자그레브로 다시 이동을 해야 하는 수고로움이 줄어든다. 이동 시간과 비용을 아끼는 셈. 항공편이 여러 개라 시간을 맞추기 쉽다. 로마, 비엔나, 프라하는 크로아티아까지 비행시간도 1시간 30분 정도로 짧다. 편도 50유로 이하의 저렴한 티켓도 많아서 항공권 요금도 절약할 수 있다. 두브로브니크, 자그레브 외에 스플리트, 자다르, 리예카 등 크로아티아의 여러 휴양 도시로 입국이 가능하다는 여러 장점이 있다.

**라이언 에어** www.ryanair.com
**부엘링** www.vueling.com
**크로아티아 항공** www.croatiaairlines.com
최저가 항공을 찾아주는 **스카이스캐너**를 적극 활용하자. www.skyscanner.co.kr

## I 버스와 기차로 가기 I

주변국에서 육로로 크로아티아로 가는 경우 자신이 있는 위치에 따라 버스와 기차를 비교해봐야 한다. 발칸 반도, 혹은 동유럽만 여행을 한다면 유레일패스는 비효율적이다. 서유럽과 중유럽에 비해 기차 노선이 제한적이고, 버스보다 시간이 오래 걸리는 지역이 많기 때문이다. 특히, 크로아티아 내에서는 지역 간 이동할 때 기차 노선이 없는 경우가 많아 버스를 이용하는 게 좋다. 크로아티아는 2023년 1월부터 솅겐조약에 가입되었다. 따라서 기차나 버스로 국경을 넘을 때 따로 입출국 도장을 받지 않아도 된다.

### 주변국에서 자그레브로 들어오는 버스

| 출발지 | 도착지 | 소요시간 | 요금 |
|---|---|---|---|
| 빈(오스트리아) | 자그레브 | 6시간 | 24~29유로 |
| 부다페스트(헝가리) | 자그레브 | 5시간 | 14~18유로 |
| 류블랴나(슬로베니아) | 자그레브 | 2시간 30분 | 12~15유로 |
| 사라예보(보스니아 헤르체고비나) | 자그레브 | 6시간 15분 | 22~28유로 |

※요일과 시즌, 노선에 따라 소요시간과 요금이 달라지니 사이트에서 확인할 것.

**버스 검색 사이트** www.getbybus.com
www.buscroatia.com

### 주변국에서 자그레브로 들어오는 열차

| 출발지 | 도착지 | 소요시간 | 요금 |
|---|---|---|---|
| 빈(오스트리아) | 자그레브 | 8시간 30분 | 90유로 |
| 류블랴나(슬로베니아) | 자그레브 | 2시간 30분 | 70유로 |
| 부다페스트(헝가리) | 자그레브 | 6시간 30분 | 52유로 |
| 뮌헨(독일) | 자그레브 | 8시간 50분 | 125유로 |

**기차 검색 사이트** www.raileurope-asean.com

© unsplash

PLANNING 06

# 크로아티아 렌터카로 여행하기

크로아티아는 자동차 여행에 최적화 된 나라다. 산이면 산, 바다면 바다, 천혜의 절경을 따라 드라이브하는 시간은 여느 영화 속 주인공이 부럽지 않을 정도! 특히, 코로나 이후 비대면으로 여행할 수 있는 렌터카 여행에 대한 수요가 급증하고 있다. 대세로 자리 잡고 있는 크로아티아 렌터카 여행법에 대해 알아보자.

### I 크로아티아 렌터카 여행의 즐거움 I

크로아티아는 렌터카 여행의 천국이라 할 수 있다. 시원하게 뚫린 고속도로가 있어 도시와 도시를 오가기 쉽다. 바다와 산을 따라 이어진 도로를 따라가며 만나는 풍경은 한시도 눈을 떼지 못할 만큼 아름답다. 도로에 차가 많지 않아 운전 스트레스도 거의 없다. 버스 여행에 비해 시간에 얽매이지 않아도 되고 이동이 자유로운 것도 큰 장점이다.

렌터카로 여행하면 날씨에 대한 걱정도 없다. 날씨에 따라 일정을 탄력적으로 바꾸면 되기 때문이다. 숙소 선택의 범위도 넓어진다. 렌터카가 있다면 도로가 좁고 불편한 올드타운이 아닌, 한적한 도시 외곽에 머물며 여행할 수 있다. 또 대중교통으로 여행하면 그냥 스쳐 지나갔을 수도 있는 호젓하고 조용한 소도시를 돌아볼 수도 있다. 크로아티아의 소도시 가운데는 두브로브니크나 스플리트처럼 관광객으로 몸살을 앓는 유명 관광지는 아니지만, 혼자 보기에 아까울 만큼 아름다운 곳들이 많다.

다만 렌터카 여행이 다 좋은 것만은 아니다. 도시마다 관광객이 몰리는 여름철 성수기는 올드타운의 주차 공간이 협소해 조금 피곤하다. 따라서 성수기 렌터카 여행은 주차공간이 있는 숙소에 머무는 게 가장 좋은 방법이다. 크로아티아의 렌터카 대여료는 다른 유럽 국가보다 저렴한 편이다. 같은 회사에서 같은 차종을 예약해도 다른 유럽 국가보다 크로아티아가 싸다. 렌터카 대여료는 등급, 시즌, 대여 기간에 따라 차이가 있다. 비수기에 소형 오토를 3일간 빌린다면 24시간 40유로 정도. 성수기에는 20~30% 요금이 인상된다.

## | 렌터카 선택 방법 |

렌터카는 등급으로만 예약이 가능하다. 구체적인 차종은 지정되지 않는다. 예약 시 대표 차종으로 제시되었던 것이나 그것과 비슷한 차량이 나온다. 차량의 연료, 오디오, 선루프 등도 선택할 수 없다. 따라서 렌터카를 예약할 때는 자신이 필요로 하는 차량 등급을 알고 있어야 한다. 렌터카 픽업 갔을 때 간혹 예약한 차종과 같은 등급의 차량이 없을 때가 있다. 이때는 업그레이드된 차량을 받기도 한다. 가격은 예약한 금액 그대로이지만, 차량은 업그레이드된 것이라 여행자 입장에서는 행운이다. 예약한 것보다 차량 등급을 내려서 제공하는 경우는 거의 없다. 만약, 예약한 등급의 차종 대신 업그레이드된 차종을 제시하며 추가요금을 요구한다면 단호히 거부해야 한다.

렌터카를 대여할 때 차량의 상태도 중요하다. 렌터카는 1년 내내 여행자들에게 대여되기 때문에 주행거리가 금방 올라간다. 1년 된 차량도 주행거리가 5만~6만km씩 되기도 한다. 따라서 연식이 오래된 차량은 노후가 심하고, 주행 중 고장이 날 가능성도 크다. 여행 중 차량이 고장나면 낭패다. 허츠 같은 세계적인 렌터카 회사에서 예약하면 대부분 1~2년 안에 출시된 새 차를 받을 확률이 높다. 반면, 저렴한 현지 렌터카 업체는 좀 더 오래된 구모델을 배정받는 경우가 많다.

차량은 인원수, 캐리어 크기와 수량을 고려해 선택한다. 단순히 인원만 따져서는 안 된다. 인원수에 맞춰 차량을 렌트하면 트렁크 공간이 모자랄 수 있다. 캐리어가 많은 부분을 차지하기 때문에 인원수보다 1~2 정도 큰 사이즈를 선택하는 게 적당하다. 4~5인이 여행한다면 렌터카 대여료는 등급, 시즌, 대여 기간에 따라 차이가 있다. 비수기에 소형 오토를 3일간 빌린다면 24시간 40유로 정도. 성수기에는 20~30% 요금이 인상된다. 2~3인이 여행한다면 소나타나 그랜저급의 중대형 승용차를 선택한다. 이 등급의 승용차에는 28인치 캐리어 2개, 핸드 캐리어 2개까지 실을 수 있다.

## | 추천 렌터카 |

크로아티아에서 가장 인기 있는 렌터카는 허츠Hertz, 유럽카Europcar, 에이비스Avis, 식스트Sixt, 유니 렌트Uni Rent 등이다. 이 가운데 가장 추천하는 렌터카 업체는 허츠와 유니 렌트이다.

### 허츠 Hertz

전 세계 렌터카 가운데 70%의 예약률을 차지하는 명실상부한 렌터카 대표 브랜드다. 확실한 보험과 사고 처리로 여행 중 일어나는 렌터카 사고를 대부분 커버한다. 한국어 사이트가 있어 렌터카 예약이 쉽다. 또 국내 사무소가 있어 필요할 때 여러 가지 도움을 받을 수 있다. 특히, 한국인에게 특화된 요금 '선불', '후불' 결제 방식이 해마다 책정되고 있어 다른 렌터카 회사보다 저렴하게 예약이 가능하다. 선불, 후불 요금제는 허츠 한국어 사이트 '여행과 지도'에서 예약이 가능하다.

**여행과 지도(허츠 한국어 사이트)**
www.leeha.net

### 유니 렌트 Uni Rent

크로아티아 현지 렌터카 업체 중 가장 유명한 곳이다. 크로아티아에 13곳의 지점이 있어 인수 반납이 편하다. 대여로가 저렴한 편이지만, 차량 보유량이 많지 않아 예약이 빨리 마감된다. 허츠와 달리 예약 시 보험이나 필요한 것들을 일일이 체크해야 한다. 약관이나 계약 조건 등을 꼼꼼히 확인하자.

**유니 렌트** www.uni-rent.net

### 기타 렌터카

**유럽카** www.europcar.co.kr
**에이비스** www.avis.com
**식스트** www.sixt.co.kr

### | 렌터카 예약 시 주의사항 |

처음 렌터카 여행을 하는 사람들은 무조건 저렴한 차종을 찾기 위해 노력한다. 그러나 렌터카를 예약할 때 가장 중요한 것은 보험과 사고 발생 시 사후 처리, 차량의 컨디션이다. 저렴하게 렌트하는 것도 좋지만, 차량의 컨디션이 좋아야 한다. 무엇보다 여행 중 일어날 수 있는, 접촉사고 같은 작은 사고는 보험으로 가볍게 처리할 수 있어야 여행이 편안하다.

여행 전 렌터카를 검색할 때 요금 비교 사이트는 대략적인 요금 확인 용도로만 사용하자. 그 이유는 렌터카 요금의 대부분을 보험이 차지하기 때문이다. 그러나 요금 비교 사이트에 나오는 렌터카 요금은 조금이라도 저렴하게 보이기 위해 꼭 필요한 보험이 빠져서 실제로 예약할 때는 그 요금보다 더 비싸게 지불해야 하는 경우가 많다. 혹은 주요 보험을 빼놓고 계약을 하게 되는 일도 다반사다. 또한 요금 비교 사이트는 중간 회사와 계약하는 것이라 취소나 변경을 해야 하는 경우일 처리가 복잡하거나 위약금을 물을 수도 있다. 크로아티아 현지에는 저렴한 렌터카 업체가 많다. 현지 렌터카 업체 이용 시 요금은 저렴할 지 모르지만, 차량 반납 시 여러 가지 꼬투리를 잡아 추가 비용을 청구한다는 후기가 자주 올라오니 주의해야 한다. 큰 렌터카 업체일수록 예약 진행과정이 투명하고 믿을 수 있다. 필수적인 비용을 숨겨놓았다가 현장에서 꺼내놓는 상술을 부리지 않는다. 렌터카 예약은 브랜드에서 자체 운영하는 사이트에서 직접 예약하는 것이 가장 안전하다. 이렇게 하면 예약 취소, 변경을 추가 비용 없이 자유롭게 할 수 있다. 따라서 너무 저렴한 곳만 찾기보다는 알려진 브랜드에서 안전하게 렌트하는 게 마음도 편하고 여행도 즐겁다.

**Tip** ***렌터카 인수와 반납 타이밍***

렌터카를 저렴한 비용에 효율적으로 이용하려면 대여와 반납 타이밍을 잘 잡는 게 중요하다. 대여는 첫 도시 여행을 마친 후 하는 게 좋다. 반납은 렌터카 여행의 마지막 도시에 도착하자마자 한다. 렌터카를 반납한 후 마지막 도시를 여행한다. 이렇게 하면 불필요한 대여 기간을 줄일 수 있어 대여료를 절감할 수 있다. 렌터카 인수와 반납하는 영업소는 대부분의 큰 도시와 공항에 있다.

## | 렌터카 보험 이해하기 |

해외 렌터카 여행을 하며 가장 중요한 것은 안전이다. 절대로 '나는 운전 자신 있어!'라고 자만해서는 안된다. 렌터카 여행 중 사고가 발생하면 아주 곤란한 상황에 처한다. 특히, 국내가 아닌 해외의 경우 일단 사고가 발생하면 경찰도, 현지인도 아무도 내 편을 들어주지 않는다. 여기에 영어나 현지어로 대화를 해야 한다면 엄청난 스트레스를 받게 된다. 따라서 사고가 나지 않게 하는 게 가장 중요하다. 그렇기 하기 위해서는 자만심을 버리고 항상 방어운전을 해야 한다. 설령 상대방이 잘못된 운전을 하고 있다고 하더라도 우선은 사고를 예방할 수 있게 방어운전과 양보운전을 하는 게 현명하다.

안전운전에 신경을 쓴다고 하더라도 원치 않는 사고가 날 수 있다. 접촉 사고는 물론 도난이나 차량 파손 등의 사고가 있을 수 있다. 이때 믿을 수 있는 것은 보험뿐이다. 보험은 불필요한 지출처럼 보일지 모르지만 혹시라도 사고가 발생하면 절대적인 의지가 된다. 여행자에게 마음의 평화를 주는 것만으로도 보험의 역할은 충분하다.

© unsplash

## | 보험의 구분 |

렌터카를 예약할 때는 기본 보험인 대인/대물(TPL), 자차 보험(CDW), 차량 도난보험(TP)이 포함된 요금인지 꼭 확인한다. 일부 렌터카 업체는 저렴한 가격처럼 보이기 위해 기본 보험을 뺀 채 렌트 비용을 알려주기도 한다. 기본 보험 외에 차량의 도난이나 파손에 대비해 자차 추가 보험(SCDW)이나 상해 보험(PAI), 휴대품 도난 보험(PEC) 등을 추가로 들기도 한다. 렌터카 예약 시 이런 보험 비용이 조금 아까울 수 있다. 그러나 만약 사고를 당하면 추가 보험 든 것을 다행이라 여기게 된다.

### 대인/대물 보험 TPL

사고로 타인을 다치게 하거나 손상을 입혔을 경우 보상한다.

### 차량 도난 보험 TP

렌트한 차량을 도난 당했을 때 보상한다.

### 자차 보험 CDW

차량의 도난 및 손상 시 발생하는 고객 부담금을 줄여준다. 대부분 500달러까지는 고객 부담, 500달러 이상부터 렌터카 회사가 책임진다.

### 자차 추가 보험 SCDW

차량 도난 및 손상 시 발생하는 고객 부담금을 감면 또는 완전 면책해 준다.

### 상해 보험 PAI

차량과 관련한 사고로 상해를 입었을 경우 보상한다.

### 휴대품 도난 보험 PEC

차량털이를 당했을 경우 보상한다.

## | 렌터카 이용 ABC |

① 렌터카 인수 시 예약자의 신용카드, 여권, 국내 운전면허증, 국제 운전면허증은 필수다.
② 예약할 때 차량 기어를 수동Menual과 자동Automatic 가운데 선택할 수 있다. 유럽은 한국과 달리 수동 기어 차량이 많다. 수동 기어 차량 운전에 자신이 없다면 조금 비싸더라도 자동 기어 차량을 빌린다. 대여료는 수동 기어 차량이 자동에 비해 저렴하다. 크로아티아의 여름은 덥다. 에어컨이 필수다. 일부 렌터카의 경우 에어컨(A/C) 유무도 선택사항이니 참고하자.
③ 렌터카 대여와 반납 장소를 다르게 설정할 수 있다. 반납 장소를 달리하는 경우 날짜와 반납 장소에 따라 원 웨이 피One way Fee를 50~70유로 지불해야 한다. 대여 기간이 길어질수록(보통 4일 이상) 대여료가 내려가는데, 대여 기간이 길면 반납 장소가 달라도 추가 비용을 받지 않는 경우도 많다. 따라서 예약 시 이 부분을 잘 확인해 보자.
④ 도시 간 이동할 때 톨게이트를 이용하게 된다. 크로아티아 톨게이트는 한국 시스템과 같다. 톨게이트를 빠져나올 때 Cash 카운터로 가서 결제를 하고 빠져나오면 된다. 결제는 현금, 신용카드 모두 가능하다. 가장 많이 이용하는 구간 자그레브~두브로브니크는 18유로, 자그레브~스플리트 15유로, 스플리트~두브로브니크 7유로 정도이다.
⑤ 운전자가 두 명 이상일 때에는 약간의 보험료(1일 약 2유로)를 지불하고 운전자 추가 보험을 들 수 있다.
⑥ 유럽은 유심 데이터 사용이 원활해 내비게이션을 따로 준비할 필요가 없다. 만약 내비게이션이 필요하다면 한국에서 한국어 안내 내비게이션을 미리 준비하는 게 저렴하고 편리하다.
⑦ 주유소는 대부분 셀프로 운영되지만 직원들이 상주하고 있으니 긴장하지 말자. 주유가 끝난 후 안쪽 카운터에서 주유한 만큼 계산하는 시스템이다. 모두 카드 결제 가능하다.

TIP

**렌터카 이용 시 주차 팁**

도시마다 올드타운 내에는 차량 금지이거나 차량이 들어가기에는 작고 복잡한 길이 많다. 렌터카로 여행을 한다면 구시가지 근처 주차장이 있는 숙소를 예약하는 게 현명하다. 도시마다 길거리 주차장 혹은 Garage로 표시된 실내 주차장은 많다. 주차장 검색은 구글맵에 'Parking near me' 혹은 'Parking 도시명'으로 검색하면 쉽게 검색이 가능하다. 가장 물가가 비싼 두브로브니크의 올드타운은 시간당 약 5~7유로를 육박하기도 하지만, 그 외 도시는 시간당 1~2유로이다. 1일 주차요금은 20~30유로 정도가 적당하다. 대부분 주차장은 도시마다 ZONE 0~4로 나뉘어져 있고 0, 1, 2가 구시가지 근처로 가장 비싼 요금, 3, 4가 구시가지에서 거리가 있어 저렴하다. 주차 요금 지불 방법은 모두 신용카드로 직접 결제해야 한다. 주차 후 가까운 주차 정산기에서 셀프 정산, 근처 편의점 티삭TISAK에서 결제, 표지판의 QR 코드를 인식 후 폰으로 결제 등 주차 위치에 따라 달라진다. 정산을 안 하는 경우 100유로 정도의 주차위반 딱지를 끊을 수 있으니 유의할 것.

**무인 주차 정산기 이용 방법**

❶ 주차를 한 후 가까운 주차 정산기를 찾는다.
❷ 시간당 얼마인지 확인 후 주차할 시간을 예상해서 정산기에 돈을 넣는다.
❸ 영수증을 차 앞 유리의 잘 보이는 위치에 놓아둔다!

PLANNING 07

# 크로아티아 음식열전

크로아티아 음식은 해산물과 이탈리아 요리가 주를 이룬다. 지역별로는 크게 달마티아 지역과 이스트라 지역으로 구분한다. 식재료만 놓고 보면 대부분 해산물이라 여행자들은 큰 차이를 느끼지는 못한다. 하지만 역사적인 배경으로 인해 지역마다 분명한 차이가 있다. 이스트라 지역은 올리브 오일, 송로버섯, 와인 등의 생산지다. 20세기 후반까지 이탈리아인이 인구의 절반을 차지했을 정도로 이탈리아 문화가 깊다.

음식도 이탈리아 음식과 더 가깝다. 이곳에서는 이탈리아보다 더 맛있는 이탈리아 음식을 저렴하게 맛볼 수 있다. 이에 반해 달마티아 지방은 이탈리아 문화의 영향을 적게 받아 크로아티아 전통음식을 쉽게 접할 수 있다. 두 지역의 공통점이라면 소스를 많이 쓰지 않고, 신선하고 풍성한 식재료를 이용해 맛을 한껏 살린 건강식이라는 것! 크로아티아는 미식가들의 천국이 맞다.

**크림 케이크** Cream Cake / Kremšnite

커스터드 크림이 가득한 케이크. 현지인들은 크렘슈니테Kremšnite라고 부른다. 동유럽에서 종종 볼 수 있는 크림 케이크는 오스트리아나 슬로베니아가 원조라고 한다. 누가 원조인지 정확하게 알 수 없다. 하지만, 자그레브 크림 케이크의 레시피가 가장 유명하고 인기 있다는 것만은 확실하다. 크로아티아 곳곳에서도 크림 케이크를 볼 수 있는데, 진정한 원조의 맛을 느끼고 싶다면 자그레브에서 맛볼 것! 자그레브의 크림 케이크는 초콜릿이 올라가 있는 게 특징이다.

**문어 샐러드** Octopus Salad / Salata Hobotnica

한국에서도 많이 먹는 문어가 이렇게 변신을 할 수 있을까 싶다. 같은 재료로 이렇게 다른 맛을 낼 수 있다니 놀랍다. 보들보들하게 삶은 문어를 레스토랑마다 고유한 레시피로 요리한다. 올리브 오일과 비네갈, 파슬리 등으로 간단하게 조리를 하는데, 먹어도 먹어도 질리지 않는다. 메인 요리가 나오기 전 입맛을 돋워주는 애피타이저로도 좋지만, 맥주와 함께 먹으면 예술이다.

**체밥치치** Ćevapčići

발칸 반도에서 처음 만들어진 요리. 지금은 체코, 슬로바키아, 이탈리아 지방까지 알려진 크로아티아의 전통음식이다. 돼지고기와 소고기를 으깨어 고추, 후추, 소금과 특유의 향신료를 살짝 넣어 그릴에 구웠다. 보통 파프리카와 가지를 넣어 뭉근하게 끓인 소스 아이바르Ajvar와 사워크림, 양파, 감자 등이 세트로 함께 나온다. 저렴하면서 풍성하게 한 끼를 책임진다.

**생선구이** Grilled fish / Riba sa žara

누구나 좋아하는 크로아티아의 생선구이로 건강식 메뉴. 아드리아해에서 갓 잡아 올려 팔딱거리는 생선에 크로아티아산 소금으로 간을 하고 올리브 오일로 구운 최고의 요리다. 보통 대구와 도미, 정어리 등으로 요리한다. 쉽고 단순한 요리지만 레스토랑마다 다른 맛이 나는 이유는 각각의 레스토랑에서 생선을 굽는 숨은 비법이 따로 있기 때문!

**해산물 스파게티** Seafood Spaghetti

흔하고 흔한 메뉴이지만 먹을 때마다 환상적이다. 가장 고르기 쉬우면서 실패 없는 메뉴라고 할 수 있다. 아낌없이 올라간 해산물 덕분에 별다른 소스가 없어도 바다의 맛이 가득하다. 입맛 없는 날도 해산물 스파게티 한 그릇은 뚝딱 해치우게 된다. 먹다 보면 알게 된다. 크로아티아의 해산물은 따라올 곳이 없다는 것을!

**먹물 리소토** Black Risotto/ Crni Rižot

이탈리아, 스페인 등 지중해를 낀 나라에서 사랑받는 요리다. 쌀을 살살 끓여 만들어 느끼하지 않으며 우리 입맛에도 딱 맞는다. 크로아티아 리소토는 더 맛있다. 부드러운 식감의 문어나 오징어의 먹물을 이용해 만든 먹물 리소토는 맛도 좋고, 부드러운 바다의 향기를 담고 있어 크로아티아의 필수 먹거리다.

**참치햄** Tuna Prosciutto

생선을 건조시켜 만든 햄. 크로아티아는 여느 유럽 국가처럼 다양한 생햄을 수시로 맛볼 수 있는데, 특별한 음식을 찾는다면 참치햄을 맛보자. 아드리아해 연안의 건조한 바닷바람은 생햄을 만드는 최적의 조건이라 하니 최고의 맛을 내는 건 당연지사. 짭조름한 참치햄을 빵에 얹어 먹는 샌드위치는 현지인들에게 아침식사로 인기가 좋다.

**카르파초** Carpaccio

육회, 혹은 생선회처럼 날것을 얇게 썰어놓은 음식을 카르파초라고 한다. 한국의 회와는 다른 맛으로 보통 애피타이저로 많이 먹는다. 소고기와 멸치 카르파초를 가장 추천한다. 소고기는 레드 와인, 생선은 화이트 와인과 함께 먹으면 궁합이 잘 맞는다.

**뇨키** Gnocchi

이탈리아식 수제비라고도 부르는 뇨키는 감자로 만든 경단이다. 쫀득쫀득 씹는 맛이 좋고, 다양한 메뉴와 잘 어울리는 이색적인 음식이다. 파스타처럼 소스에 요리가 되어 나오기도 하지만, 수프나 커리처럼 소스가 있는 음식을 먹을 때 양이 좀 부족하다면 플레인 뇨키를 시켜서 곁들여 먹기도 한다.

**폴렌타** Polenta

옥수수 가루와 감자 전분 등을 반죽한 후 구워낸 크로아티아의 전통 빵이다. 빵만 먹으면 맛이 좀 떨어지는 편. 보통 해산물 스튜에 곁들여 먹는다. 요거트나 시리얼로 간단히 아침식사를 할 때 등 다양한 방법으로 여러 음식에 곁들이기도 한다.

PLANNING 08

# 크로아티아 **세계유산**

크로아티아에는 유네스코가 정한 세계유산이 7개 있다. 이들 세계유산은 오랜 세월 숱한 전쟁과 자연재해로 인한 아픈 상처를 속에 숨긴 채 위풍당당한 모습으로 여행자들을 맞는다. 크로아티아의 세계유산은 크로아티아인들의 모습과 많이도 닮았다. 크로아티아인은 겉으로는 차갑고 강인해 보이지만 속은 순수하고 여리다. 그들의 착한 마음씨가 고스란히 배어 있어 크로아티아의 세계유산은 더욱 찬란하게 빛난다.

### 플리트비체 호수 국립공원 Plitvice Lakes National Park / Nacionalni Park Plitvička Jezera

축복받은 나라, 크로아티아! 플리트비체 호수 국립공원을 걷다 보면 내내 드는 생각이다. 눈부신 아드리아해와 그곳에서 건져 올린 다양한 먹거리, 그 바다 옆 그림처럼 펼쳐진 빨간 지붕의 집들. 크로아티아는 그것만으로도 충분해 보인다. 하지만 이렇게나 수려한 풍광의 호수와 숲까지 간직하고 있다. 플리트비체는 30,000ha에 달하는 면적의 숲에 16개의 호수와 그 사이를 잇는 크고 작은 폭포가 있다. 이 국립공원의 아름다움은 상상 그 이상이다. 공원 안의 의자나 건물 등은 모두 플리트비체 공원 안에서 나오는 천연자원을 사용할 만큼 그곳을 지켜내려는 자국민의 의지도 대단하다. 이 때문에 지금껏 자연 생태계의 질서가 잘 유지되고 있다. 계절마다 뚜렷하게 달라지는 모습으로 사계절 내내 인기 관광지로 사랑받는다. 1997년 유네스코 세계자연유산으로 지정되었다.

### 트로기르 Trogir

크로아티아에서 이렇게나 다사다난한 역사를 지닌 곳이 또 있을까. 트로기르는 기원전 3세기, 고대 그리스인이 만든 식민도시로 역사가 시작됐다. 그 후 로마 제국을 거쳐 비잔틴 제국의 영토로 통합되고, 합스부르크 왕가의 통치를 받았다. 6~7세기에는 슬라브족의 침략을 받아 피난민들이 모여들기도 했다. 이처럼 트로기르는 역사 이래 쉴 틈 없이 부침을 거듭했다. 그런 세월이 지금의 이 여유로워 보이는 트로기르를 더 단단하고 견고하게 만들어냈다. 트로기르에는 고단한 세기를 거치면서 만들어진 요새, 교회, 탑이 여전히 자리를 지키고 있어 세계 각국의 여행자를 불러 모으고 있다. 유럽에서 가장 오래된, 그리고 가장 잘 보존된 로마네스크 고딕 양식의 도시로 1997년 유네스코 세계문화유산으로 지정되었다.

### 디오클레티아누스 궁전 Diocletian's Palace / Dioklecijanova Palača

이천 년의 세월을 뛰어넘은 스플리트의 자랑이다. 디오클레티아누스 궁전은 지금도 사람들이 살고 있는 현지인의 생활 터전이다. 궁전 안쪽에는 220개의 건물이 있고, 3,000명의 현지인들이 살고 있다. 고대 유적지, 그것도 로마 황제가 살던 곳에서의 생활이라니! 관광객에게는 그것만으로도 흥미롭다. 로마 황제였던 디오클레티아누스는 은퇴 후 기거할 목적으로 스플리트에 거대한 궁전을 지었다. 가까운 브라츠섬에서 공수한 석회암 석재, 이탈리아와 그리스에서 가져온 대리석, 이집트에서 온 스핑크스, 금빛이 화려한 모자이크 장식으로 지은 호화로운 궁전이다. 이천 년이란 세월이 흘러 지금은 빛바랜 백색 궁전이 되었지만, 디오클레티아누스 황제의 거처 중 현재 가장 상태가 좋은 건축물이다. 전쟁과 여러 일들을 겪으며 파괴될 위험이 많았지만 기적처럼 버텨냈다. 1979년 유네스코 세계문화유산으로 지정되었다.

### 두브로브니크 구시가지 Dubrovnik Old City

달마티아 지방의 최남단에 자리한 두브로브니크는 거대한 성곽 안에 자리한 중세도시다. 바라보는 것만으로도 가슴이 두근거리다 못해 터져버릴 것만 같은 아름다운 도시이다. 철옹성같이 견고한 성벽은 빨간 지붕의 구시가지를 감싸 안았고, 그 성벽의 한쪽은 아드리아해가 품고 있다. 성곽 안은 지금도 현지인들이 생활하는 터전이다. 1667년의 지진으로 막대한 피해를 입었지만 무사히 복구를 마친 후 1979년에 구시가지 전체가 유네스코 세계문화유산으로 지정되었다. 1991~1992년 내전 당시 세르비아의 무차별 공격을 받아 도시가 허물어지면서 세계문화유산 박탈 위기에 처했다. 하지만 내전이 끝난 후 시민들은 열정적으로 도시 복구에 매달렸고, 두브로브니크는 아름다움을 되찾았다. 크로아티아인들의 눈물과 애정으로 지켜낸 두브로브니크. 그래서 더 애틋하다.

### 유프라시안 대성당 Euphrasian Basilica / Eufrazijeva bazilika

1997년 유네스코 세계문화유산으로 지정된 포레치의 유프라시안 대성당. 3세기부터 존재하던 꽤나 역사가 깊은 곳이다. 3~4세기에 지어진 성당 터에 6세기부터 비잔틴 건축 양식으로 성당이 만들어지기 시작했다. 그 후 지진과 화재에 의해 큰 피해를 입기도 했지만 그때마다 보수해서 지금까지 본래의 모습을 잘 보존해오고 있다. 특히 성당 벽을 장식한 금빛 모자이크

는 비잔틴 미술 최고의 걸작이라는 찬사를 받고 있다. 성당의 창으로 햇빛이 쏟아져 들어오는 시간에 방문한다면 최고의 유프라시안 대성당을 만나게 될 것이다.

© 크로아티아 관광청_Stipe_Surac

## 스타리 그라드평야 Stari Grad Plain

흐바르섬 북부에 위치한 이 평야는 크로아티아인에게 의미가 깊다. 이 평야는 항만에 둘러싸여 있으면서 일조량이 많고 비옥한 땅으로 농업이 발달했다. 기원전 4세기 파로스섬에서 온 그리스인들이 이곳을 지배하던 시절부터 사람이 살기 시작했다. 아드리아해에 있는 섬 가운데서는 가장 오래된 정착지다. 인구수는 3,000명 남짓한 작은 도시이지만 지금도 그때의 모습을 온전히 유지하고 있다. 당시부터 지금까지 포도와 올리브를 주로 하는 농업이 이뤄지고 있다. 평야에는 고대 석담과 건물의 골조, 당시 지어진 대피소 등이 남아 있다. 특히, 24세기 동안 바뀌지 않은 토지 구획 체계가 여전히 사용되고 있다. 2008년 유네스코 세계문화유산으로 지정되었다.

## 성 야고보 대성당 Cathedral of St. James / Katedrala Sv. Jakova

항구도시 시베니크에 위치한 성 야고보 대성당은 건축계획부터 완공까지 240년이란 긴 시간이 걸렸다. 크로아티아에 현존하는 르네상스 양식의 가장 대표적인 건축물이다. 긴 세월을 담은 명소답게 2000년 유네스코 세계문화유산으로 지정되었다. 지금은 시베니크를 대표하는 상징적인 건물이다. 이 성당을 건축할 때 여러 장인들이 참여했는데, 그중 자다르 출신의 세계적인 조각가 유라이 달마티나츠Juraj Dalmatinac가 대표적인 인물이다. 그는 1441년부터 사망하는 1475년까지 대성당의 공사를 주도하였으며, 후기 고딕 양식과 초기 르네상스 양식을 절묘하게 조화시켰다는 호평을 받고 있다. 아드리아해의 유명 대리석 원산지인 브라츠에서 가져온 대리석들이 사용되었고, 이음새가 없는 성당의 내부 천장과 화려한 스테인드글라스는 성 야고보 성당의 아름다움을 극에 다다르게 한다.

© 크로아티아 관광청

© 크로아티아 관광청

PLANNING 09

# 크로아티아 쇼핑 리스트

크로아티아는 전체적인 물가에 비해 공산품이 비싸고 질이 좀 떨어진다. 대신 크로아티아산 먹거리 특산품, 기념품은 저렴하면서 품질까지 좋다는 사실! 슈퍼마켓이나 시장에서 쉽게 고를 수 있는 기념품들이다. 내 여행 기념품으로도, 친구들에게 줄 선물용으로도 욕심나는 크로아티아 쇼핑 리스트를 꼭 알아두자.

**소품**

크로아티아의 모습이
가득 담긴 작은 소품들
**2유로~**

**넥타이**

크로아티아는 넥타이 발상지.
도시마다 넥타이 체인점이 있다
**25유로~**

**올리브 오일**

항상 식탁 위에서 볼 수 있는
크로아티아에서 생산된 고품질 오일
**8유로~**

**라벤더**

흐바르에서 안 사고는 못 버티는
라벤더 포푸리 **2유로~**

**커피**

크로아티아에서 생산된 커피는
저렴하고 맛도 좋다 **2유로~**

**송로버섯**

이스트라 지역에서 재배되는
질 좋고 저렴한 특산품 **10유로~**

**레드코랄**

크로아티아 특산품. 다양한
액세서리를 볼 수 있다 **10유로~**

**무화과 잼**

신선한 무화과가
가득 들어간 잼 **3유로~**

**장미 크림**

두브로브니크 프란체스코
수도원 장미 크림 **12.5유로~**

**와인**

크로아티아는 지역별로
특색 있는 와인을 생산한다 **5유로~**

**오일병**

주방에 놓으면 딱 좋은
예쁜 오일병 **5유로~**

**체리 초콜릿**

톡 깨물면 위스키가 가득,
체리가 말랑말랑 **3유로~**

PLANNING 10

# 크로아티아 **맥주 VS 와인**

크로아티아는 맥주와 와인이 유명하다. 상큼한 과일 향이 나는 맥주부터 묵직한 흑맥주까지 다양하다. 누구든지 이곳의 레몬 맥주는 음료수처럼 마실 수 있다. 와인은 생산량은 적고 맛은 좋아 자국에서 다 소진된다고 한다. 그래서 크로아티아에서는 식사 때마다 맥주와 와인이 테이블에 올라온다. 해산물에는 화이트 와인, 스테이크에는 레드 와인, 해지는 바다를 보며 로제나 스파클링 와인, 이탈리아 음식엔 맥주. 크로아티아 음식은 술이 함께해야 완성된다.

## | 인기 좋은 추천 맥주 |

### 카를로바츠코&오주스코 Karlovačko&Ožujsko

크로아티아 맥주의 양대 산맥이다. 크로아티아 어딜 가도 볼 수 있는 국민 맥주로 이 두 종의 맥주가 차지하는 시장 점유율은 60%. 둘 다 2~3도로 알코올 도수가 낮다. 레몬, 자몽, 라임, 귤 등의 과일 맛이 나서 음료수처럼 즐길 수 있다. 카를로바츠코가 더 달달하고 부드러운 맛이 난다.

### 벨레비츠코 Velebitsko

카를로바츠코&오주스코가 여행자들의 절대적인 신임을 얻었다면 벨레비츠코는 현지인들이 즐기는 맥주다. 알코올 도수 6%의 묵직한 라거 맥주이다.

### 토미슬라브 Tomislav

알코올 도수 7.3%의 흑맥주. 강한 맥주 맛을 좋아하는 사람에게 추천한다.

### 판 Pan

칼스버그에서 만드는 라거 맥주. 1997년 맥주시장에 진출했으며 인기가 급상승 중이다.

### 라슈코 Laško

슬로베니아에 본사가 있지만 크로아티아에서 생산하면서 현지인들의 사랑을 받는 맥주다.

## | 인기 좋은 추천 와인 |

크로아티아는 로마인들에 의해 포도 재배가 시작되었으며 현재 300개 이상의 포도 재배 지역이 있다. 생산량 중 절반 이상이 화이트 와인, 약 30%가 레드 와인, 나머지가 로제 와인이다. 내륙은 화이트 와인을, 해안 지역은 레드 와인을 생산한다. 세계 와인 시장에서 크로아티아 와인의 지명도는 그다지 높은 편은 아니다. 그러나 1976년 파리 와인 콘테스트에서 크로아티아 와인이 프랑스 와인을 물리치고 상을 받은 후 유럽 내에서 지속적인 성장세를 보이고 있다. 생산량의 약 10% 정도는 최상급 와인으로 분류되고, 70%는 중급, 그 나머지는 테이블 와인 등급에 속한다.

**포스트업** Postup

달마티아 지방의 프리미엄 레드 와인. 인기가 가장 좋다.

**스티나 부가바**

Stina Vugava

비스섬에서 생산되는 와인. 자몽과 꿀의 미묘한 향기가 매력적이다. 깊고 깔끔한 맛의 와인.

**이반치츠 그리핀**

Ivančić Griffin

다크, 스위트 로제, 스파클링 등 다양한 종류가 있다. 가장 인기 좋은 와인은 스파클링 와인. '스파클링의 왕'이라는 별명이 붙었다.

**포십** Posip

마르코 폴로의 고향 코르출라 섬에서 나오는 화이트 와인. 알코올 도수는 평균 12~13도를 유지한다. 크로아티아의 인기 와인 중 하나.

**딩가츠** Dingac

자브라다산맥에 위치한 포도 경작지에서 재배한 레드 와인. 토양, 햇빛, 경사가 합쳐져 이상적인 와인이 생산되고 있다.

PLANNING 11

# 크로아티아 Festa! 축제 캘린더

크로아티아의 축제는 대부분 여름철에 열린다. 이것은 휴양지로 이름난 크로아티아에 여름철이면 관광객이 몰려든다는 이야기다. 날짜는 해마다 조금씩 다르지만 대부분 6~8월에 축제가 열리며, 음악과 영화 관련 축제가 많다. 크로아티아의 축제는 '인생 여행'을 만들어줄 만큼 로맨틱하고 특별하다. 스플리트와 두브로브니크 등의 휴양지에는 여름이면 거리의 작은 무료 공연부터 유료 공연까지 크고 작은 축제가 열린다. 이 가운데 가장 유명한 음악 축제는 스플리트의 '울트라 유럽'과 풀라의 '서머 페스티벌'이다. 음악을 즐기는 유러피언들이 공연을 보러 일부러 찾아올 만큼 유명한 축제이니, 관심이 있다면 미리 티켓을 예매하는 게 좋다.

**Tip** 크로아티아의 정확한 축제 날짜는 각 축제 웹사이트에서 확인하자.
크로아티아 전역의 페스티벌 통합 사이트 www.crosalsafestival.com

6월 초·중순

**자그레브 국제 애니메이션 페스티벌**
World Festival of Animated Film
세계 4대 애니메이션 축제로 1972년부터 시작되었다. 영화 제작자들의 많은 참여가 있는 축제로 전통적인 드로잉부터 CGI 미디어까지 애니매이션의 모든 형태와 역사를 볼 수 있다.
www.animafest.hr

6월 중순

**로빈 살사 페스티벌**
Croatia Salsa Festival
바다가 보이는 곳에서 살사춤과 함께 독특한 분위기의 파티를 경험할 수 있다.
www.crosalsafestival.com

7월

**흐바르 울트라 위크 페스티벌**
Ultra Week Festival Hvar
클럽과 요트 선상, 고급 호텔, 바닷가 등 여러 곳에서 밤새 음악과 함께 세련된 뮤직 퍼포먼스가 진행된다.
www.suncanihvar.com/ultra-week-festival

7월

**흐바르 섬머 페스티벌**
Hvar Summer Festival
휴가가 시작되는 시기 흐바르 섬 곳곳에서 작은 공연과 콘서트를 즐길 수 있다.
www.tzhvar.hr/en/hvar/

7월 중순

**스플리트 울트라 유럽**
Split Ultra Europe
유럽의 거대한 뮤직 페스티벌 중 하나. 상상을 초월하는 규모와 무대장치. 밤새 음악에 열광할 수 있는 축제이다.
ultraeurope.com

7월 초~8월 초

**자다르 음악의 밤**
Musical Evenings in ST. Donat
성 도나투스 성당에서 축제 기간 매일 밤 작은 클래식 연주가 펼쳐진다.
donat-festival.com/en/

7월 중순

**풀라 영화제** Pula Film Festival
다양한 장르의 독립 영화를 감상할 수 있고 마지막 날은 영화제 시상식이 있다.
www.pulafilmfestival.hr

7월 말

**풀라 시스플래시 페스티벌**
Pula Seasplash Festival
유럽 다양한 나라의 파티피플이 모여 밤새 댄스파티를 펼친다.
www.seasplash-festival.com/en

7월 중순~8월 말

**두브로브니크 여름 페스티벌**
Dubrovnik Summer Festival
두브로브니크 구시가지 거리 곳곳에서 무료 공연이 열리고 성당이나 궁전 등에서 작은 음악회가 열린다.
www.dubrovnik-festival.hr/en

7월 말~8월

**마카르스카 재즈 페스티벌**
Makarska Jazz Festival
마카르스카의 여름밤을 재즈로 더욱 낭만적이고 우아하게 만들어주는 축제. 메인 광장에서 펼쳐진다.
www.facebook.com/makarskajazzfestival

8월 초

**오파티야 영화 축제**
Solo Pisitivo Film Festival
오파티야의 밤이 즐거워지는 축제. 매일 밤 오파티야 야외극장에서 다양한 주제의 영화를 볼 수 있다.
www.spff.hr
www.festivalopatija.hr

8월 말

**풀라 디멘션** Pula Dimension

9월 초

**풀라 아웃룩 페스티벌**
Pula Outlook Festival
풀라의 두 가지 음악 축제는 인기 페스티벌이다. 축제 기간이면 유럽 각지에서 이 페스티벌을 즐기기 위한 여행자가 모여든다. 로마 유적인 아레나 원형극장에서 수만 명의 사람들과 열광적인 음악 파티를 즐길 수 있다. 두 축제의 기간과 음악 콘셉트가 다르니 음악에 관심 있다면 미리 체크해 보자.
풀라 디멘션
www.dimensionsfestival.com
풀라 아웃룩 페스티벌
www.outlookfestival.com

PLANNING 12

# 크로아티아 **여행 체크 리스트**

여행 시기, 물가, 옷차림 그리고 심카드까지! 크로아티아 여행에 필요한 모든 것. 떠나기 전 미리미리 체크하자. 여행이 한결 편해진다.

### 언제 가는 게 좋을까?

동유럽 아드리아해에 위치한 크로아티아는 자그레브를 비롯한 북동부 내륙지역은 온화한 대륙성 기후, 아드리아해 연안의 해안지역은 지중해성 기후다. 해변이나 섬을 여행할 계획이면 건기인 여름(7~8월)이 바다를 즐기기에 가장 좋은 시기이다. 여름 축제도 많아서 여행 기분을 제대로 낼 수 있다. 하지만 여행자들이 대규모로 몰리는 시즌이다 보니 물가가 비수기 기준 2배 이상 오르고, 입장료도 더 비싸진다. 겨울 시즌은 조금 지루할 수 있다. 대부분의 노천카페들은 11~3월까지 문을 닫는다. 유적지나 박물관도 하루를 일찍 마감한다. 여행비가 적게 드는 대신 즐길 거리도 부족하다는 걸 염두에 두자. 비용은 줄이면서 여행의 재미도 같이 즐기려면 5~6월, 9~11월이 좋다.

### 화폐와 물가는?

크로아티아는 2023년부터 EU 셍겐 국가로 편입이 되었다. 따라서 공식 화폐도 유로화가 사용된다. 1유로는 1,477원(2024년 5월 기준)이다. 한국에서는 유로화로 환전을 해가면 된다. 물가는 저렴한 편이고 여행자 물가는 한국과 비슷한 수준이다. 지역마다 물가 차이가 있다. 수도인 자그레브는 식사나 숙소 요금이 휴양 도시에 비해 저렴한 편. 남부로 내려갈수록 점점 비싸진다. 두브로브니크가 가장 인기 도시인 만큼 물가가 가장 높다.

### 언어는?

공식 언어는 크로아티아어(남슬라브어). 문자는 라틴문자를 사용한다. 호텔, 렌터카, 관광지 등의 여행과 관련된 곳에서는 영어 사용이 가능하다. 크로아티아는 제1외국어가 영어라서 현지인들과는 간단한 영어로 소통할 수 있다.

### 시차는?

서머타임에 적용되는 3월 마지막 일요일부터 10월 마지막 일요일까지는 7시간 느리고, 그 외에는 8시간 느리다. 한국이 밤 12시일 때 크로아티아는 전날 오후 5시다. 서머타임 적용이 안 될 때는 전날 오후 4시.

### 비자가 필요한가?

크로아티아가 셍겐 국가가 되었기 때문에 유럽의 다른 셍겐 국가와 체류 조건이 동일하다. 관광을 목적으로 방문할 경우 특별한 사증(비자) 없이 90일까지 체류가 가능하다. 모든 셍겐 가입국에 총 머무는 체류 기간이 90일까지이니 긴 유럽 여행을 계획하고 있다면 체류 날짜 계산에 신경 써야 한다.

> **Tip** ***셍겐 협약 가입국(총 29개국)***
> 그리스·네덜란드·노르웨이·덴마크·독일·라트비아·루마니아·룩셈부르크·리투아니아·리히텐슈타인·몰타·벨기에·불가리아·스위스·스웨덴·스페인·슬로바키아·슬로베니아·아이슬란드·에스토니아·오스트리아·이탈리아·체코·포르투갈·폴란드·프랑스·핀란드·크로아티아·헝가리

### 계절별 옷차림

초봄(3~4월)과 늦가을(10~11월)은 아침저녁으로 추운 겨울 날씨와 따뜻한 봄 날씨가 교차한다. 일교차가 심하니 가벼운 차림부터 두터운 재킷까지 다양하게 챙겨야 한다. 머플러와 모자까지 있으면 금상첨화. 늦봄(5월)과 초가을(9월)은 대체적으로 따뜻한 편. 하지만 비가 올 경우 기온이 급강하할 수도 있어 반팔부터 가벼운 점퍼까지 필요하다. 여름(6~8월)은 대체로 30도 이상의 더운 날씨가 이어진다. 건기 시즌으로 습도가 높지 않아서 우리나라에 비해 쾌적하다. 겨울(12~2월)은 최저기온이 영하로 떨어지므로 두꺼운 겨울옷이 필수다. 낮에도 8~13도 정도로 쌀쌀한 편이다. 겨울에는 한 달에 10일 이상 비가 오니 우산과 우비는 꼭 챙기자.

### 크로아티아 심카드

크로아티아에서 데이터를 사용할 수 있는 방법은 현지 심SIM 카드, 이심eSIM, 로밍, 도시락 와이파이 네 가지가 있다. 이중 현지 심 카드와 이심을 가장 추천한다. 가장 저렴하며 안정적이고 빠른 속도로 현지에서 데이터 이용이 가능하다. 심 카드는 한국에서 미리 구입해 갈 수 있고, 심을 갈아 끼우기만 하면 되니 편하고 또 저렴하다. 이심은 심 카드를 갈아 끼우지 않고 QR 코드 설치로 현지 통신사 데이터를 이용할 수 있으니 한국 심 카드를 분실할 염려가 없다. 현지에서 급히 데이터가 필요할 때에도 온라인으로 쉽게 구입해서 바로 사용이 가능하다는 장점이 있다. 심 카드와 이심은 인천 공항 유심 센터에서 구입해서 출국할 수 있고, 현지 편의점 티삭TISAK에서도 구입 가능하다. 여행 중 한국 번호로 연락을 꼭 받아야 한다면 로밍을 이용하면 된다. 단점은 심 카드보다 느리거나 끊기는 일이 잦다. 도시락 와이파이는 여러 명이 한 번에 와이파이를 사용할 수 있지만, 데이터 용량이 제한되어 있고, 도시락과 멀어지면 속도가 느려지거나 끊기는 등 단점이 많아서 추천하지 않는다.

PLANNING 13

# Special! 여행 중 알아두면 좋은 정보들

로마에 가면 로마법을 따라야 한다! 크로아티아도 마찬가지다. 크로아티아에는 크로아티아만의 여행법이 있다. 이 여행법을 잘 모르면 아주 피곤한 여행이 될 수 있다. 계절마다 다른 관광지의 영업시간, 호텔에서 별도로 받는 세금, 한국과는 다른 레스토랑 이용법 등 크로아티아만의 여행법을 여기서 확인하자.

### 계절마다 확연히 다른 관광지 영업시간

크로아티아는 계절에 따라 풍경이 뚜렷하게 다르다. 고온 건조한 여름은 여행의 계절로 여행지마다 관광객이 몰리면서 활기가 넘친다. 반면 겨울은 3일에 한 번씩 비가 내리는 우기라서 춥고 썰렁하다. 문제는 풍경만 바뀌는 게 아니라 관광지나 레스토랑의 영업시간도 바뀐다는 것이다. 여행자가 넘치는 6~9월에는 박물관이나 전시장이 오후 9시에서 10시까지도 오픈한다. 노천카페들은 자정까지 문을 열어 긴 하루를 보낼 수 있다. 하지만 겨울은 다르다. 찬바람이 쌩쌩 부는 기온만큼이나 거리도 싸늘하다. 골목을 가득 메웠던 노천카페들이 없어진다. 레스토랑은 손님이 많지 않으면 일찍 문을 닫는다. 아예 영업을 하지 않는 곳도 있다. 겨울 내내 폐장하는 곳도 더러 있다. 즉 웹사이트나 가이드북에 나온 영업시간이 안 맞는 경우가 종종 생긴다는 것! 따라서 비수기(보통 11~3월)에 크로아티아 여행을 간다면 대부분의 관광지와 레스토랑 등의 운영시간이 성수기와는 크게 다르니 꼭 확인한 후 여행 계획을 세워야 한다. 비수기에 문을 닫았다가 언제 재오픈할지도 정확히 알 수 없다. 워낙 제각각이라 구글 지도에 임시 휴업이라고 나온다면 꼭 운영 여부를 재확인하자. 비수기에 여행할 때는 하루 일정을 조금 일찍 시작해 일찍 끝내는 게 좋다.

### 크로아티아 호텔은 시티택스를 따로 받는다

크로아티아는 숙박을 할 경우 시에서 여행자에게 도시세를 받는다. 시티택스라고 하는데 민박 같은 소형 숙박업소부터 호텔까지 1인당의 도시세가 있다. 1인 1박에 보통 1~2유로로 숙소마다 약간씩 차이가 있다. 숙소 예약사이트에서 결제를 하는 경우도 있고, 현장에서 카드 혹은 현금으로 결제를 할 수도 있다. 호텔을 예약할 때 시티 택스를 포함해서 결제했는지 확인해 놓을 것.

### 알아두면 유용한 크로아티아어

크로아티아는 영어권 나라가 아니다. 크로아티아어는 영어 알파벳과 비슷하게 생겼지만 다르다. 어떤 글자는 읽지 못하는 경우도 있다. 이게 바로 '낫 놓고 기역 자도 모른다'는 문맹의 비애. 그렇다고 마냥 모른 체할 수만은 없다. 몇 가지 많이 사용하는 단어만 알아도 여행하기가 한결 편해진다.

| 크로아티아어 | 발음 | 뜻 |
|---|---|---|
| Hrvatska | 흐르바트스카 | 크로아티아 |
| Trg | 트러크 | 광장 |
| Ulica | 울리카 | 도로 |
| Riva | 리바 | 바닷가 |
| Otok | 오톡 | 섬 |
| Sobe | 소베 | 민박 |
| Policija | 폴리치야 | 경찰서 |
| Konoba | 코노바 | 레스토랑 |
| Kava | 카바 | 커피 |
| Vino | 비노 | 와인 |
| Pivo | 피보 | 맥주 |
| Hvala | 흐발라 | 고맙습니다 |

### 한국과는 다른 크로아티아 레스토랑 이용법

■ 레스토랑에 들어가면 마음에 드는 빈자리에 앉아도 된다.

■ 웨이터가 메뉴판을 가져다줄 때까지 기다리자. 재촉하지 말 것.

■ 식사 후 계산대로 가지 말고 서버에게 "체크 플리즈Check Please"라고 한 뒤 테이블에서 계산한다.

■ 웨이터가 계산서를 건넬 때 계산을 카드로 할 것인지, 현금으로 할 것인지 물으면 원하는 것으로 답한다.

■ 해안 도시의 관광객용 레스토랑은 간혹 테이블 세팅비(1인 2~3유로)를 따로 받는 곳도 있다.

■ 특별한 경우를 제외하고 대부분의 레스토랑은 메뉴판에 쓰인 금액대로만 받는다. 세금과 봉사료가 다 포함되었다는 뜻이다.

■ 크로아티아는 원래 팁 문화가 없다. 그래도 음식이 맘에 들었다면 잔돈 정도는 놓고 나오거나 약간의 팁을 두고 오는 것이 좋다.

■ 크로아티아는 술안주 문화가 없다. 맥주를 마실 때 안주 없이 맥주 한 병만 시켜도 된다.

### 티삭Tisak을 적극 활용하자.

티삭은 크로아티아 전역에 있는 가판대 및 편의점이다. 1,000개가 넘는 점포로 여행 중 아주 흔하게 볼 수 있다. 각종 먹거리부터 버스, 트램 티켓, 도시 간 버스 티켓, 주차요금, 심 카드 등 여행 중 꼭 필요한 것들이 다 있다. 대부분의 버스 정류장마다 매장이 있다. 대중교통 이용 시 티켓을 더 저렴하게 구입할 수 있으니 적극 활용하자. 신용카드, 직불카드, 현금 모두 사용 가능. 버스는 기사에게 티켓을 구입 시 요금이 더 비싸며 현금만 가능하다.

Croatia
# By Area

크로아티아
## 지역별 가이드

Croatia By Area

# 01

# 자그레브

## ZAGREB

자그레브는 크로아티아의 수도이자 크로아티아에서 가장 큰 도시다. 또 크로아티아 여행의 시발점이기도 하다. 자그레브에는 낡은 것과 새로운 것이 공존한다. 멋들어진 중세 건물 사이를 덜컹이며 오가는 트램은 감성을 자극한다. 다양한 것이 뒤섞여 있지만 어느 하나 어설픈 것 없이 멋진 하모니를 이룬다. 자그레브를 거닐다 보면 꿈꾸던 크로아티아 여행이 현실이 된다. 이곳에서 크로아티아 최고의 여행지 플리트비체 여행을 떠난다.

Zagreb
# PREVIEW

*자그레브는 크로아티아 내륙에 있어 휴양을 즐길 만한 곳은 아니다. 하지만 여행하기 즐거운 곳이다. 관광지에 비해 물가가 저렴하고, 거리마다 크로아티아의 문화와 역사를 간직한 갤러리가 가득하다. 한 달 내내 메뉴를 바꿔도 다 먹지 못할 만큼 다양한 음식이 있어 여행이 더욱 즐겁다. 다른 도시에 비해 소소한 기념품 숍도 많아 알면 알수록 발걸음이 더욱 바빠진다.*

**SEE**

자그레브는 역사가 깃든 구시가지와 갤러리가 몰려 있는 신시가지로 나뉜다. 구시가지에서는 반 옐라치치 광장을 시작으로 대성당, 성 마르크 성당, 돌의 문 등을 꼭 봐야 한다. 신시가지는 하루 일정으로 박물관, 갤러리 탐방을 하는 게 좋다. 신시가지에는 크로아티아에서 이름난 박물관과 갤러리가 많다.

**EAT**

자그레브에는 저렴한 서민 레스토랑부터 값비싼 고급 레스토랑까지 다양한 음식점이 있다. 크로아티아 전역에서 가지각색의 식재료가 공수되어 식도락의 즐거움을 느낄 수 있다. 푸짐한 육류는 상상했던 것보다 저렴하다. 도시락을 사서 공원에서 혼자 여유 부리며 먹는 맛도 좋다. 저녁이면 펍이 몰려 있는 트칼치체바 거리에서 맥주 한잔 기울이는 것도 잊지 말자.

**BUY**

크로아티아는 특산품이나 기념품 외에 쇼핑거리가 크게 없다. 지역 특산품은 그 지역에서 사는 게 좋고, 자잘한 기념품만 자그레브에서 구입하는 게 좋다. 다른 지역에 비해 아기자기한 기념품 숍이 많은 편이다. 여행 중 필요한 옷가지 등은 일리차, 소품은 라디체바 거리에서 산다. 두 거리는 반 옐라치치 광장과 연결되어 있다.

**SLEEP**

크로아티아는 아파트형 숙소가 많다. 자그레브에도 아파트나 백패커를 위한 숙소가 많은데, 타 지역에 비해 호텔이 가성비가 좋다. 크로아티아 어디나 그렇듯 건물은 조금 오래되었지만 가격 대비 만족도가 좋은 편이다. 3일 이상 시내 위주로 여행한다면 구시가지 근처에, 잠시 머물다 가는 여행자라면 기차역이나 버스역 근처에 숙소를 정하는 게 좋다. 렌터카를 대여했다면 시내에서 조금 벗어나더라도 주차장 있는 곳을 추천한다. 시내 전역에 트램이 많이 운행되어 오가는데 크게 불편하지 않다.

Zagreb
# GET AROUND

## 어떻게 갈까?

자그레브 공항에서 시내로 들어가는 방법은 공항버스와 택시가 있다.

### 1. 공항버스

공항 입국장에서 버스 표지판을 따라 나오면 공항버스 정류장이 있다. 공항 셔틀 버스 운행 시간은 04:30~23:30이다. 그 외 시간에는 비행기가 도착하는 시간에 맞춰 버스가 대기하고 있다. 따라서 늦은 시간 공항에 도착했다면 공항 안에서 시간을 너무 지체하지 말자. 공항과 시내는 17km 거리로 버스로 약 30분 정도 소요된다. 공항에서 자그레브 시내로 들어가는 셔틀버스는 구시가지에서 약간 벗어난 시외버스터미널에 정차를 한다. 터미널에서 구시가지로 이동하려면 트램을 타고 10분 정도 가야 한다. 셔틀버스보다 더 저렴한 Zet(Zagreb Electric Tram) 버스도 있다. 290번 버스를 탑승하면 된다. 버스는 몇곳의 정류장에 정차하지만 공항에서 가장 저렴하게 시티로 향하는 버스이다. 운행시간은 04:20~00:15(일요일은 05:20부터 운행)이며, 매 35분 간격으로 운행한다. 공항버스 요금 8유로, 290번 버스 1유로.

**Data** **공항 홈페이지** www.airport-zagreb.com/bus.php

### 2. 택시

출국장으로 나오면 정면에 택시 정류장이 있다. 우버도 이용 가능하다. 공항에서 시내까지의 요금은 일반 4인 택시가 20~30유로 정도. 인원수와 캐리어 수에 따라 달라진다. 공항버스를 이용하면 8유로 비용에 버스터미널에서 트램을 타고 또 이동을 해야 한다. 2~3인이라면 버스보다 호텔까지 바로 도착하는 택시를 이용하는 게 더 낫다. 소요시간은 약 15분.

### 3. 기차

자그레브로 들어오는 열차는 모두 자그레브 중앙역 글라브니 콜로도보르Glavni Kolodvor으로 모인다. 중앙역은 신시가지 토미슬라브 광장 건너편에 있다. 짐이 간소하다면 구시가지까지 도보로 (1km 약 15분) 이동 가능하다.

짐이 많다면 트램(약 5분 소요)을 추천한다. 여행 후 다시 기차로 이동한다면 기차역 근처에 숙소를 잡는 것도 방법이다. 기차역에서는 유료 짐 보관 서비스(2유로~), 여행안내소, 렌터카 서비스 등을 이용할 수 있다.

**Data** **자그레브 중앙역 지도** 082p **가는 법** 토미슬라브 광장 맞은편 **주소** Trg. Kralja Tomislave12 **전화** (0)60-333-4444 **홈페이지** www.hzpp.hr

### 4. 버스

공항버스 및 크로아티아의 타 지역, 근교 국가에서 들어오는 버스는 모두 시외버스터미널에 도착한다. 버스터미널과 기차역은 트램으로 두 정거장, 도보 15분 거리다. 구시가지까지는 트램으로 약 10분, 도보로 30분 거리다. 자그레브에서의 일정이 짧다면 버스터미널이나 기차역 근처에 숙소를 잡는 게 좋다. 터미널에 도착해서 바로 버스표를 끊을 예정이라면 우선 안내센터에서 목적지와 시간대를 상담한 후 티켓 창구에서 티켓을 끊는다. 인터넷으로 예약한 경우 인터넷 티켓 발권 창구에서 승차권으로 교환하면 된다. 유료 짐보관(시간당 0.5유로~)이나 여행안내소 이용 가능.

**Data 시외버스터미널**
**지도** 081p-L **가는 법** 중앙역에서 6번 트램 타고 두 정거장 **주소** Av. Marina Drzica 4
**전화** 국내선 (0)60-313-333, 국제선 (0)16-112-789 **홈페이지** www.akz.hr
**버스예약** www.getbybus.com, www.autotrans.hr

## 어떻게 다닐까?

### 1. 대중교통

자그레브의 대중교통에는 트램과 버스가 있다. 시내 곳곳을 촘촘하게 연결하는 트램을 타면 자그레브의 모든 곳을 다 갈 수 있다. 15개의 노선이 있는 트램은 이용하기도 쉽다. 여행자들은 버스터미널~중앙역~반 옐라치치 광장을 잇는 6번 트램을 많이 탄다. 구시가지와 신시가지만 둘러본다면 트램을 거의 탈 일이 없다. 하지만 목적 없이 자그레브 시내 구경을 하고 싶다면 트램에 앉아 있는 것만으로도 즐거움이 될 수 있다. 자그레브 카드가 있다면 카드 사용 날짜 동안 무제한 이용 가능하다. 티켓은 정류장에 있는 가판대 티삭Tisak에서 살 수 있으며, 90분 안에 환승이 가능하다. 버스나 트램에 탑승하면 개찰기에 티켓을 스스로 체크해야 한다. 자율 개찰이지만 가끔 검사요원이 티켓 검사를 한다. 무임승차로 적발되면 벌금은 30유로다.

**Data 자그레브 트램**
**운행시간** 04:00~24:00
**운행간격** 2분~20분(시간과 노선에 따라 상이)
**요금** 주간 1회 승차권 0.8유로, 야간 1.99유로, 1일 승차권 3.98유로
**홈페이지** www.zet.hr

*** 자그레브 카드** Zagreb Card

버스와 트램을 같이 이용할 수 있는 교통카드에 각종 박물관 갤러리 입장 할인 혜택을 더한 카드다. 실연박물관, 현대미술관, 동물원 등에서 30~50% 할인받을 수 있다. 카드는 24시간과 72시간 두 종류가 있다. 카드를 구입한 후 직접 카드 뒷면에 날짜와 시간을 서명한 후 바로 이용 가능하다. 카드는 반 옐라치치 광장 건너편에 있는 360도 오브저베이션 데스크360 Observation Desk와 힐튼 호텔, 에스플러네이드 호텔 등에서 구입할 수 있다. 가격은 24시간 20유로, 72시간 26유로.

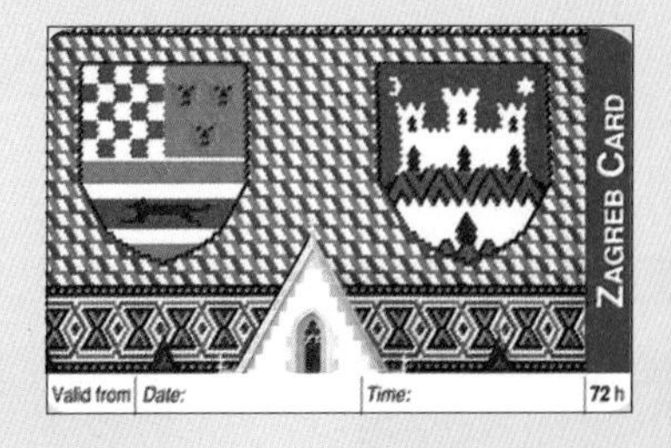


**Data** **홈페이지** www.zagrebcard.com

**2. 택시&우버**

자그레브 택시 기본요금은 1.5~2유로다. 1km 주행할 때마다 0.7유로씩 요금이 더해진다. 택시요금이 비싼 편은 아니어서 원하는 시간에 택시 앱이나 전화로 콜 해서 이용하기 편리하다. 우버도 이용할 수 있다. 우버는 일반 택시보다 20~30% 정도 요금이 저렴하다. 우버 앱은 한국에서 미리 깔고 신용카드 인증을 받아오면 편리하게 이용할 수 있다.

**Data** **카메오 택시**Cammeo Taxi 1212 / **에코 택시**Edko Taxi 1414

**3. 렌터카**

렌터카는 자그레브 공항에서 인수하는 것과 자그레브 시티에서 인수하는 방법 두 가지가 있다. 인수 장소는 자그레브 여행 일정에 따라 달리 선택하는 것이 좋다. 만약 자그레브에서 하루나 이틀 여행하는 일정이라면 우선 도시 여행을 하고, 다른 도시로 이동하는 날 시티에서 차를 인수하는 것이 좋다. 이는 비용적인 측면도 있지만 주차 문제도 있다. 자그레브 시내에는 무료 주차 서비스를 해주는 숙박업소 외에 무료 주차장을 찾기 힘들다. 도심 안 길거리 주차장의 주차요금은 시간당 1.1~2유로, 도심 근교는 0.5유로이다.

**※ 환전**

환전은 한국에서 미리 유로로 환전을 하면 된다. 주거래은행의 인터넷 환전을 이용하면 환전 수수료가 거의 없다. 현지에서 대부분 신용카드 이용이 가능하기 때문에 현금은 조금만 챙겨도 된다. 신용카드 수수료가 부담된다면 수수료 없는 트래블 카드(환전한 현금을 신용카드처럼 이용 가능)를 사용하자.

# Zagreb
# TWO FINE DAYS

## 구시가지 반나절 투어

반 옐라치치 광장

도보 2분

자그레브 대성당

도보 2분

돌라츠 시장

도보 3분

트칼치체바 거리

도보 5분

조지 동상

도보 1분

돌의 문

도보 2분

성 마르크 성당

도보 1분

크로아티아 나이브
예술 박물관

도보 1분

실연박물관

도보 1분

로트르슈차크 탑

도보 5분

일리차 대로

*걸으며 즐기는 자그레브. 역사의 흔적이 가득한 구시가지를 걷고*
*갤러리와 공원이 가득한 신시가지에서 마음이 풍요로워지는 자그레브를 느껴보자.*

## 신시가지 1일 투어

슈비차 즈린스코그 광장

도보 2분 →

고고학박물관

도보 1분 →

스트로스마예라 광장

도보 1분 ↓

현대미술관

← 도보 1분

토미슬라브 광장

← 도보 5분

보태니컬 가든

도보 7분 ↓

미마라 박물관

도보 5분 →

크로아티아 국립극장

**Tip** ***크로아티아 여행, 버스 or 렌터카?***

크로아티아 여행의 이동수단은 여행 일정에 따라 버스와 렌터카 가운데 선택할 수 있다. 크로아티아는 각 도시로 연결되는 버스가 잘 발달되어 있어 대도시를 중심으로 여행한다면 버스도 불편은 없다. 하지만, 작은 소도시들을 찾아가는 여행을 하고 싶다면 렌터카를 추천한다. 도로에 차량이 많지 않아 운전이 편하고 길 찾기가 쉽다. 단, 극성수기 인기 휴양도시(특히 달마티아 지역)는 주차 문제가 심각하다. 만약, 버스를 이용해 여행한다면 짐은 가볍게, 일정은 여유 있게 계획하는 게 좋다.

미로고이 묘지
Groblja Mirgoj
구시가지 084p
A
B
Kaptol Ul.
Radićeva Ul.
성 마르크 성당
Crkva Sv. Marka
트칼치체바 거리
Tkalčićeva Ul.
돌라츠 시장
Tržnica Dolac
S
반 옐라치치 광장
Trg. Bana Jelačića
일요일 벼룩시장
Sunday Flea Market
S
일리차 대로 Ilica
S
신시가지 085p
Gundulićeva Ul.
트램역
H
호텔 두브로브니크
Hotel Dubrovnik
E
F
고고학박물관
Arheološki Muzej
슈비차 즈린스코그 광장
Park Zrinjevac
크로아티아 국립극장
Croatian National Theatre
Andrije Hebranga Ul.
미마라 박물관
Muzej Mimara
스트로스마예라 광장
Park Josipa Jurja Strossmayera
Savska Cesta
Gundulićeva Ul.
토미슬라브 광장
Trg. Kralja Tomislava
트램역
보태니컬 가든
Botanički Vrt
중앙역
Zagreb Glavni Kolodvor
I
J
Savska Cesta

자그레브
Zagreb
N
0
200m
막시미르 공원
Park Maksimir
Ribnjak Ul.
레브 대성당
ačka Katedrala
Vlaška Ul.
Vlaška Ul.
Vlaška Ul.
Palmotićeva Ul.
išićeva Ul.
Jurišićeva Ul.
Boškovićeva Ul.
Pavla Hatza Ul.
쉐라톤 자그레브 호텔
Sheraton Zagreb Hotel
Petrinjska Ul.
Palmotićeva Ul.
텔 센트럴
el Central
eza Branimira Ul.
Kneza Branimira Ul.
Avenija Marina Držića
트램역
트램역
시외버스, 국제버스,
공항버스 터미널
Supilova Ul.
호텔 슬리스코
Hotel Slisko
C
D
G
H
K
L

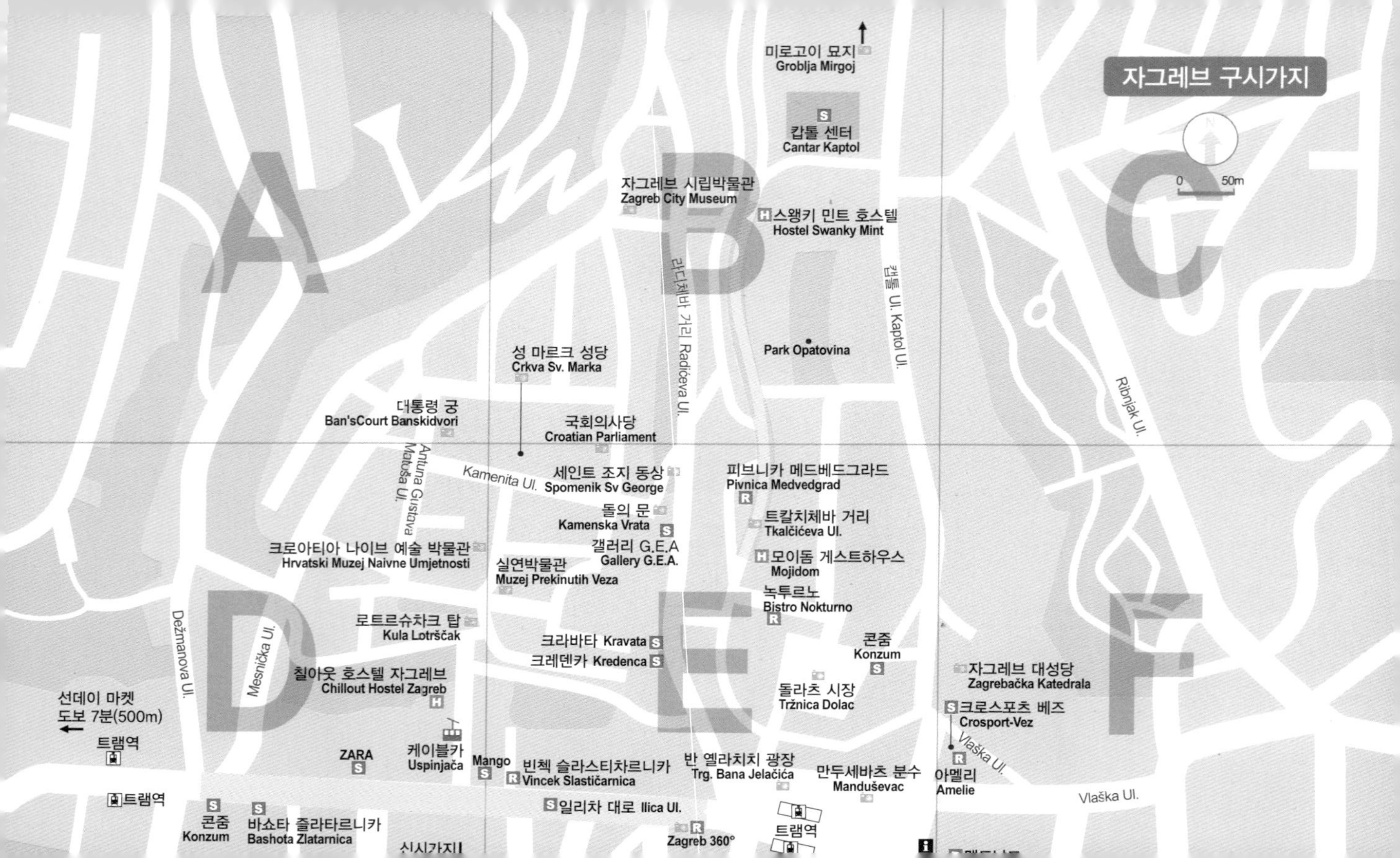

자그레브 구시가지
0 50m
A
B
C
D
E
F
미로고이 묘지
Groblja Mirgoj
칸톨 센터
Cantar Kaptol
자그레브 시립박물관
Zagreb City Museum
스왱키 민트 호스텔
Hostel Swanky Mint
라디체바 거리 Radićeva Ul.
캅톨 Ul. Kaptol Ul.
Park Opatovina
Ribnjak Ul.
성 마르크 성당
Crkva Sv. Marka
대통령 궁
Ban'sCourt Banskidvori
국회의사당
Croatian Parliament
Antuna Gustava Matoša Ul.
Kamenita Ul.
세인트 조지 동상
Spomenik Sv George
피브니카 메드베드그라드
Pivnica Medvedgrad
돌의 문
Kamenska Vrata
트칼치체바 거리
Tkalčićeva Ul.
크로아티아 나이브 예술 박물관
Hrvatski Muzej Naivne Umjetnosti
갤러리 G.E.A
Gallery G.E.A.
모이돔 게스트하우스
Mojidom
실연박물관
Muzej Prekinutih Veza
녹투르노
Bistro Nokturno
로트르슈차크 탑
Kula Lotrščak
크라바타 Kravata
크레덴카 Kredenca
콘줌
Konzum
Dežmanova Ul.
Mesnička Ul.
칠아웃 호스텔 자그레브
Chillout Hostel Zagreb
자그레브 대성당
Zagrebačka Katedrala
돌라츠 시장
Tržnica Dolac
크로스포츠 베즈
Crosport-Vez
선데이 마켓
도보 7분(500m)
트램역
Vlaška Ul.
ZARA
케이블카
Uspinjača
Mango
빈첵 슬라스티차르니카
Vincek Slastičarnica
반 옐라치치 광장
Trg. Bana Jelačića
만두세바츠 분수
Manduševac
아멜리
Amelie
Vlaška Ul.
트램역
일리차 대로 Ilica Ul.
콘줌
Konzum
바쇼타 즐라타르니카
Bashota Zlatarnica
Zagreb 360°
트램역
신시가지

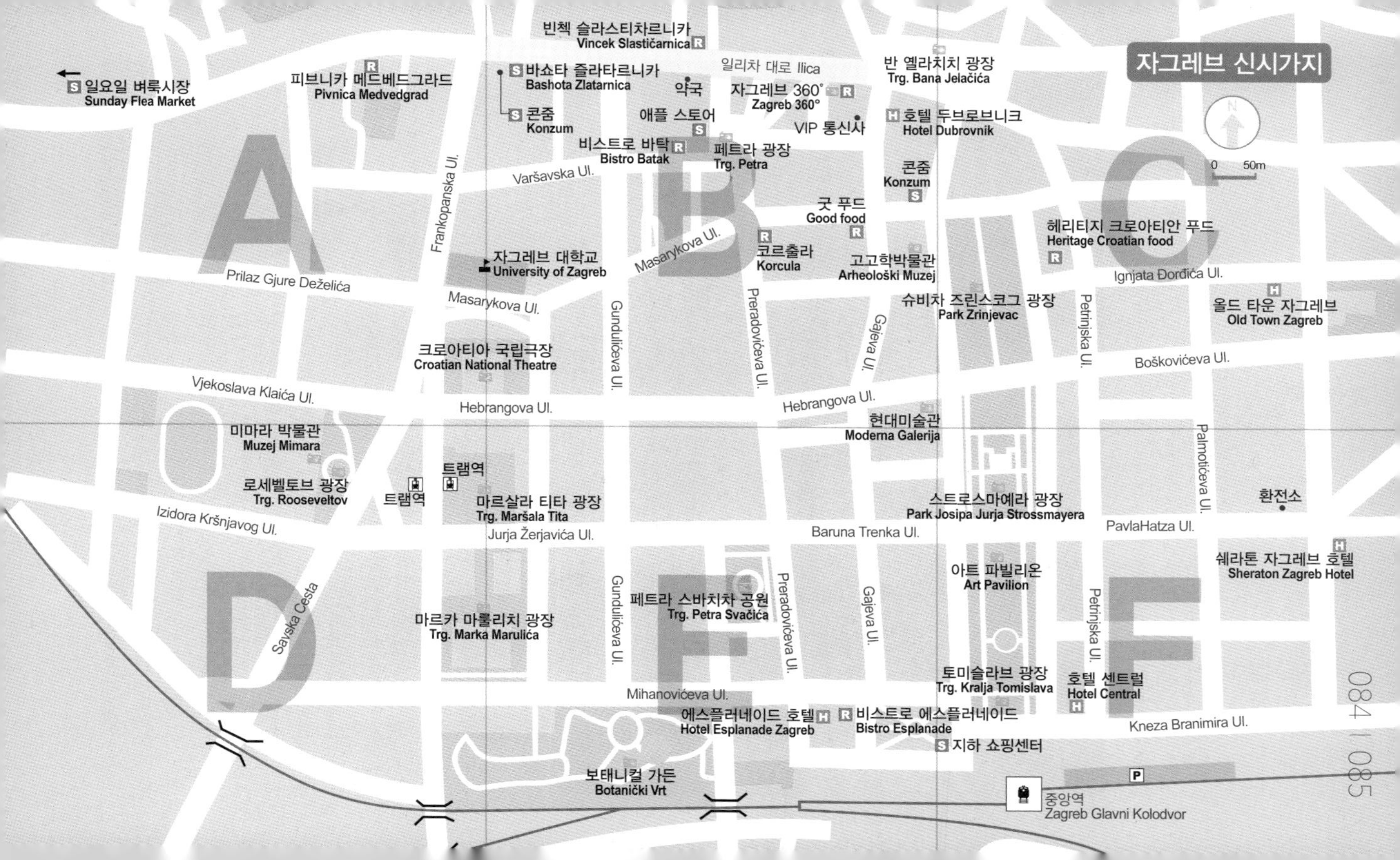
자그레브 신시가지
0 50m
일요일 벼룩시장
Sunday Flea Market
피브니카 메드베드그라드
Pivnica Medvedgrad
빈첵 슬라스티차르니카
Vincek Slastičarnica
바쇼타 즐라타르니카
Bashota Zlatarnica
콘줌
Konzum
약국
애플 스토어
비스트로 바탁
Bistro Batak
일리차 대로 Ilica
자그레브 360°
Zagreb 360°
VIP 통신사
페트라 광장
Trg. Petra
반 옐라치치 광장
Trg. Bana Jelačića
호텔 두브로브니크
Hotel Dubrovnik
콘줌
Konzum
굿 푸드
Good food
코르출라
Korcula
고고학박물관
Arheološki Muzej
헤리티지 크로아티안 푸드
Heritage Croatian food
Ignjata Đorđića Ul.
올드 타운 자그레브
Old Town Zagreb
Varšavska Ul.
Frankopanska Ul.
자그레브 대학교
University of Zagreb
Masarykova Ul.
Prilaz Gjure Deželića
Masarykova Ul.
Gundulićeva Ul.
Preradovićeva Ul.
Gajeva Ul.
슈비차 즈린스코그 광장
Park Zrinjevac
Petrinjska Ul.
Boškovićeva Ul.
크로아티아 국립극장
Croatian National Theatre
Vjekoslava Klaića Ul.
Hebrangova Ul.
Hebrangova Ul.
현대미술관
Moderna Galerija
Palmotićeva Ul.
미마라 박물관
Muzej Mimara
트램역
트램역
로세벨토브 광장
Trg. Rooseveltov
마르살라 티타 광장
Trg. Maršala Tita
Izidora Kršnjavog Ul.
Jurja Žerjavića Ul.
Baruna Trenka Ul.
스트로스마예라 광장
Park Josipa Jurja Strossmayera
PavlaHatza Ul.
환전소
쉐라톤 자그레브 호텔
Sheraton Zagreb Hotel
아트 파빌리온
Art Pavilion
Savska Cesta
마르카 마룰리치 광장
Trg. Marka Marulića
Gundulićeva Ul.
페트라 스바치차 공원
Trg. Petra Svačića
Preradovićeva Ul.
Gajeva Ul.
Petrinjska Ul.
토미슬라브 광장
Trg. Kralja Tomislava
호텔 센트럴
Hotel Central
Mihanovićeva Ul.
에스플러네이드 호텔
Hotel Esplanade Zagreb
비스트로 에스플러네이드
Bistro Esplanade
Kneza Branimira Ul.
지하 쇼핑센터
보태니컬 가든
Botanički Vrt
중앙역
Zagreb Glavni Kolodvor

## | 구시가지 |

만남이 시작되는 곳

### 반 옐라치치 광장 Ban Jelacic Square / Trg. bana Jelačića

"내일 6시 말꼬리 아래서 만나!" 자그레브 현지인들이 약속을 잡는 방법이다. 이 광장은 현지인들의 만남의 장소이자 여행자들이 자그레브 여행을 시작하는 곳이다. 자그레브에서 유동인구가 가장 많고 활기찬 장소다. 반 옐라치치 광장은 1614년 시장과 축제를 위해 만들어진 장소로 지금까지 자그레브의 중심 역할을 하고 있다. 파란색 트램이 눈앞을 스쳐 가고, 19세기에 지어진 예쁘장한 건물들이 병풍처럼 둘러친 반 옐라치치 광장. 이 광장을 중심으로 돌라츠 시장, 자그레브 대성당, 트칼치체바 거리가 도보로 1~2분 거리다. 또 이곳에서 길만 건너면 갤러리들이 줄지어 있는 신시가지로 갈 수 있다. 이 정도면 가기 싫어도 안 갈 수가 없는, 자그레브 여행지에서 중요도 별 다섯 개쯤 되지 않을까? 이 광장에서 보고 가야 할 것 두 가지가 있다. 광장 중앙에 웅장한 모습으로 서 있는 요십 옐라치치 총독의 동상과 광장 한쪽에 있는 만두세바츠 분수다.

**Data** 지도 084p-E
가는 법 트램 6, 11, 12, 13, 14, 17번 반 옐라치치 정류장 하차
주소 Trg. bana Jelačića, Zagreb

'자그레브'의 유래

## 만두세바츠 분수 Mandusevac Fountain / Manduševac

자그레브라는 지명의 유래가 된 우물이 있는 곳에 분수가 있다. 광장 한쪽 움푹 파인 곳에 위치한 이 우물은 수백 년 전 자그레브에 식수를 제공하던 것이라고 한다. 전하는 이야기에 따르면 해가 쨍쨍한 몹시 더운 날 이곳을 지나던 장군이 목 말라 물을 긷던 소녀 만다Manda에게 물을 떠달라고 부탁을 했다. 소녀는 장군에게 물을 떠서 드렸는데, 크로아티아어로 '물을 뜨다'란 뜻의 자그라비티Zagrabiti에서 지금의 이름인 자그레브가 유래하였다고 한다. 우물은 소녀의 이름을 따 만두세바츠('만다의 것'이라는 뜻)가 되었다.

**Data** 지도 084p-E
가는 법 반 옐라치치 광장 내 위치

**Tip**

***요십 옐라치치 총독***

크로아티아의 독립을 이끈 영웅이다. 크로아티아 옛 화폐 20쿠나에 그려져 있는 초상화가 바로 요십 옐라치치 총독Josip Jelačić(1801~1859)이다. 전쟁과 혁명, 독립을 위해 평생을 바친 그는 사후 1866년 이 자리에 동상으로 세워졌는데, 그 후에도 녹록지 않은 시련의 시간을 보냈다. 1947년 민족주의를 표방한다는 비난을 받아 철거되었다가 1990년 크로아티아가 독립한 후 다시 그 자리에 세워졌다. 다시 세워졌을 당시 동상의 칼이 헝가리 제국이 있는 북쪽으로 향하고 있었으나 광장의 안정적인 모습을 위해 현재는 남쪽을 향하고 있다.

자그레브의 상징

## 자그레브 대성당 Zagreb Cathedral / Zagrebačka katedrala

칼톨 언덕에 위풍당당한 자태로 천 년을 버텨온 성당이다. 이 성당은 크로아티아 전역에서 가장 높은 건물이다. 고개가 꺾어지도록 올려다봐야 꼭대기가 보이는 첨탑의 높이는 왼쪽 105m, 오른쪽 104m다. 이처럼 첨탑의 높이가 높다 보니 자그레브 어디에서나 훤히 보여 랜드마크 역할을 하고 있다. 자그레브 대성당은 1217년 완공된 후 성모 마리아에게 헌정이 되어 성모 승천 대성당이라고도 불린다. 이 성당의 역사를 살펴보면 하늘 아래 이런 수모를 당한 성당이 또 있을까 싶다. 자그레브 대성당은 13세기 몽골의 침입으로 부서진 후 20년 이상 복구 작업을 했다. 15세기에는 오스만 제국의 침입으로 또 다시 피해를 입었다. 1624년에는 벼락이 떨어지고, 1880년에는 대지진으로 인한 심각한 손상 등 자연적인 재해까지 입었다. 그러나 이런 시련 속에서도 자그레브 대성당은 가톨릭교회의 구심점 역할을 해왔다. 자그레브 대성당은 마지막 재건축을 하면서 성당 앞에 성모 마리아상이 있는 금빛 첨탑을 세웠다. 성당 내부에는 크로아티아인들에게 추앙받는 대주교 스테피나츠Stepinac의 관이 있다.

**Data** **지도** 084p-F
**가는 법** 돌라츠 시장에서 도보 1분
**주소** Kaptol 31
**운영시간** 월~토 10:00~17:00, 일·공휴일 13:00~17:00
**요금** 무료

세상에서 가장 예쁜 빨강은?

## 돌라츠 시장 Dolac market / Tržnica Dolac

돌라츠 시장의 빨강은 세상에서 본 빨강 중에 가장 인상적이다. 대성당을 등지고 파란 하늘 아래 펼쳐진 빨간 우산은 강렬한 느낌이다. 그 아래 놓인 과일과 채소까지 모두 어느 그림 속에서 톡 튀어나온 것만 같다. 자그레브의 중앙시장, 인근에 살고 있는 상인들이 자신이 직접 기른 과일과 채소를 매일매일 수확해서 시장으로 나온다. 가장 맛있게 잘 여문 날 시장에서 파는 것이다. 그렇게 탐스러운 과일, 채소를 앞에 두면 없던 물욕과 식탐도 저절로 생긴다. 가격도 아주 착하다. 체리가 1kg에 2천 원, 토마토는 1kg에 천 원 정도 한다. 한국에서는 꿈도 못 꾸는 가격이다. 이곳에서는 조금의 사치를 부려도 괜찮을 것 같다. 채소와 과일뿐 아니라 치즈, 육류, 생선 등 다양한 식재료를 판다. 그래서 '자그레브의 배The Belly of Zagreb'라는 별명이 붙었다. 숙소로 아파트를 렌트했다면 이곳에서 저렴한 비용으로 장을 본 후 숙소에서 요리를 해 먹으면 금상첨화다.

**Data** 지도 084p-E
**가는 법** 반 옐라치치 광장에서 도보 1분
**주소** Dolac 9
**전화** (0)1-6422-501
**운영시간** 07:00~15:00

만남과 소통의 장

## 트칼치체바 거리 Tkalčićeva Street / Ulica Tkalčićeva

트칼치체바는 자그레브의 카페와 레스토랑들이 모여 있는 거리다. 캅톨과 그라데츠를 나누는 경계선이었던 메드베슈차크Medveščak 냇가가 있었던 도로다. 이 냇가를 따라 물레방아들이 모여 있었는데, 18세기에는 옷, 비누, 종이, 술 등을 만드는 작업장이 있었다고 한다. 19세기 들어 개천을 덮는 복개공사가 진행되었으며, 도로명은 당시 유명한 역사가 이반 트칼치치Ivan Tkalčić의 이름을 따서 트칼치체바라 지었다. 트칼치체바는 자그레브 상업 활동과 문화의 중심지로 현재는 다양한 연령의 사람들이 모이는 만남과 소통의 장소가 되었다.

**Data** 지도 084p-B, E
가는 법 반 옐라치치 광장에서 이어짐

**Tip** 중세 시대의 자그레브는 캅톨Kaptol과 그라데츠Gradec 지구로 나뉘어 있었다. 종교의 중심지였던 동부의 캅톨 언덕(현재 대성당이 있는 위치)과 농부와 상인들이 주로 거주하던 서부의 그라데츠 언덕(돌의 문, 성 마르크 성당이 있는 위치), 두 마을은 뗄 수 없는 공생관계였지만 사이는 좋지 않았다. 당시 트칼치체바 냇가를 따라 물레방아가 있었는데, 물레방아가 중요한 돈벌이 수단이라 소유권을 두고 매일 분쟁이 일어났던 것. 그때의 냇가와 다리는 지금 블러디 브리지Bloody bridge/Krvavi Most라는 도로가 되었다. 매일 그 다리 위에서 싸움이 일어나 강물이 하루도 피로 물들지 않은 날이 없었다 하여 붙은 이름이다. 대립과 화해를 반복하던 두 마을은 17세기 '자그레브'라는 이름으로 합쳐졌다.

그라데츠 언덕의 시작

## 돌의 문 Stone Gate / Kamenska Vrata

13세기에 지어진 자그레브성으로 들어가는 3개의 게이트 중 현재까지 유일하게 남아 있는 게이트다. 돌의 문은 18세기 재건축된 이후 굴처럼 생긴 지금의 모습을 하고 있다. 게이트 안에는 성모 마리아가 아기 예수를 안고 있는 무명작가의 그림을 볼 수 있다. 이 그림은 1731년 대화재 속에 모든 것들이 잿더미로 변했을 때도 불에 타지 않고 남아 성모의 기적이라 불렸다. 그 후 이곳은 가톨릭 신자들의 성지 순례지가 되었고, 기적의 성모가 소원을 들어준다는 소문이 나면서 더욱 많은 여행자들이 찾고 있다.

Data 지도 084p-E
가는 법 세인트 조지 동상 바로 뒤
주소 Kamenita Ul.

돌의 문 앞 동상은 누구?

## 세인트 조지 동상 Monument of Saint George / Spomenik Sv George

로마 시대 용을 물리친 전설적인 인물 성 조지를 기념하는 동상으로 오스트리아 조각가 콤파출러Kompatscher와 와인더Winder의 작품이다. 동상에 얽힌 전설은 이렇다. 로마 디오클레티아누스 황제의 재임 시절 아프리카에 용이 나타나 사람들을 괴롭힌다는 소문이 돌았다. 이에 황제는 조지에게 용을 물리치라는 명을 내린다. 조지는 아프리카로 달려가 용을 물리쳤고, 그 후 사람들에게 용과 관련된 전설적인 인물로 추앙을 받는다. 동상 역시 조지가 용을 물리치고 용을 위해 기도를 올리는 모습을 표현하고 있다.

Data 지도 084p-E
가는 법 반 옐라치치 광장에서 라디체바 도로로 도보 7분

한국인에게는 레고 성당으로 유명한

## 성 마르크 성당 St. Mark's Church / Crkva Sv. Marka

눈이 반짝! 뜨인다. 알록달록한 타일 지붕이 너무 예쁜 성당. 〈꽃보다 누나〉에서 이승기가 '레고 성당'이라고 한 후부터 한국인에게는 레고 성당으로 알려져 있다. 성 마르크 성당은 13세기 초에 지어졌으며, 14세기 고딕 양식으로 재건축되었다. 지붕은 1880년에 만들어졌는데, 지붕의 왼쪽 문양은 중세 크로아티아, 달마티아, 슬라베니아를 의미하고, 오른쪽은 자그레브시의 문장이다. 성당의 남문(지붕 아래)에는 고딕 양식으로 새겨진 15인의 나무 조각이 있다. 이는 예수, 요셉, 마리아, 그리고 열두 제자의 모습이다. 발칸 반도에서는 찾아보기 힘든 기법으로 새겨진 문화재라 주목받는다. 외관의 화려한 모습에 비해 성당의 내부는 작고 소박하다. 성당의 우측으로는 국회의사당, 좌측으로는 대통령 궁이 자리하고 있다.

**Data** 지도 084p-E
**가는 법** 돌의 문에서 도보 2분
**주소** Trg. Sv. Marka 5
**전화** (0)1-4851-611

**Tip** ***성 마르크 성당과 마녀사냥***

17세기는 교회의 주동 아래 마녀사냥이 행해졌던 시기다. 자그레브도 예외가 아니었는데, 성 마르크 성당 앞에 그 증거가 있다. 성당 앞마당에는 5개의 홈이 있다. '심판자의 의자'라 불리는 이곳은 마녀를 고문하고 심판하던 자리다. 당시 대표적인 고문은 중앙에 위치한 가시 의자에 마녀를 앉힌 후 4개의 홈에 파이프를 설치하고 이를 마녀의 입과 코에 연결시키는 것이었다. 마녀가 숨을 쉴 때마다 파이프에서 '뿌' 소리가 났는데, 주민들이 밤이 되면 이 소리 때문에 잠을 잘 수가 없어 밖으로 나와 마녀가 소리를 더 이상 내지 않을 때까지 돌을 던졌다고 한다.

소박한 예술을 만나는

## 크로아티아 나이브 예술 박물관

Croatian Museum of Naive Art / Hrvatski muzej naivne umjetnosti

나이브 아트란 특정한 형식을 떠난 소박한 예술을 말한다. 보통 아마추어 화가들이 느끼는 대로 그리는 그림으로 소재도 시골 풍경이나 자연소재의 내추럴한 작품들이 많다. 이런 나이브 아트가 세계적으로 발달한 곳이 바로 크로아티아다. 크로아티아에는 나이브 예술가들이 모여 사는 마을이 형성되어 있을 정도. 현재는 조각과 민속 공예품까지 나이브 미술을 발전시키고 있다. 크로아티아 나이브 예술의 거장이라 불리는 이반 라부진Ivan Rabuzin, 이반 제네랄리치Ivan Generalic, 드라고 주라크Drago Jurak와 같은 작가의 특색 있는 작품을 만날 수 있다. 자그레브 카드 소지자 20% 할인.

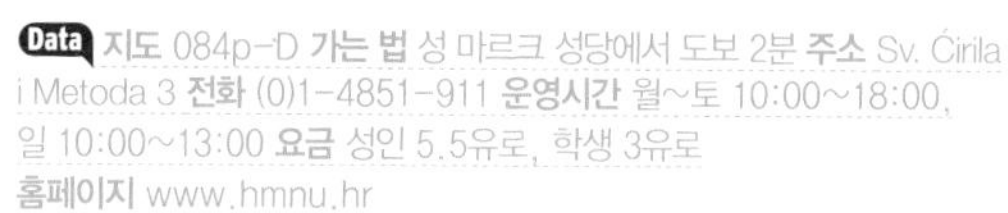

**Data** **지도** 084p-D **가는 법** 성 마르크 성당에서 도보 2분 **주소** Sv. Ćirila i Metoda 3 **전화** (0)1-4851-911 **운영시간** 월~토 10:00~18:00, 일 10:00~13:00 **요금** 성인 5.5유로, 학생 3유로
**홈페이지** www.hmnu.hr

이별의 아픔을 위로받고 싶다면

## 실연박물관 Museum of Broken Relationships / Muzej prekinutih veza

이 박물관은 자그레브 출신의 영화제작자와 조각가에 의해서 세워졌다. 자신들이 헤어짐을 경험한 후 이별에 관한 물건을 정리하다가 본격적으로 이별 관련 물품을 수집했다. 주변 사람들에게 이별의 물품과 스토리를 기증받다가 2006년 박물관을 열게 되었다. 다양한 사람들의 이별 경험, 마음을 치유해 가는 과정과 수집품들은 여러 사람들의 공감대를 형성했다. 이 작은 박물관은 2011년 유럽에서 가장 혁신적인 박물관으로 선정되었다. 지금은 자그레브에서 가장 유명한 박물관으로 알려져 있다.

**Data** **지도** 084p-E **가는 법** 크로아티아 나이브 예술 박물관 건너편 **주소** Ćirilometodska 2
**전화** (0)1-4851-021 **운영시간** 6~9월 09:00~22:30, 10~5월 09:00~21:00
**요금** 성인 7유로, 학생 5.5유로 **홈페이지** www.brokenships.com

매일 정오에 대포 소리가 울리는

## 로트르슈차크 탑 Lotrščak Tower / Kula Lotrščak

13세기 몽골인의 잦은 침략을 방어하기 위해 세운 탑이다. 방어 시설 중 유일하게 남아 있는 중세시대의 탑이기도 하다. 로트르슈차크 탑은 건립 후 여러 가지 목적으로 쓰였다. 1646년부터는 커다란 종이 달려 도둑을 방지하는 역할을 했다. 또 성문이 닫히기 전 성 안으로 들어오라고 알려주는 역할도 했다. 지금은 종소리보다는 매일 정오에 발포하는 대포로 유명해졌다. 1877년 새해부터 시작된 발포에 대한 이야기에는 몇 가지 설이 있다. 이 대포는 헝가리 왕(벨라 4세)이 몽골족에 쫓길 때 그를 구해 준 자그레브 사람들에게 감사함을 표시하기 위해서 선물한 것인데, 대포에 녹이 생기지 않게 매일 발포했다는 설이 있다. 또 벨라 4세가 그라데츠를 자유도시로 선포하고 이를 기리기 위해 발포를 했다는 설도 있다. 어쨌든 자그레브 사람들은 이 대포소리를 듣고 정오가 되었음을 확인한다. 탑 꼭대기에 오르면 대포와 자그레브의 멋진 풍경을 만날 수 있다.

**Data** **지도** 084p-D
**가는 법** 성 마르크 성당에서 도보 5분
**주소** Strossmayerovo šetalište 9
**전화** (0)1-4851-768
**운영시간** 화~금 09:00~20:00, 토~일 11:00~20:00(월요일 휴무)
**요금** 성인 2.5유로, 학생 1.25유로
**홈페이지** www.gkd.hr/kula-lotrscak/

**Tip** ***세상에서 가장 짧은 케이블카** Funicular / Uspinjača*

로트르슈차크 탑 앞에는 구시가지의 성과 일리차 대로를 잇는 작은 케이블카가 있다. 이 케이블카는 1890년에 만들어졌다. 거리는 66m, 운행시간은 약 1분이다. 세계에서 가장 짧은 케이블카이다. 재미 삼아 타볼 만하다.

**Data** **지도** 084p-D **요금** 성인 0.66유로, 7세 미만 무료
**운영시간** 06:30~22:00

## | 신시가지 |

자그레브와의 강렬한 만남

### 토미슬라브 광장 King Tomislave Square / Trg. Kralja Tomislava

아무것도 모른 채 자그레브에 기차를 타고 도착했다면 당신은 참 운 좋은 사람이다. 이 도시를 만나는 첫 번째 모습이 토미슬라브 광장이니까. 원색의 노란 건물과 초록 잔디에 위풍당당 서 있는 토미슬라브 동상이 크로아티아의 첫인상이라면 꽤 강렬한 만남일 것이라는 생각이 든다. 중앙역을 등지고 정면의 토미슬라브 광장을 시작으로 스트로스마예라 광장Trg. Josipa Jurja Strossmayera, 즈린스코그 공원Park Zrinskog을 지나 구시가지로 진입하게 된다. 세 개의 공원이 하나처럼 이어져 있지만, 이름이 다르듯 공원이 만들어진 의미도 다르다. 모두 크로아티아의 영웅을 기리기 위해 만들어진 공원이다. 토미슬라브 광장은 크로아티아의 첫 번째 왕 토미슬라브의 이름을 따서 만든 공원이다. 동상의 정면에는 방패가 새겨져 있는데, 이것이 바로 토미슬라브 왕의 상징이자 크로아티아 국기의 국장國章이다. 크로아티아 국가 지위의 상징으로 크로아티아의 유명 스포츠 스타나 연예인들까지도 이 문장을 즐겨 쓰는 걸 보면 뛰어난 민족애가 있다는 것이 느껴진다.

**Data** 지도 085p-F 가는 법 중앙역 맞은편

|Theme|

## 자그레브 박물관 탐방

*자그레브 신시가지에는 갤러리와 박물관이 몰려 있다. 반 옐라치치 광장 건너편에서 시작되는 신시가지는 길이가 3km쯤 된다. 디귿 자 모양의 길에 공원과 갤러리가 연이어져 있는데, 이곳을 '녹색편자'라는 뜻의 그린 호스슈Green Horseshoe라 부른다. 19세기 대지진으로 도시가 파괴된 후 새롭게 설계된 지역이다. 신시가지는 자그레브의 여유로운 휴식처이자 문화생활의 풍요로움을 느낄 수 있는 곳이다. 도보여행으로 즐기는 신시가지의 박물관을 소개한다.*

### 고고학박물관

Archaeological Museum / Arheološki Muzej

자그레브 고고학박물관은 박물관 천지인 유럽에서도 꽤나 이름났다. 1846년 개관했으며, 자그레브에서는 가장 오래된 박물관이기도 하다. 본래 국립박물관으로 개관했지만 고대 유물의 비중이 커 지금의 고고학박물관으로 분리해 다시 열었다. 박물관 자체는 큰 편은 아니지만 소장품은 4만여 점에 이를 만큼 많다. 강대국의 많은 침략에도 불구하고 크로아티아 민족의 초기 정착과 역사를 알 수 있는 유물을 잘 보관하고 있다. 박물관에는 고대 로마 시대부터 중세에 이르기까지 희귀하면서 흥미로운 유물이 많이 전시되어 있다.

**Data** **지도** 085p-B **가는 법** 즈린예바츠 공원 건너편
**주소** Trg. Nikole Šubića Zrinskog 19 **전화** (0)1-4873-101
**운영시간** 화~토 10:00~20:00, 일 10:00~13:00(월·공휴일 휴무)
**요금** 2유로 **홈페이지** www.amz.hr

### 아트 파빌리온 Art Pavilion / Umjetnički Paviljon

유럽 남동부에서 가장 오래된 작품 전시 전용 건축물이다. 예술품 전시만을 목적으로 지어진 이 건물은 건물 자체만으로도 의미가 깊고, 예술과 문화를 즐기는 자그레브 시민들의 사랑도 듬뿍 받고 있다. 건물 외벽에는 르네상스 시대 최고 예술가들인 미켈란젤로, 라파엘로를 비롯해 크로아티아 대표 화가들의 반신상이 조각되어 있다. 내부의 전시관은 작다. 볼거리가 많지는 않지만 때마다 회화, 사진, 조각품 등 다양한 주제의 전시회가 열린다. 자그레브 카드 소지자 50% 할인.

**Data** **지도** 085p-F **가는 법** 토미슬라브 광장에 위치 **주소** Trg. Kralja Tomislava 22 **전화** (0)1-4841-070 **운영시간** 화~목·토·일 11:00~20:00, 금 11:00~21:00(월 · 공휴일 휴무 / 전시회 있을 때만 오픈) **요금** 성인 8유로, 학생 5유로 **홈페이지** www.umjetnicki-paviljon.hr

## 현대미술관 Mordern Gallery / Moderna Galerija

1900년경 비엔나 건축가 호퍼O. Hofer에 의해 건축된 미술관. 국립 크로아티아 미술관으로 개관했다가 1905년 현대미술관으로 이름을 바꿨다. 그 후 100년 이상 꾸준히 많은 작품을 전시해오고 있다. 미마라 박물관 다음으로 다양한 작품을 감상할 수 있다. 현대미술관은 크로아티아 유명 신학자이자 주교였던 스트로스마예르Josip Juraj Strossmayer가 소장하던 작품을 기증하면서 설립되었다. 현대미술관으로 이름을 바꾼 후 크로아티아 출신 예술가들의 작품이 중점적으로 전시되고 있다. 영상, 음악 조각품, 디지털 아트, 도시문화 아트 등 현재 활동하고 있는 작가들의 다양하고 색다른 장르의 전시회를 감상할 수 있다.

**Data** **지도** 085p-B **가는 법** 스트로스마예라 광장 건너편 **주소** Andrije Hebranga 1 **전화** (0)1-6041-040
**운영시간** 화~금 11:00~19:00, 토·일 11:00~14:00(월·공휴일 휴무)
**요금** 성인 6유로(전시에 따라 변동), 학생 3유로 **홈페이지** www.moderna-galerija.hr

## 미마라 박물관
Mimara Museum / Muzej Mimara

자그레브 출신의 유명 수집가 안테 토피치 미마라Ante Topić Mimara가 일생 동안 수집한 개인 소장품을 국가에 기증하며 1987년에 개관한 박물관이다. 19세기 말 네오 르네상스 양식으로 지어진 박물관 건물은 그 자체로 근사한 볼거리다. 총 3개 층으로 이루어진 박물관 내부에는 3,750여 점의 예술적 가치가 뛰어난 수집품이 전시되어 있다. 크로아티아에서 수집한 것뿐 아니라 스페인, 네덜란드, 이탈리아 등 여러 유럽 국가와 아시아의 유물까지 포함하고 있다. 또 라파엘로, 고흐, 고갱 등 유명한 화가의 작품도 만날 수 있다. 크로아티아 최고의 현대미술 전시관으로 시즌마다 새로운 전시회도 열린다. 자그레브 카드 소지자 50% 할인.

**Data** **지도** 085p-D **가는 법** 국립극장 대각선 건너편 **주소** Trg. Rooseveltov 5
**전화** (0)1-4828-100 **운영시간** 7~9월 화~금 10:00~19:00, 토 10:00~17:00, 일 10:00~14:00(월, 12/25 휴무)
**요금** 성인 5.5유로, 학생 4유로 **홈페이지** www.mimara.hr

자그레브 도심 속 오아시스

## 보태니컬 가든 Botanical Garden / Botanički Vrt

식물학자 하인즈 교수에 의해 만들어진 공원. 2016년 개장 125주년을 맞았다. 1891년 나무를 심기 시작해 지금은 5만 m²에 세계에서 수집한 1만여 종의 식물이 자라고 있다. 특히 크로아티아에서만 자생하는 더 벨레비트 데제니아The Velebit Degenia가 이곳에 있어 학자들의 보호, 관찰을 받고 있다. 식물원은 봄이면 호수에 연꽃이 만발하고, 가을이면 알록달록한 단풍이 물드는 도심 속 오아시스이다.

**Data** 지도 085p-E
**가는 법** 중앙역을 마주 보고 우측으로 도보 7분
**주소** Trg. Marka Marulića 9A
**전화** (0)1-4844-002
**운영시간** 월~화 09:00~14:30, 수~일 09:00~19:00 **요금** 무료
**홈페이지** www.hirc.botanic.hr

황금빛 웅장하고 화려한

## 크로아티아 국립극장 Croatian National Theatre / Hrvatsko Narodno Kazaliste

티토 광장 안에 멋스럽게 자리한 황금색 건물이다. 1836년 자그레브에서 최초로 지어진 극장이다. 1895년 유명한 오스트리아 건축가 페르디난드 펠너Ferdinand Fellner와 허먼 헬머Herman Helmer에 의해 리노베이션되었다. 1995년 100주년 기념행사가 성대하게 열렸다. 지금은 오페라와 발레하우스로 사용되고 있다. 크로아티이의 유명 건축가 이반 베슈트로비치Ivan Meštrović가 만든 분수대 '삶의 원천'이 큰 볼거리다.

**Data** 지도 085p-A
**가는 법** 미마라 박물관 대각선 맞은편
**주소** Trg. Maršala Tita 15
**전화** (0)1-4888-488
**홈페이지** www.hnk.hr

뉴욕엔 센트럴 파크, 자그레브엔 막시미르 공원

## 막시미르 공원 Park Maksimir

자그레브에 많은 것이 박물관, 카페, 그리고 공원이다. 그 많은 공원 중 막시미르 공원은 크로아티아뿐 아니라 유럽에서도 인정받고 있다. 유럽에서 가장 아름다운 공원으로 선정되기도 했다. 막시미르 공원은 본래 사냥터였던 곳을 1794년 주교 막시밀리안 브로베츠가 공원으로 조성한 후 시민들에게 개방한 것이다. 수령 100년이 훌쩍 넘은 오동나무가 있는 숲과 커다란 호수가 어울린다. 욕심내서 둘러봐도 하루에 다 볼 수 없을 만큼 어마어마한 규모다. 자그레브의 명소 중 명소라 할 만하다. 시내와는 조금 떨어져 있지만 공원 안에 동물원이 함께 있어 여유롭게 하루 일정으로 찾아가기 좋다.

**Data** **지도** 083p-D **가는 법** 반 옐라치치 광장 앞에서 11번 트램 타고 Maksimir 하차
**주소** Maksimirski perivoj **전화** (0)1-2320-460 **홈페이지** www.park-maksimir.hr

건축의 미학이 담긴 묘지

## 미로고이 묘지 Mirogoj Cemetery / Groblja Mirgoj

19세기 저명한 건축가 볼레가 설계한 공동묘지다. 건축적 미학이 담겨 있어 유럽에서 가장 아름다운 공동묘지로 이름을 날렸다. 크로아티아에는 유럽에서 최고라고 손꼽히는 것들이 많은데, 이 공동묘지도 그중 하나다. 미로고이 묘지는 묘지라고 써놓았지만 아늑한 공원 같고, 갤러리 같다. 종교인들과 더불어 크로아티아 유명 인사들이 가장 많이 묻혀 있는 묘지이다.

**Data** **지도** 082p-B **가는 법** 자그레브 대성당 앞 106번 버스로 약 10~15분 소요 **주소** Aleja Hermanna Bollea 27
**전화** (0)1-4696-700 **홈페이지** www.gradskagroblja.hr

## EAT

가격 착해, 맛도 좋아

### 녹투르노 Bistro Nokturno

자그레브 여행자라면 누구나 한 번쯤 다 간다는 레스토랑이다. 실내가 넓고, 실외 좌석도 많지만 오픈하는 순간부터 자리가 없다. 피자, 파스타, 샐러드 등 메뉴는 특별할 게 없다. 그런데도 사람들이 차고 넘치는 건 8할이 가격 때문이다. 웬만한 레스토랑 반값이면 한 끼를 해결할 수 있다. 그럭저럭 맛도 좋다. 거기다 백이면 백 지나가다 말고 골목 사이 보이는 대성당을 찍기 위해 카메라를 꺼내 드는 명당에 자리했다. 파스타보다는 피자가 더 맛있는 편. 식사 시간을 조금 피해 가는 게 좋다.

**Data** 지도 082p-E
**가는 법** 트칼치체바 거리 초입 골목
**주소** Skalinska Ul. 4
**전화** (0)1-4813-394
**운영시간** 월~목 08:00~24:00, 금·토 09:00~01:00
**가격** 피자·리소토 7유로~, 조식 메뉴 5유로~
**홈페이지** www.restoran.nokturno.hr

**Tip** 자그레브는 미식의 도시다. 크로아티아 전역에서 다양한 식재료가 올라와 미식의 향연을 펼칠 수 있게 한다. 특히, 다른 지역에 비해 육류가 메뉴도 다양하고 가격도 저렴하다. 육식을 즐기는 사람이라면 더없이 좋은 도시다. 고급 레스토랑도 의외로 적당한 가격에 이용할 수 있다. 여행을 시작할 때는 축배를, 마칠 때는 마지막의 아쉬운 만찬을 즐기기 좋다.

그 유명한 크림 케이크가 바로 여기에

## 빈첵 슬라스티차르니카 Vincek Slastičarnica

1977년 오픈해 50년 가까이 자그레브 시민들의 수다방이 된 카페. 자그레브의 대표 디저트인 크림 케이크를 가장 잘하는 곳으로 소문났다. 현지인들은 크림 케이크를 크렘슈니테Kremšnite라 부른다. 크림 케이크는 기본적으로 퍼프 베이스에 커스터드 크림이 들어가지만 지역마다 만드는 방식이 조금씩 다르다. 그 중 가장 유명한 레시피가 자그레브에서 나왔고, 자그레브에서 가장 유명한 곳이 바로 빈첵이다. 크림 케이크의 명성 탓에 빈첵은 문턱이 닳을 정도다. 크림+초콜릿의 조합이라 조금 느끼하지만 커피와 참 잘 어울린다. 같이 파는 아이스크림도 덩달아 유명세를 타서 지금은 자그레브 최고의 디저트 가게가 되었다.

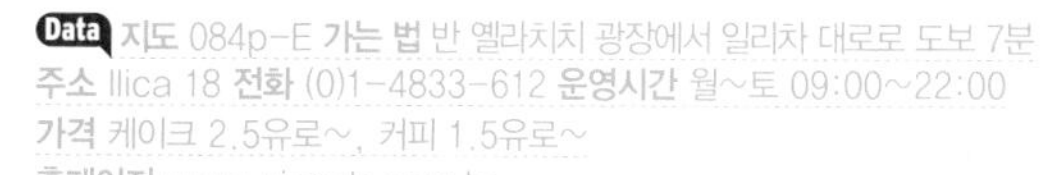

**Data** **지도** 084p-E **가는 법** 반 옐라치치 광장에서 일리차 대로로 도보 7분
**주소** Ilica 18 **전화** (0)1-4833-612 **운영시간** 월~토 09:00~22:00
**가격** 케이크 2.5유로~, 커피 1.5유로~
**홈페이지** www.vincek.com.hr

오늘의 마무리는 수제 맥주!

## 피브니카 메드베드그라드 Pivnica Medvedgrad

크로아티아 여행의 즐거움 중 하나는 바로 다양한 맥주를 맛볼 수 있다는 것! 자그레브에는 수제 맥주를 만드는 곳이 여럿 있는데, 그중 피브니카 메드베드그라드가 가장 인기가 많다. 이곳에는 체리가 들어간 과일 맥주, 필스너, 다크 라거, IPA 등 직접 제조하는 수제 맥주만 30가지가 넘는다. 각각의 맥주마다 고유한 맛을 잘 살려 애주가들의 찬사가 쏟아진다. 손님이 넘쳐나니 맥주 회전율도 좋아 항상 신선한 맥주를 마실 수 있는 것도 인기에 한몫한다. 무슨 맥주를 마실까 고민이라면 7가지 맥주가 샘플 잔에 나오는 테스트 세트부터 시작해 보자. 피자나 미트 플래터 등의 음식도 저렴하며 푸짐하다.

**Data** **지도** 083p-A **가는 법** 트칼치체바 거리에 위치 **주소** Tkalčićeva 36 **전화** (0)1-4929-613
**운영시간** 09:00~01:00 **가격** 맥주 2유로 **홈페이지** www.pivnica-medvedgrad.hr

이름에서 느껴지는 크로아티아의 향기

## 헤리티지 크로아티안 푸드

Heritage Croatian food

이름에서 레스토랑의 정체성이 드러난다. 안 가본 사람은 있어도 한 번만 가본 사람은 없다는 완벽한 로컬 레스토랑. 유기농 채소 외 해산물, 치즈 등 식재료들은 모두 크로아티아 각 지역의 현지 농장에서 직접 공수한 것들이다. 블랙 트러플, 무화과, 올리브, 안초비, 호박 등으로 크로아티아의 건강한 맛을 낸다. 인기 메뉴는 안초비가 들어간 크로아티아 타파스, 트러플 향이 진한 샌드위치다. 거기에 로컬 흑맥주 한잔 곁들이면 엄지가 척 올라간다. 내부에 4인 테이블 하나, 외부에 작은 테이블 3개가 전부인 작은 레스토랑이다. 그래서 항상 웨이팅이 있지만 간단한 음식이라 손님 회전율이 빠르고 테이크아웃으로 좋은 메뉴이니 포장을 해도 좋다.

**Data** **지도** 085p-C **가는 법** 즈린스코그 공원 앞 **주소** Petrinjska ul. 14
**운영시간** 12:15~20:00 **가격** 샐러드 7유로~, 샌드위치 4유로~, 맥주 2.6유로~

자그레브 1등 디저트 숍

## 아멜리 Amelie

최근 자그레브에도 카페 열풍이 불어 많은 신상 카페가 생겼지만, 그래도 아멜리의 케이크는 여전히 인기 최상위를 차지하고 있다. 마카롱, 조각 케이크 등 수제 디저트로 유명한 아멜리는 매일매일 그날의 디저트를 만들어낸다. 과일이 풍성한 곳이다 보니 아낌없이 과일을 넣은 케이크가 가장 인기 있다. 진한 벨기에 초콜릿 무스나 커다란 마카롱도 인기 메뉴. 디저트 종류가 많고 가격까지 착해서 고르는 데 고심하게 만든다. 대성당을 등지고 보내는 오후의 시간. 진한 일리 커피와 함께하는 아멜리의 디저트는 자그레브를 더 달콤하게 기억하도록 만든다.

**Data** **지도** 084p-F **가는 법** 대성당의 오른쪽 골목 초입 **주소** Vlaska Ul. 6 **전화** (0)1-5583-360
**운영시간** 08:00~22:00 **가격** 케이크 2.5유로~, 커피 2유로~ **홈페이지** www.slasticeamelie.com

자그레브에서 즐기는 달마티아 음식

## 코르출라 Korcula

달마티아 지역의 섬, 코르출라를 모티브로 만들어진 레스토랑이다. 해산물 샐러드, 리소토, 생선 등 시푸드가 주메뉴다. 코르출라섬에서 공수한 식재료를 달마티아 지역 정통 레시피로 요리한다. 매일매일 올라오는 신선한 재료를 제대로 된 요리법으로 만들어 맛까지 완벽하다. 안초비가 올라간 마트로센 브루체타Matrosen Bruschetta, 보들보들하게 구워진 문어와 감자가 일품인 옥토퍼스 샐러드 위드 핫 포테이토Octopus Salad With Hot Potatoes 등 우리가 흔히 접하는 재료를 이용해 색다르게 요리하는데, 한국인의 입맛에도 잘 맞는다. 고급 와인 생산지로 유명한 코르출라섬의 다양한 와인이 있으니 입맛에 따라 추천을 받는 것도 좋다.

**Data** **지도** 085p-B **가는 법** 신시가지 즈린스코그 공원에서 도보 3분 **주소** Teslina Ul. 17 **전화** (0)1-4872-159 **운영시간** 월~토 12:00~24:00, 일 12:00~17:00 **가격** 스타터 6유로~, 메인 20유로~, 와인 4유로~ **홈페이지** www.restoran-korcula.hr

크로아티아 전통음식을 찾아서

## 비스트로 바탁 Bistro Batak

자그레브 전통음식 체인점이다. 서버부터 분위기까지 경쾌한 캐주얼 레스토랑으로 현지인들에게도 가족 외식장소로 사랑받고 있다. 가격 대비 품질 좋은 고기 메뉴를 맛볼 수 있다. 숯불에 구운 고기류가 주 종목인데, 좋은 숯으로 고기의 냄새를 잡고, 육즙을 내는 것이 한국의 요리법과 다르지 않다. 한국인에게는 발칸의 메인 고기 메뉴 체밥치치를 권한다. 일행이 두 명이라면 체밥치치와 더불어 야채, 치즈와 함께 여러 종류의 고기가 나오는 메뉴 피아토 바탁Piatto Batak을 추천한다. 자그레브에 4개의 체인점이 있는데, 일리차 대로 주변 페트라 광장에 있는 지점이 찾기 쉽다.

**Data** **지도** 085p-B **가는 법** 일리차 대로에서 도보 3분 **주소** Trg. Petra Preradovića 6 **전화** (0)1-4833-370 **운영시간** 11:00~22:00 **가격** 바비큐 6유로~, 음료·맥주 1.5유로~ **홈페이지** www.batak-grill.hr

오스트리아의 커피가 있는 카페

## 라 비스트로 에스플러네이드 La Bistro Esplanade

자그레브 중앙역 옆 유서 깊은 호텔 에스플러네이드 1층에 위치한 레스토랑이다. 럭셔리한 유럽 여행 바이브를 완벽하게 느낄 수 있다. 최고급 호텔에서 운영하는 레스토랑답게 음식이나 서비스 또한 최상급. 오전의 브런치에 저녁의 다이닝 어느 시간에 이용해도 만족스럽다. 브런치는 치즈를 가득 넣어 오븐에서 구운 스트루클Strukle, 저녁에는 3코스로 된 오늘의 메뉴가 인기이다. 치즈나 올리브, 생선 등 크로아티아산 신선한 식재료 메뉴가 주를 이룬다. 가격 대비 괜찮은 다이닝을 맛볼 수 있다.

**Data** **지도** 085p-E
**가는 법** 기차역을 등지고 왼편 에스플러네이드 호텔
**주소** Mihanoviceva Ul. 1
**전화** (0)1-4566 611
**운영시간** 09:00~23:00, 조식 09:00~10:30
**가격** 스타터 15유로~, 메인 27유로~, 사이드 5유로~
**홈페이지** www.lebistro.hr

공원에서 런치 타임

## 굿 푸드 Good food

이름처럼 좋은 음식을 제공하는 레스토랑. 토스트, 샌드위치, 샐러드 전문점이다. 맛보다는 건강을 생각하는 사람들을 위한 공간이다. 작지만 깔끔하고 캐주얼한 분위기에서 저렴하게 한 끼를 해결할 수 있다. 주메뉴는 참치와 치킨 샌드위치, 홈메이드 소스를 넣은 신선한 샐러드, 건강한 맛의 스무디다. 한 블록 건너 위치한 신시가지의 공원에서 먹을 점심으로 사 가는 경우가 많다. 햇빛 좋은 날, 현지인처럼 공원에서의 런치 타임을 가져보자.

**Data** **지도** 085p-B
**가는 법** 즈린스코그 공원에서 한 블록 안쪽
**주소** Nikole Tesle Ul. 7
**전화** (0)1-4811-302
**운영시간** 일~목 10:00~23:00, 금·토 10:00~24:00, 일 11:00~23:00
**가격** 샐러드볼 6.51유로~, 샌드위치 6유로~
**홈페이지** www.goodfood.hr

BUY

넥타이는 크로아티아의 발명품!

## 크라바타 Kravata

넥타이가 크로아티아에서 유래됐다는 사실을 아는지? 17세기 크로아티아에서 오스만 제국과 전쟁을 벌일 때 출전하는 남편에게 아내가 부적처럼 색이 선명한 스카프를 목에 매주었다고 한다. 이 전쟁에서 승리한 후 크로아티아 병사들이 프랑스에서 행진을 했는데, 이때 병사들이 착용한 컬러풀한 스카프가 프랑스 귀족 사이에서 독특한 패션으로 화제를 모았다. 당시 크로아티아의 병사를 '크라바트'라 불렀는데, 그게 시초가 되어 지금도 프랑스에서 넥타이를 크라바트라고 부른다. 그 후 넥타이는 세계적인 남성 패션의 상징이 되었다. 크로아티아인들은 넥타이를 매우 자랑스럽게 생각한다. 지금도 특별한 날에는 동상에 빨간 넥타이를 두르기도 한다. 크로아티아를 여행하다 보면 넥타이 숍을 많이 볼 수 있다. 그중 가장 전통 있고 유명한 브랜드가 바로 크라바타다. 크라바타의 넥타이는 실크로 만든 수제 넥타이다. 크로아티아를 의미하는 체크 문양이나 문자가 들어간 넥타이가 가장 인기가 많다.

**Data** **지도** 084p-E
**가는 법** 반 옐라치치 광장에서 라디체바 도로로 도보 2분
**주소** Radićeva 13, 10000, Zagreb
**전화** (0)1-483-0919
**운영시간** 09:00~19:00 (일요일 휴무)
**가격** 25~50유로
**홈페이지** www.kravata-zagreb.com

소품을 좋아한다면 이곳으로

## 갤러리 G.E.A. Gallery G.E.A.

라디체바 거리를 따라 걸으면 작은 기념품 숍들이 종종 눈에 띈다. 대부분 어디서나 볼 수 있는 뻔한 것을 파는 숍이다. 하지만 갤러리 G.E.A.는 다르다. 숍 안의 모든 것들은 자그레브 외 크로아티아 여러 지역에서 가져온 다양한 소품들이다. 크로아티아의 모습과 역사가 담긴 잡화들인데, 잘 둘러보면 하나하나 의미가 담긴 것들이 많다. 중세 시대 병사들로 만들어진 체스판, 고대 시대 사용되던 문자가 그려진 타일, 크로아티아 와인을 상징하는 술잔 등이 그렇다. 그대로 한국으로 가져오고 싶은 마음이 굴뚝같다. 소품을 좋아하는 사람이라면 긴장하고 방문할 것!

**Data** **지도** 084p-E
**가는 법** 라디체바 도로 세인트 조지 동상 직전 **주소** Radićeva Ul. 35
**전화** (0)1-4851-022
**운영시간** 10:00~19:30

크로아티아 특산품 웬만한 건 다 있어

## 크레덴카 Kredenca

예쁘고 친절한 사장님 때문에 더 사랑스러운 기념품 숍이다. '메이드 인 크로아티아'인 만큼 모든 것들은 크로아티아에서 난 원료로 크로아티아에서 만든 것이다. 올리브, 라벤더, 와인, 화장품 등 크로아티아의 지역별 특산품이 주를 이룬다. 다른 지역에서 쇼핑할 시간이 넉넉하지 않았다면 웬만한 건 이곳에서 다 장만할 수 있다. 인기 있는 와인은 수출하지 않는다는 크로아티아산 와인과 퀄리티 좋은 올리브 오일을 추천한다.

**Data** **지도** 084p-E
**가는 법** 반 옐라치치 광장에서 라디체바 도로로 도보 2분
**주소** Radićeva Ul. 13
**전화** (0)91-544-7294
**운영시간** 10:00~21:00
**홈페이지** kredenca.com

축구와 크로캅의 나라 크로아티아

## 크로스포츠 베즈 Crosport-Vez

남자들에게 크로아티아는 축구와 격투기 선수 크로캅의 나라다. 특히, 축구팬들은 격자무늬가 선명한 크로아티아 대표팀 유니폼 레플리카 갖기를 소망한다. 크로아티아 거리의 숍에서 체크무늬 티셔츠를 파는 곳이 종종 있는데 공산품이 비싸면서 품질이 좀 떨어지다 보니 망설여진다. 하지만 크로스포츠 베즈에서는 걱정하지 않아도 된다. 이곳에는 좋은 품질의 레플리카와 다양한 소품을 판매한다. 이 숍은 성인부터 아동, 유아용품까지 다양한 연령층에 맞는 제품을 직접 디자인하고 생산한다.

**Data** **지도** 084p-F
**가는 법** 자그레브 대성당 우측 골목
**주소** Kotorvaroska 7
**전화** (0)1-6571-055
**운영시간** 08:00~16:00 (토·일 휴무)
**홈페이지** www.crosportvez.hr

자그레브의 리치타르 아세요?

## 바쇼타 즐라타르니카 Bashota Zlatarnica

리치타르Ricitar는 꿀을 가득 넣은 생강 쿠키로 자그레브에서 생겨났다. 오래전부터 특별한 날 마음을 담은 선물을 할 때 리치타르를 주고받았다고 한다. 빨간 하트가 인상적인 리치타르는 애정의 징표로 주고받다 보니 이제는 쿠키보다 주로 장식품으로 애용되고 있다. 여행자들에게는 빨간색의 유혹을 이기기 힘든 인기 기념품이 되었다. 바쇼타 즐라타르니카는 리치타르가 대표 디자인인 패션 주얼리 브랜드이다. 가격은 펜던트가 6~9만 원대. 조금 비싼 편이지만 두고두고 자그레브를 기억하기에는 훌륭한 선물이다.

**Data** **지도** 085p-B
**가는 법** 반 옐라치치 광장에서 일리카 대로로 도보 10분
**주소** Ilica 37
**전화** (0)1-4831-417
**운영시간** 월~금 08:30~13:00, 16:00~20:00, 토 09:00~14:00 (일요일 휴무)
**홈페이지** www.facebook.com/Zlatarnica.Bashota

낭만 가득한 중고장터

## 일요일 벼룩시장 Sunday Flea Market

반 옐라치치 광장에서 일리차 대로를 따라 1km 정도 가면 나오는 브리탄스키 광장에서 일요일 오전에만 반짝 문을 여는 벼룩시장이다. 돌라츠 마켓처럼 빨간 파라솔을 둘러쓴 작은 장터다. 상인들 대부분은 주름이 깊게 파이고 머리가 은색으로 물든 노인들이다. 파는 물건 역시 그들이 살아온 세월만큼이나 오래되어 보이는 것들이 대부분이다. 낡아빠진 책부터 음악이 틀어질까 싶은 레코드판, 접시, 액세서리 등을 판다. 사실 상인들은 물건 파는 것에는 관심이 없어 보인다. 친구를 만나기 위해 나온 것처럼 이야기꽃을 피우는 모습이 낭만적이다. 물건을 사려는 마음보다 오래된 것들에서 그들의 지난 삶을 엿보는 재미가 있다. 그래도 주의 깊게 물건을 살펴보자. 혹시 로마 시대의 유물을 득템하게 될지도 모를 일이다.

**Data** **지도** 082p-E
**가는 법** 반 옐라치치 광장에서 트램 1, 6, 11번 브리탄스키 광장 하차. 구시가지에서 도보 이동 가능
**주소** Trg. Britanski
**운영시간** 일요일 09:00~14:00

자그레브의 얼굴 마담

## 에스플러네이드 호텔 Hotel Esplanade Zagreb

기차역 바로 옆에 위치한 품격 있는 호텔. 100년의 역사를 가진 아르누보 건축양식과 현대적인 감각의 조화로움이 지금도 이 호텔의 가치를 높이고 있다. 대통령, 정치인, 영화배우 등 유명 인사들이 묵어가는 크로아티아의 얼굴 마담격인 호텔이다. 영국 엘리자베스 여왕이 묵은 후 더욱 유명해졌다. 208개의 객실이 있는 호텔로 프랑스 화장품 브랜드 록시땅으로 구성된 어메니티, 고급스러운 아침식사, 여행하기 좋은 위치 등으로 인해 최상의 평점을 받았다. 단점이라면 객실에서 와이파이 사용이 안 된다는 것. 호텔 1층에 위치한 르 비스트로Le Bistro와 비스트로 에스플러네이드Bistro Esplanade 레스토랑은 자그레브의 유명 맛집이니 이 호텔에 묵는다면 한 번쯤 이용해 보자.

**Data** 지도 085p-E
가는 법 중앙역을 등지고 좌측으로 도보 3분(주차장 없음)
주소 Mihanoviceva 1
전화 (0)1-4566-666
요금 디럭스 120유로, 주니어 스위트 165유로,
홈페이지 www.esplanade.hr

|Theme|

## 자그레브에서 호텔 고르는 법

*자그레브 도심 여행을 하려면 반 옐라치치 광장 근처에 숙소를 구하는 게 가장 좋다. 하지만 렌터카 유무, 머무는 날짜, 들어오고 나가는 교통편도 같이 고려해서 숙소를 잡는 것이 좋다. 자그레브는 워낙 작은 도시이기 때문에 신시가지와 구시가지에서 한두 블록 떨어져 있어도 모두 도보로 이동할 수 있는 거리다.*

**1.** 자그레브 일정이 3박 이상이라면 구시가지 혹은 반 옐라치치 광장 근처에 숙소를 잡는 게 여행을 하기도, 맛집을 찾아다니기도 편리하다.

**2.** 자그레브 일정에서 렌터카가 있다면 무조건 주차장이 있는 숙소를 잡는 것이 좋다. 자그레브 시내는 대중교통이 잘 발달되어 있고, 무료 주차장을 찾기가 어렵다.

**3.** 자그레브 일정이 2박 안쪽으로 짧고, 버스와 기차를 타고 자그레브를 드나드는 여행자라면 기차역과 버스터미널 근처에 숙소를 잡으면 좋다. 하루나 이틀 정도는 구시가지까지 걸어 다닐 만하고(도보 약 20분), 반 옐라치치 광장 쪽으로 트램(2~4정거장)도 자주 운행한다.

**4.** 무거운 캐리어가 있다면 구시가지 안쪽은 비추다. 모두 오래된 건물이라 엘리베이터가 없다. 또 구시가지 언덕 위로 캐리어를 끌고 올라가다 보면 여행을 시작하기도 전에 지친다.

**5.** 가격이 좀 저렴한 곳을 찾는다면 신시가지 중앙에서 한두 블록 벗어난 곳에서 찾는 게 좋다. 도심 중앙까지 도보로도 이동이 가능하며 가격도 저렴하다.

**6.** 호텔보다 아파트(민박) 등을 선호한다면 부킹닷컴이나 에어비앤비 사이트를 추천한다. 렌트하는 하우스가 많다.

**부킹닷컴** booking.com

**에어비앤비** airbnb.co.kr

자그레브 최고 위치의 호텔

## 호텔 두브로브니크 Hotel Dubrovnik

반 옐라치치 광장 바로 건너편 최고의 입지 조건에 자리한 4성급 대형 호텔이다. 1929년 자그레브 출신 건축가 디오니스 선코가 설계했다. 오픈 당시에는 약 50여 개의 객실이 있던 중형 호텔이었다. 이후 인기 호텔로 발돋움한 뒤 1982년 증축과 더불어 현대적인 디자인으로 확장 오픈했다. 현재는 222개의 객실을 가진 대형 호텔로 신관과 구관으로 나뉘어 있다. 호텔만 나서면 관광부터 쇼핑, 맛집까지 줄줄이 늘어서 있다. 위치나 시설에 비해 숙박요금이 저렴해 투숙객의 만족도가 하늘을 찌른다. 객실이 작고, 조식이 평범한데도 불구하고 평점은 최고다. 휴가철에는 매일 객실이 꽉 찬다. 7~8월 성수기에 여행할 계획이라면 최대한 미리 예약하는 것이 좋다. 유료 주차장 이용 가능.

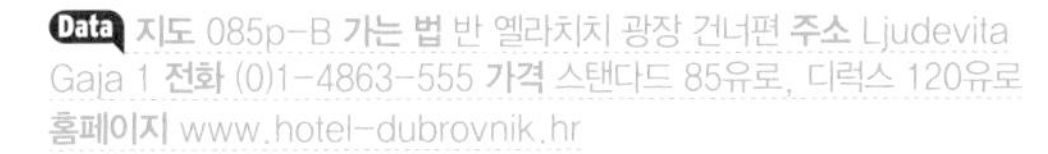
**Data** **지도** 085p-B **가는 법** 반 옐라치치 광장 건너편 **주소** Ljudevita Gaja 1 **전화** (0)1-4863-555 **가격** 스탠다드 85유로, 디럭스 120유로 **홈페이지** www.hotel-dubrovnik.hr

중앙역 바로 앞에 위치한 비즈니스 호텔

## 호텔 센트럴 Hotel Central

호텔은 잠만 자는 곳이라 여기는 여행자들에게는 여기가 딱이다. 호텔 센트럴은 기차역 바로 건너편에 위치했다. 찾기 쉽고, 위치 좋고, 가격 또한 저렴하다. 객실 수는 76개로 중형급 비즈니스 호텔이다. 작은 카지노도 있다. 시설은 좀 노후되었으나 청결 상태는 좋은 편. 짧은 일정에 짐이 많아 이동이 불편하다면 이곳만 한 호텔이 없다. 혼자 오는 여행자를 위한 싱글룸부터 패밀리룸까지 다양한 타입의 객실이 있다. 유료 주차장 이용 가능.

**Data** **지도** 085p-F
**가는 법** 중앙역 건너편
**주소** Branimirova 3
**전화** (0)1-4840-555
**요금** 싱글 디럭스 60유로, 디럭스 68유로
**홈페이지** www.hotel-central.hr

서비스가 맘에 들어!

## 쉐라톤 자그레브 호텔 Sheraton Zagreb Hotel

도심 중앙에서 살짝 떨어져 있고, 호텔이 조금 노후되었어도 역시 쉐라톤 호텔은 어느 지역에서나 인기가 좋다. 총 객실 수 306개로 자그레브에서 가장 많은 객실을 보유하고 있다. 위치에서 다른 대형 호텔에 조금 밀린 것을 보완하기 위해서인지는 모르지만 서비스만큼은 확실하게 보장한다. 체크아웃 시간도 오후 1시로 다른 호텔에 비해 조금 늦은 편이다. 신시가지 토미슬라브 광장까지는 3블록. 도보로 10분 거리라 걸어가기에도 무리가 없다. 로비나 레스토랑은 조금 노후되었으나 객실은 리노베이션을 해서 깔끔하고 모던하다. 유료 주차장이 있다.

**Data** **지도** 085p-F
**가는 법** 중앙역에서 도보 10분
**주소** kunaeza Borne 2
**전화** (0)1-4553-535
**요금** 디럭스룸 106유로, 이그제큐티브룸 128유로
**홈페이지** www.sheratonzagreb.com

버스 여행 중인 실속파 여행자를 위한

## 호텔 슬리스코 Hotel Slisko

가성비가 뛰어난 호텔 중 하나다. 구시가지로 나갈 때 트램을 타야 하는 번거로움이 있지만 버스터미널 앞에 있어서 버스로 자그레브에 들어오고 나가는 여행자들에게 유리하다. 가격에 비해 객실이 넓고 깨끗하다. 친절한 서비스와 적당한 조식은 덤이다. 여기에 저렴한 유료 주차장과 객실에서도 빠른 와이파이 등 뭐 하나 흠잡을 게 없다. 객실 수는 49개. 싱글, 더블, 트리플 등 객실은 단순하게 구분되어 있다. 유료 주차장 이용 가능.

**Data** **지도** 083p-L **가는 법** 버스터미널에서 도보 5분
**주소** Bunićeva Ul. 7 **전화** (0)1-6184-777
**요금** 트윈룸 70유로, 트리플룸 90유로
**홈페이지** www.slisko.hr

구시가지의 인기 호스텔

## 칠아웃 호스텔 자그레브

Chillout Hostel Zagreb

구시가지에 바짝 붙어 위치가 좋은 호스텔이다. 거기다 가격까지 저렴해 항상 여행자들이 바글거린다. 대신 유동인구 많은 곳이라 시끄럽고 산만해 장점과 단점을 동시에 갖고 있다. 예민한 사람에게는 비추. 하지만 외국인들과 어울리는 것을 즐긴다면 강추한다. 호스텔에서 플리트비체 투어와 로컬 펍 투어를 진행한다.

**Data** **지도** 084p-D
**가는 법** 반 옐라치치 광장에서 도보 7분
**주소** Tomićeva Ul. 5A **전화** (0)1-4849-605
**홈페이지** www.chillout-hostel-zagreb.com

잠도 밥도 만족스러운

## 스왱키 민트 호스텔

Hostel Swanky Mint

호스텔은 딱 잠만 자기 위해 들르는 곳이다. 저렴하고 위치 좋으면 그만이다. 하지만 스왱키 민트 호스텔은 루프탑 풀장이 있다. 풀장은 작아서 수영하기는 그렇지만 여행 기분내기 좋을 정도는 된다. 넓은 주방과 식당이 있어 식사도 편하다. 같이 운영하는 레스토랑도 인기가 많다. 잠도 밥도 모두 만족스러운 호스텔이다.

**Data** **지도** 084p-B
**가는 법** 일리차 대로 위치 **주소** Ilica 50
**홈페이지** www.stayswanky.com

조용하게 지내는 호스텔

## 올드 타운 자그레브 Old town Zagreb

신시가지에서 세 블록, 도보로 10분 거리, 중앙역에서 도보 15분 거리에 위치한 호스텔이다. 아파트를 개조한 작은 호스텔이라 가정집 같은 분위기가 물씬 풍긴다. 시설은 조금 낡았지만 위치가 좋고 조용하다. 외국인 친구를 사귀기 딱 좋은 환경이다. 간판이 없으니 주의해서 찾아가야 한다.

**Data** **지도** 085p-C **가는 법** 중앙역에서 도보 15분 **주소** Đorđićeva Ul. 24, 3F **전화** (0)1-4816-748
**홈페이지** www.korean.hostelworld.com

# 플리트비체 호수 국립공원

PLITVICE LAKES NATIONAL PARK / NACIONALNI PARK PLITVIČKA JEZERA

자그레브 여행과 함께 묶어가기 좋은 여행지들. 크로아티아의 도심 자그레브에서 크로아티아의 얼굴을 대면했다면, 이제 크로아티아의 몸통인 내륙에서 또 다른 모습을 만날 시간이다. 자그레브를 만나보았으니 크로아티아는 이런 곳! 이라는 속단은 내리지 마라. 지금껏 느껴보지 못한 자연의 감동이 함께하는 곳. 초록빛 사랑스러움과 발소리까지 숨죽여 걷고 싶은 고요한 곳. 날마다 삭막한 도시를 헤매고 다니는 우리에겐 더욱 필요한 힐링 여행지이다. 계절마다 뚜렷하게 달라지는 모습, 물빛이 너무나 투명해 허공을 떠다니는 듯한 송어 떼, 폭포소리와 바람이 불어오는 소리만 가득한 플리트비체는 '요정의 정원'이라 불리며 영화 〈아바타〉의 배경이 되기도 했다. 걷다 보면 진짜 요정이 나올 것만 같은 기분에 한 걸음 한 걸음이 조심스러워진다.

Plitvice Lakes National Park

# PREVIEW

*트레킹을 좋아하거나 공원 구석구석을 돌아보고 싶다면 2~3일 일정으로 머물러도 된다. 하지만 호수와 산을 둘러보는 건 하루면 충분하다. 전날 밤 플리트비체에 도착해 숙박한 뒤 다음날 돌아보는 일정도 좋다. 여유가 없다면 이른 아침 플리트비체에 도착해 부지런히 돌아본 후 해 지기 전에 떠나는 당일 투어도 가능하다.*

SEE

플리트비체는 면적이 서울시 절반에 해당할 만큼 넓다. 이 넓은 공원 안에 16개의 크고 작은 호수가 있다. 트레킹은 여러 가지 코스 중 원하는 코스를 선택해 인도교를 따라 산책하듯 걷기만 하면 된다. 혹시 오래 걷기 힘들거나 시간 제약이 있다면 가장 짧은 코스를 돌아보자. 공원 안쪽에서 느낄 수 있는 여유로움과 아기자기한 모습은 없지만 사진에 가장 많이 등장하는 호수의 모습을 볼 수 있다.

EAT

플리트비체에 제대로 된 레스토랑은 없다. 그냥 끼니를 때울 레스토랑 정도만 있다. 특히 공원 안에 있는 레스토랑은 햄버거, 프렌치프라이, 소시지 등 한정된 메뉴가 전부다. 비싸지 않은 게 다행일 정도다. 가볍게 한 끼 해결하는 수준으로 생각하면 된다. 공원에 입장하기 전 편의점에서 간식거리와 음료 등을 꼭 챙겨가자.

SLEEP

플리트비체 근처에는 산장처럼 예쁜 집들이 호텔 역할을 한다. 집을 공유해 사용하는 민박 개념의 게스트하우스다. 저렴한 숙박요금에 경치 좋고 평화로운 분위기에서 하루를 묵어갈 수 있어 인기가 높다. 버스를 이용하는 사람이라면 1, 2번 출입구 근처에 숙소를 잡는 게 좋다. 공원 안과 밖에도 호텔이 있지만 수준은 보통이다.

Plitvice Lakes National Park
# GET AROUND

### 1. 렌터카

자그레브에서 플리트비체까지는 약 130km, 자다르에서는 135km다. 자동차 이용 시 소요시간은 1시간 30분 내외다. 스플리트에서 플리트비체까지는 250km로 3시간 30분 정도 소요된다. 많은 여행자들이 선택하는 드라이빙 루트는 자그레브에서 라스토케를 거쳐 플리트비체로 향하는 코스다. 라스토케에서 플리트비체까지는 20~30분 걸린다. 플리트비체로 가는 길은 포장이 잘 되어 있고 길이 쉬우니 긴장하지 말자.

### 2. 버스

플리트비체로 가는 버스회사는 도시별로 많다. 다만 시즌에 따라서 운행시간과 횟수가 다르다. 여행 일정에 여유가 없다면 미리 사이트에서 확인해 보는 게 좋다. 플리트비체에서 하차할 때는 숙소나 트레킹을 시작하는 위치를 잘 확인한 후 입구 1, 혹은 입구 2 버스정류장에서 하차한다. 버스요금 외에 짐 추가는 별도 요금을 받는다.

**플리트비체까지 버스 요금 및 소요시간**

*자그레브↔플리트비체*

| 목적지 | 운행시간 | 운행 횟수 | 요금 | 소요시간 |
|---|---|---|---|---|
| 플리트비체 | 첫차 05:45, 막차 21:30 | 성수기 1일 12회 이상, 비수기 4~5회 | 9~12유로 | 2시간 |
| 자그레브 | 첫차 06:50, 막차 17:50 | | | |

*자다르↔플리트비체*

| 목적지 | 운행시간 | 운행 횟수 | 요금 | 소요시간 |
|---|---|---|---|---|
| 플리트비체 | 첫차 14:30, 막차 23:00 | 1일 2~3회 | 10~13유로 | 2시간 40분 |
| 자다르 | 첫차 08:30, 막차 23:40 | | | |

*스플리트↔플리트비체*

| 목적지 | 운행시간 | 운행 횟수 | 요금 | 소요시간 |
|---|---|---|---|---|
| 플리트비체 | 첫차 08:30, 막차 20:15 | 1일 2~3회 | 20~25유로 | 5시간 20분 |
| 스플리트 | 첫차 10:55, 막차 23:40 | | | |

Data **버스 예약 사이트** www.buscroatia.com / www.vollo.net

**Tip I** ***자그레브에서 떠나는 당일 투어***

여행 일정이 넉넉지 않은 여행자라면 자그레브에서 떠나는 당일 투어를 추천한다. 자그레브에서 출발하는 당일 투어는 이웃한 나라 슬로베니아 블레드와 플리트비체 국립공원 코스가 인기이다. 한인 여행사에서 진행하는 투어도 있고, 현지 투어나 택시로 떠나는 투어도 있다. 인원이나 차량에 따라 요금은 제각각이다. 외국인과 동행하는 영어 가이드 투어, 한인 소수 그룹 투어 등 다양한 투어가 있다. 외국인과 함께 하는 투어가 훨씬 저렴하다.

**Data** **한인 투어**(마이리얼트립 www.myrealtrip.com/offers/4364) 9만 원(입장료 불포함)
**외국인 조인 투어**(www.viator.com) 110유로(입장료 포함)

**Tip II** ***버스 여행자를 위한 꿀팁!***

**1. 버스정류장을 확인하자.**

플리트비체 버스정류장은 출발도시에 따라 다르다. 자그레브에서 출발하면 입구 1을 지나 입구 2가 나온다. 반면 스플리트에서 출발하면 입구 2를 지나 입구 1이 나온다.

**2. 플리트비체에서 떠나는 버스 티켓은 미리 사지 않아도 된다.**

플리트비체 버스정류장에 내리면 간혹 버스 티켓 호객행위를 하는 업체들이 있다. 하지만 떠나는 시간을 미리 정해서 티켓을 살 필요는 없다. 버스가 수시로 운행되기 때문에 편리하게 이용할 수 있다. 관광을 마친 후 버스에 타서 차장에게 바로 티켓을 구매할 수 있다. 꼭 예약을 할 거라면 인터넷 예매를 권한다.

**3. 마지막 버스를 놓쳤어도 돌아갈 방법은 있다.**

플리트비체는 크로아티아 최대 관광지인 만큼 여행자가 많다. 따라서 막차를 놓쳐도 돌아갈 방법은 있다. 입구 1, 2 버스정류장 근처에는 승합택시들이 모객을 해서 주요 도시로 운행을 하고 있다. 스플리트까지의 요금은 40~50유로 정도, 자그레브나 자다르까지는 30~40유로 정도이다. 버스비와 비슷한 가격에 택시를 이용할 수 있다. 인원이 3명 이상이라면 처음부터 택시를 이용하는 것도 좋은 방법이다.

**4. 짐 보관은 무료 보관소를 이용하자.**

당일 일정으로 플리트비체를 관광할 계획이라면 무료 짐 보관소를 이용하자. 무료 짐 보관소는 1, 2번 출입구에 있다. 다만 자율 보관이라 분실 우려가 있다. 미리 자전거 자물쇠를 챙겨가서 캐리어를 매어놓자. 보관소가 넉넉한 편이 아니다. 일찍 서둘러서 맡기는 게 좋다. 무료 짐 보관소는 관광안내소에 문의하면 된다.

신계에 닿은 듯한 환상의 호수와 폭포

## 플리트비체 호수 국립공원

Plitvice Lakes National Park / Nacionalni Park Plitvička Jezera

축복받은 나라! 크로아티아 최대 국립공원 플리트비체를 걷는 내내 드는 생각이다. 플리트비체는 1979년 크로아티아 최초로 유네스코 세계자연유산으로 지정된 국립공원이다. 면적은 서울의 절반만 하다. 그 드넓은 숲에 16개의 크고 작은 호수가 있고, 호수 사이사이에 92개의 폭포가 있다. 호수와 폭포, 비밀스런 숲이 어우러진 풍경은 상상 그 이상이다. 플리트비체의 숲은 울창한 밀림으로 되어 있다. 과거에는 오래도록 사람의 발길이 닿지 않아 '악마의 정원'이라 불리기도 했다. 19세기 이전엔 유럽인들의 관심 밖이었다가 관광 산업에 눈을 뜨기 시작하며 그 가치를 인정받기 시작했다. 1949년 크로아티아는 이 지역을 국립공원으로 지정하며 플리트비체의 아름다움과 환경을 보존하면서 개발하는 것에 두 팔을 걷어 올렸다. 1991년 유고와 보스니아 내전이 발발하며 전쟁의 아픔을 함께 겪기도 했지만, 크로아티아인들의 끝없는 사랑과 보살핌 속에 지금은 세계인들의 찬사가 쏟아지는 관광지가 되었다. 지금은 크로아티아 최고의 관광지로 발돋움하여 해마다 140만 명의 관광객이 찾고 있다. 플리트비체 국립공원의 가장 큰 볼거리인 16개의 호수는 원래 하나의 커다란 호수였다고 한다. 수천 년 세월이 흐르면서 물속에 녹아 있는 석회물질의 퇴적작용에 의해 천연 댐이 만들어지고, 16개의 계단식 호수가 형성된 것이다. 퇴적작용은 지금도 계속되고 있어 천연 댐의 높이는 1년에 1cm씩 높아지고 있다고 한다. 단순히 퇴적작용만 이루어진 것은 아니다. 호수에 고여 있는 물이 댐에 구멍을 내면서 폭포가 만들어진 것! 이런 과정을 거치면서 신비롭고 환상적인 플리트비체가 탄생한 것이다.

**Data** **지도** 119p **주소** Plitvički Ljeskovac **전화** (0)53-751-015
**운영시간** 공원 09:00~19:00, 주차장 09:00~20:00, 티켓 판매 16:00까지, 11~3월 08:00~16:00 (비수기 시즌에는 오픈 시간 변동이 있으니 홈페이지 확인)
**요금** 1월~3월, 11월~12월 10유로, 4월~5월·10월 23유로, 6월~9월 40유로, 4시 이후 25유로
**주차료** 10~11월, 3~5월 1유로, 6~9월 1.5유로 / 시간당 **홈페이지** www.np-plitvicka-jezera.hr/en

자그레브 방면
투리스트 그라보박
Turist Grabovac
하우스 마리자
House Marija
A
B
공원 입구 1
플리트비체 호수 국립공원
Nacionalni Park Plitvička Jezera
공원 입구 2
예제로 호텔
Jezero Hotel
플리트비체 호텔
Plitvice Hotel
게스트하우스 플리트비체 빌라 베르데
Guest House Plitvice Villa Verde
벨뷰 호텔
Bellevue Hotel
N
0 1km
자다르 방면
플리트비체 호수 국립공원
Nacionalni Park Plitvička Jezera

|Theme|

## 플리트비체 국립공원 더 자세히 알기

### 플리트비체의 영롱한 호수와 폭포

플리트비체 국립공원의 호수는 상류와 하류로 나뉜다. 상류는 관광객이 상대적으로 적은 편이라 고요함 속에 신비로움을 간직하고 있다. 마치 판타지 영화의 한 장면을 연출한다. 그에 반해 하류는 작고 얕은 호수와 키가 작은 나무들이 어우러진 아기자기한 모습이 이어진다. 가장 큰 호수는 상류의 프로슈찬스코Prošćansko와 하류의 코자크Kozjak다. 두 호수가 플리트비체 전체 호수 면적의 약 80%를 차지한다. 호수의 물빛은 물에 함유된 마그네슘과 탄산염의 성분비, 그리고 햇살에 따라 다양하게 변한다. 터키블루, 에메랄드빛, 맑고 청량한 색에 이르기까지 오묘한 빛깔을 드러낸다. 이처럼 물빛이 제각각으로 빛나기 때문에 여행자마다 호수의 물빛에 대한 의견이 분분하다. 그러나 결론은 하나, '환상적'으로 모아진다. 플리트비체 관광의 또 다른 백미는 호수와 호수를 잇는 크고 작은 폭포들이다. 입구 1 근처에 위치한 벨리키 슬라프Veliki Slap는 '큰 폭포'라는 뜻이다. 이 폭포는 플리트비체뿐 아니라 크로아티아에서 가장 큰 폭포다. 이 외에도 상류에 위치한 밀라노바츠Milanovac, 벨리키 프르슈타바츠Veliki Prstavac 등 갈래갈래 흐르는 작은 폭포들은 플리트비체를 더욱 사랑스럽게 만든다.

## 플리트비체의 사계

플리트비체 국립공원은 계절마다 풍경이 달라진다. 언제 가도 인상적이지만, 걷기 좋은 계절인 봄과 가을이 여행하기 가장 좋다. 비와 눈이 잦은 곳이라 우기나 겨울에 간다면 복장 대비를 해야 한다. 최고 성수기인 7~8월은 물빛이 강한 햇살에 반사되어 제일 예쁘다. 하지만 그만큼 관광객들도 넘쳐나서 관광객 발길에 치일 각오도 해야 한다. 성수기에는 보트를 탈 때도 30분 이상 줄을 서야 한다. 따라서 성수기에 여행한다면 최대한 이른 시간에 입장하는 게 좋다.

**Tip** ***크로아티아인들의 플리트비체 사랑***

플리트비체는 1991년 내전의 시발점이 되어 위기를 맞기도 했다. 하지만 공원을 보호하기 위한 크로아티아인들의 노력으로 지금은 '님프의 정원'이라 칭할 정도로 신비로움이 가득한 곳으로 보존될 수 있었다. 플리트비체 공원 안의 안내표지판, 의자나 인도교, 쓰레기통 등은 모두 플리트비체 공원 안에서 생을 마감한 나무들로 만들어졌다. 공원 내에서는 수영이나 채집, 낚시 등이 엄격하게 제한된다. 애완동물의 출입도 금지다. 이 모든 것이 플리트비체의 자연환경을 그대로 보존하기 위해서다. 이곳에서는 감동만 가져가고 어떤 흔적도 남기지 말고 돌아가기를 바란다.

|Theme|

# 플리트비체 국립공원 투어

*서울 절반 크기의 플리트비체 국립공원을 속속들이 돌아보겠다면 보통 3일의 시간이 걸린다. 욕심내서 3일간 둘러보는 여행자도 종종 있다. 하지만 대부분의 여행자는 길면 이틀, 보통은 하루를 투자해 돌아본다. 공원은 크게 프로슈찬스코 호수가 있는 상류와 코자크 호수가 있는 하류로 나뉘어 있다. 투어 루트는 2시간의 짧은 코스부터 7~8시간이 소요되는 긴 코스까지 8개가 있다. 자신의 체력과 일정에 맞는 루트를 선택해 둘러보면 된다.*

## 추천! 인기 투어 루트 3

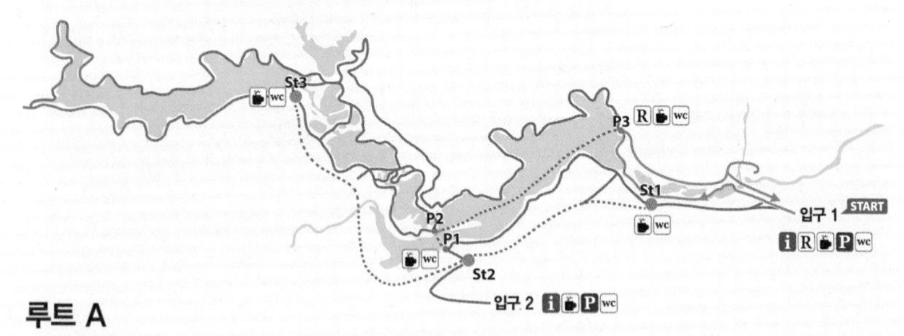


### 루트 A

가장 짧은 시간에 하류 중심의 핵심 호수만 돌아보는 코스다. 입구 1에서 시작해 절벽 위에서 벨리키 폭포를 구경한 뒤 내려와 4개의 호수를 둘러본 후 다시 입구 1로 나가는 코스다. 시간이 짧지만 하류의 핵심은 다 볼 수 있고 오르막길이 없어 체력 소모도 가장 적다. 소요시간은 2~3시간.

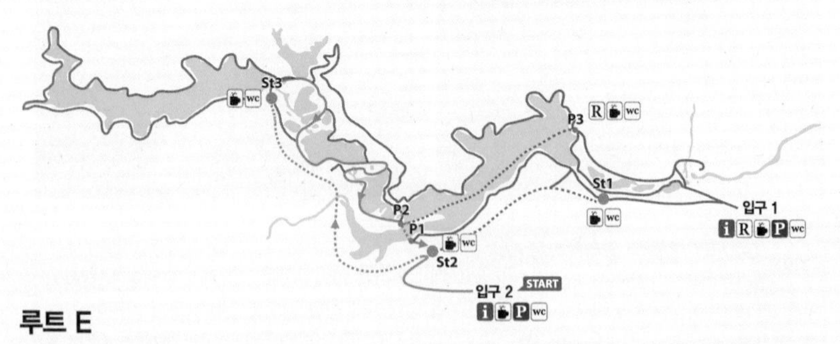


### 루트 E

상부 호수를 돌아보는 가장 단거리 코스다. 상부는 여러 갈래 폭포들이 이어지는 신비로운 모습으로 하류의 호수와는 또 다른 모습을 볼 수 있다. 입구 2에서 시작해서 버스로 ST4까지 이동해 내리막 길로 내려오며 12개의 각기 다른 빛깔의 호수를 둘러본다. 하부에 벨리키 폭포가 있다면 상부는 벨리키 프로슈타바츠Veliki Prštavac 폭포와 작게 부서지는 폭포들이 볼거리다. 소요시간은 2~3시간.

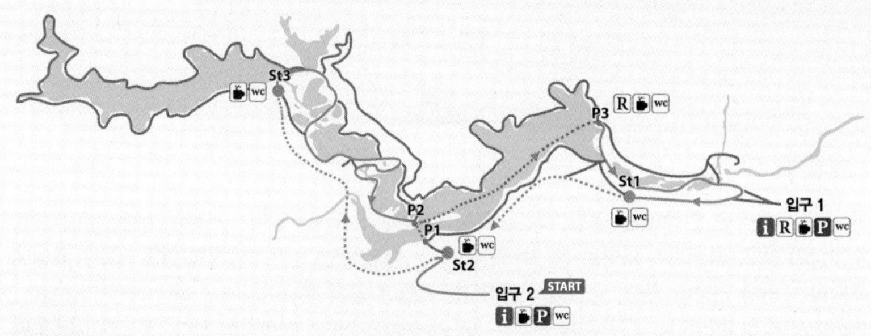


## 루트 H

가장 인기가 좋은 코스다. 상부와 하부를 모두 둘러보면서 체력 소모는 최소화할 수 있는 루트다. 플리트비체 대부분의 호수를 다 볼 수 있으며, 셔틀버스와 보트까지 모두 이용이 가능해 가장 짧은 시간에 입장료 본전을 뽑을 수 있다. 투어는 입구 2에서 시작해 ST4까지 셔틀버스로 이동한 후 계속 내리막길을 걷는다. 코자크 호수에서 보트를 타고 P2를 거쳐 P3으로 건넌 후 다시 걷는다. 오전 8시에 입장하면 오후에는 다른 도시로 이동할 수 있다. 소요시간은 4~6시간.

### 그 외 루트

## 루트 B

입구 1에서 시작해 루트 A를 포함해 상부의 호수를 보트와 버스로 이동하며 돌아보는 루트이다. P3에서 P1을 지난 후 보트를 타고 ST2로 가 ST1까지 돌아본 뒤 버스를 이용해 입구 1로 간다. 비수기 시즌에 많이 이용하는 루트로 소요시간은 긴 편이지만 걷는 시간은 적다. 소요시간은 3~4시간.

## 루트 C

입구 1에서 시작해서 루트 B를 포함해 상부의 호수까지 돌아보는 루트이다. P2에서 ST3의 구간은 계속 오르막. 체력이 많이 소모되는 구간이다. 루트 H와 같은 코스이지만 아래에서 위로 둘러보는 역방향 코스다. 소요시간은 4~6시간.

## 루트 F

입구 1에서 시작하는 루트 B와 동일하지만 시작과 끝만 다른 루트다. 비수기 성수기 모두 이용 가능하다. 소요시간 3~4시간.

## 루트 K

루트 K는 코스 H를 도보로 둘러보는 루트이다. 입구 1로 들어가 입구 2로 나오거나 혹은 그 반대로 도는 코스로 가장 체력 소모가 많고 소요시간도 길다. 트레킹을 즐기는 사람들에게 인기 있는 코스다. 긴 시간을 걷는 만큼 준비도 철저히 하고 가는 게 좋다. 6~8시간 소요.

## | 호텔 |

플리트비체 공원 안쪽에는 공원에서 관리하는 호텔이 몇 곳 있다. 시설이 낡은 편이지만, 주차장이 있고, 공원까지 도보로 접근이 가능하다는 장점이 있다. 또 1일 입장권을 끊으면 호텔에 투숙하는 만큼 연장해 준다. 공원에서 관리하는 호텔은 공원 홈페이지에서 직접 예약 가능하다. 공원에서 직접 관리하는 곳은 공원 근교로 4곳의 호텔과 2곳의 캠핑장이 있다. 플리트비체 공원 홈페이지에서 직접 예약이 가능하다. 그중 가기 좋은 호텔을 소개한다.

**Data** **공원 관리 호텔 예약 사이트** www.np-plitvicka-jezera.hr/en

### 예제로 호텔 Jezero Hotel

229개의 객실을 가진 3성급 호텔. 플리트비체에서 가장 큰 규모이자 최고급 호텔이다. 객실은 약간 낡은 편. 하지만 다른 호텔에는 없는 사우나, 풀장, 테니스장 등의 다양한 부대시설을 이용할 수 있다.

**Data** **지도** 119p-B
**가는 법** 입구 2에서 도보 10분
**주소** Plitvička jezera bb
**전화** (0)53-751-500
**요금** 80유로~

### 플리트비체 호텔 Plitvice Hotel

오래전(1997년)이기는 하지만 플리트비체 호텔 중에서는 가장 최근에 리노베이션된 곳이다. 객실이 넓으면서 밝은 분위기라 객실 컨디션이 좋은 편. 엘리베이터가 없는 건 단점이다. 입구 2와 가깝다.

**Data** **지도** 119p-B
**가는 법** 입구 2에서 도보 10분
**주소** Plitvička jezera bb
**전화** (0)53-751-100
**요금** 90유로~

### 벨뷰 호텔 Bellevue Hotel

입구 2 정류장에서 2분 거리에 있는 호텔이다. 80개의 객실을 가진 중형 호텔로 시설은 좀 낡았다. 딱 잠만 잔 후 플리트비체 관광을 하러 갈 여행자에게 추천한다. 와이파이가 안 되지만 객실 요금은 저렴한 편.

**Data** **지도** 119p-B
**가는 법** 입구 2에서 도보 10분
**주소** Plitvička jezera bb
**전화** (0)53-51-700
**요금** 70유로

## I 민박 I

플리트비체 공원 근처에는 민박이 몇 채씩 모여 있는 작은 마을이 몇 곳 있다. 동화 속 산장처럼 옹기종기 모여 있는 모습이 예쁜 데다 저렴하고 깨끗하다. 버스 여행자라면 픽업 서비스가 있는 곳을 찾아보자. 대부분 카드를 사용할 수 없다. 도착해서 현금으로 지불한다. 민박집이 있는 작은 마을에는 한두 개의 레스토랑과 슈퍼마켓이 있다. 예약은 부킹닷컴이나 에어비앤비 등에서 할 수 있다. 예약 후 컨펌 메일을 확인하자.

**Data** **민박 예약 사이트** www.booking.com, www.hotels.com, www.airbnb.com

### 게스트하우스 플리트비체 빌라 베르데 Guest House Plitvice Villa Verde

숲속에 있는 게스트하우스다. 최근에 지어진 집으로 최신 시설과 깨끗한 가구를 비롯해 객실의 모든 것이 깔끔하게 정돈되어 있다. 입구 1에서 약 2.3km 거리로 요청하면 픽업 서비스를 받을 수 있다. 2인부터 패밀리까지 6개의 객실이 있다. 와이파이 가능, 취사 불가능, 유료 조식, 무료 주차장 있음.

**Data** 지도 119p-B
가는 법 입구 2에서 2.3km 거리
주소 Jezerce 19, Plitvice
요금 49유로~

### 하우스 마리자
House Marija

객실이 딱 3개뿐인 게스트하우스. 친절한 주인 아주머니 덕에 외할머니 집에 놀러간 듯한 느낌이 든다. 집이 아담하고 예쁘며 평화로운 분위기다. 입구 2에서 약 5km 떨어져 있다. 무료 조식, 픽업 서비스 가능, 2분 거리 슈퍼마켓, 무료 주차장 있음.

**Data** **지도** 119p-B **가는 법** 입구 2에서 5km 거리
**주소** Selište Drežnicko 8 **요금** 70유로~

### 투리스트 그라보박
Turist Grabovac

캠핑장과 통나무집 숙박시설이 함께 있는 분위기 좋은 곳. 플리트비체까지는 차로 약 10분 정도 거리다. 휴양림 느낌이 나는 자연 속에서 힐링을 원하는 여행자들에게는 최고의 숙박시설이다. 캠핑장에 저렴하고 맛있는 레스토랑도 있어 며칠을 묵어가도 불편함이 없다.

**Data** **지도** 119p-B **가는 법** 입구 2에서 9km 거리
**주소** Grabovac 102 **요금** 55유로~

|Theme|

## 폭포 아래 물레방아 돌아가는 마을, 라스토케

마을에 들어서면 집과 집 사이를 강물이 누빈다. 그 풍경이 눈에 들어오기 전부터 작은 폭포가 빚는 아름다운 소리가 쉬지 않고 귓가에 들려온다. 물이 떨어지며 만들어내는 멜로디, 그 멜로디 소리에 맞춰 돌아가는 물레방아는 은빛 보석처럼 영롱하다. 동화 속 작은 마을이라 불리는 라스토케Rastoke 이야기다. 라스토케는 자그레브에서 플리트비체 국립공원으로 가는 길목에 있다. 자그레브에서 자동차로 1시간 30분, 플리트비체에서는 20분 거리다. 자그레브와 플리트비체를 오가는 길에 들러 마을을 구경하고 밥도 먹고 가기 좋은 작은 여행지다. 라스토케는 슬루니Slunj시에 자리한 전통마을이다. 코라나Korana강과 슬루니치차Slunjcica강을 따라 60여 명의 주민이 살아가는 아주 작은 마을이다. 이 마을은 플리트비체의 하류에 자리했다. 마을을 가로지르는 강과 폭포는 모두 플리트비체에서 흘러내려 온 물이다. 과거 라스토케 주민들은 물레방아를 이용한 방앗간으로 생계를 이었다고 한다. 18세기 들어 마을의 물레방아와 폭포의 아름다움이 입소문을 타면서 세상에 알려졌다. 지금은 방앗간으로 생계를 유지하지는 않지만, 물레방아는 예전과 같은 모습으로 돌아가고 있다. 물레방아 돌아가는 평화로운 시골마을을 보려는 관광객의 발길이 끊이지 않고 이어진다.

### 어떻게 갈까?

**1. 렌터카**

자그레브에서 1시간 30분, 플리트비체에서 20분 거리. 내비게이션에 라스토케Rastoke 혹은 슬루니Slunj로 검색하면 된다. 마을 입구에 주차장이 있다. 1주차장 시간당 2유로, 2·3·4주차장 시간당 0.4유로.

**2. 버스**

자그레브에서 플리트비체행 버스 이용, 슬루니 하차. 요금은 10유로, 1시간 40분 소요. 플리트비체에서 자그레브행 버스 이용, 슬루니 하차. 요금은 4유로, 30분 소요.

Data **버스 홈페이지** www.getbybus.com

## 올드 밀 Old Mill(Stari Mlin)

라스토케 마을 내부에 있는 박물관 겸 테마파크다. 물레방아 마을의 옛모습을 보존해 놓았다. 수백년 전 사용하던 전통 가옥을 박물관으로 사용한다. 예쁘게 가꾼 잔디와 나무, 작은 계곡이 있어 쉬어가기 좋다. 슬로빈 유니크 라스토케 민박과 레스토랑도 같이 운영 중이다.

**Data** 지도 127p-A
가는 법 라스토케 마을 내부
주소 Rastoke 25 B
전화 (0)47-801-460
운영시간 09:00~20:00(화 휴무)
요금 6유로
홈페이지 www.slunj-rastoke.com

**Tip** ***숙박&레스토랑***
마을에 5~6개의 레스토랑과 몇 곳의 민박집이 있다. 레스토랑은 한 끼 식사로 부담 없이 먹을 수 있는 캐주얼한 곳으로 샐러드, 파스타, 빵 등의 간단한 메뉴를 판매한다. 그리고 약 30~80유로 정도의 민박집이 몇 곳 있는데 에어비앤비 사이트 혹은 부킹닷컴에서 미리 예약을 하거나 소베Sobe, 짐머Zimmer라고 쓰인 집을 직접 찾아가서 숙박요금을 흥정할 수도 있다.

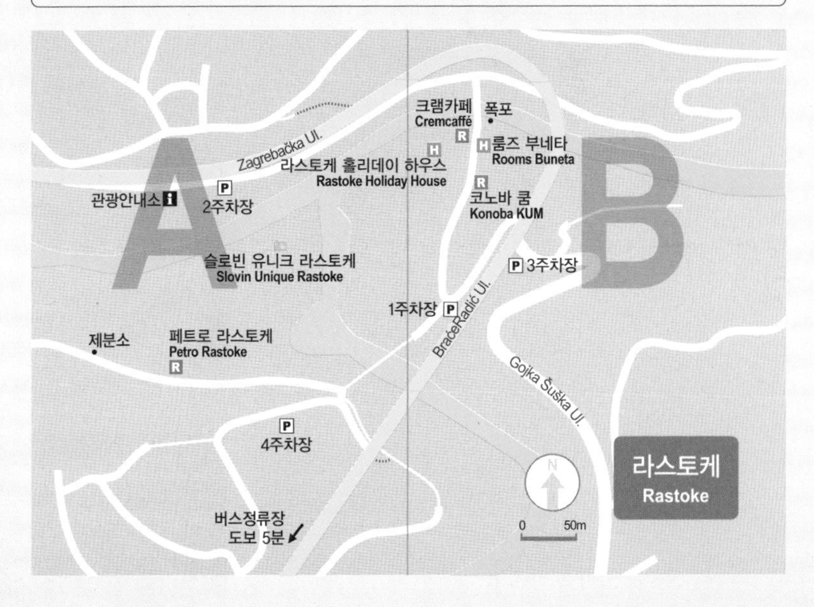

Croatia By Area

# 02

# 달마티아 지역
## DALMATIA AREA

달마티아 지역은 자다르에서 시작해 남쪽 해안을 따라 두브로브니크까지 이어진다. 각각의 도시는 저마다의 매력을 뽐내고 있다. 욕심 같아서는 도시마다 충분한 시간을 할애해서 여행을 하고 싶지만, 여행시간이 짧다면 취향에 맞는 곳을 찾아 여행 일정을 조절하자. 도시와 휴양 관광이 적절히 섞인 스플리트, 유러피언 최고의 휴양지 흐바르, 크로아티아 최고의 여행지이자 역사도시 두브로브니크. 당신의 취향은 어디인가?

Dalmatia By Area

# 01

# 자다르

## ZADAR

자다르는 영화감독 알프레도 히치콕이 '지구상에서 가장 아름다운 석양이 있는 항구'라고 극찬한 도시다. 크로아티아 최초의 대학이 세워진 도시이자 고대 로마 제국의 유물이 가득한 곳이다. 때문에 자다르는 '지식인의 도시'라 불린다. 또한 유럽인들에게는 최고의 휴양도시로 손꼽힌다. 이쯤 되면 이 작은 도시가 얼마나 옹골차게 역사와 자연을 품고 있는지 알 수 있을 것이다.
로마 제국 멸망 이후 파괴되고 또 파괴되어 상처투성이였던 자다르지만 크로아티아인들은 다시 보듬고 어루만져 매력 넘치는 도시로 재탄생시켰다. 자다르에서 지는 태양 앞에 서면 사랑받고 싶은 마음이 간절해진다.

Zadar
# PREVIEW

*달마티아의 주도인 자다르는 3,000년의 역사가 숨겨진 고대 도시이지만 13~19세기까지 많은 역사적인 사건들로 도시의 대부분이 파괴되었다. 그 후 지금의 모습으로 복구가 되었는데, 역사적인 건축물은 살리고 현대적인 세련미가 더해져 독특한 도시로 발전했다. 관광과 휴양, 그리고 크로아티아의 빼놓을 수 없는 역사유적지가 있는 작지만 알찬 여행지다.*

SEE

꼭 봐야 할 것만 꼽기가 미안할 정도로 자다르는 특별한 것들이 많다. 다들 기대에 부풀어 찾는 바다 오르간을 시작으로 자다르를 대표하는 건물인 성 도나투스 성당, 로마의 역사를 간직한 고고학박물관, 늦은 밤이면 더 로맨틱한 광장까지 깨알 같은 여행지가 있다. 잠깐 들렀다 가는 도시로 생각하는 여행자도 있지만, 천천히 음미해야 풍미를 제대로 느낄 수 있다.

EAT

도시 분위기만큼이나 경쾌한 레스토랑이 많다. 바다를 끼고 있어 분위기로 먹고 사는 레스토랑에서는 근사한 시푸드에 와인을 곁들이자. 골목 어귀에 붙은 이탈리안 레스토랑에서는 파스타를 호로록거리며 먹어보자. 분위기가 고급스러워도 생각 외로 비싸지 않아 멋진 다이닝을 즐길 수 있다.

SLEEP

작은 도시다 보니 구시가지 안쪽부터 다리 건너 도보로 이동이 가능한 신시가지까지 숙소가 다양하게 분포되어 있다. 구시가지 근처에 무료 주차장이 있어 렌터카 여행자들도 구시가지 안쪽으로 숙소를 잡아볼 만하다. 고급 호텔은 구시가지에서 조금 떨어진 곳에 위치해 있다. 구시가지에는 민박과 호스텔이 모여 있다.

Zadar

# GET AROUND

### 1. 렌터카

자다르로 오는 여행자는 대부분 자그레브에서 플리트비체를 거치거나 반대로 스플리트에서 올라온다. 플리트비체에서는 1시간 30분(135km), 자그레브에서는 3시간 20분(310km) 걸린다. 스플리트에서는 2시간(160km) 거리다. 자다르에서 노선을 남쪽으로 잡으면 스플리트를 거쳐 두브로브니크로 가는 달마티아 지역을 여행할 수 있다. 북서쪽으로 잡으면 이스트라반도로 올라갈 수 있는 중간 위치이다.

***무료 주차장**

구시가지 근처에 무료 주차장이 여러 곳 있어 렌터카 여행자가 편리하게 이용할 수 있다. 구글맵에 'Free parking Zadar'로 검색하면 구시가지 근처에 있는 여러 주차장이 나온다. 구시가지까지 도보 10분 내외로 이동이 가능한 곳에 주차하면 된다. 다만 주차 시간이 늦을수록 무료 주차장 위치도 구시가지와 멀어진다는 것! 무료 주차장 외 스트릿 파킹은 유료 주차다. 요금은 0.5유로 정도.

### 2. 버스

자그레브에서 플리트비체를 경유해서 오는 버스와 남쪽 스플리트로 가는 버스 편이 많다. 북쪽으로는 이스트라 지역을 시작하는 리예카가 있다. 버스터미널에서 구시가지까지는 1.5km 거리. 도보로 20~30분 걸린다. 2번, 4번 버스를 타면 10분 만에 구시가지로 갈 수 있다.

**주요 목적지까지 버스 요금 및 소요시간**

*자다르↔플리트비체*

| 목적지 | 운행시간 | 운행 횟수 | 요금 | 소요시간 |
|---|---|---|---|---|
| 자다르 | 첫차 08:30, 막차 23:40 | 비수기 1일 2~3회,<br>성수기 1일 10회 이상 | 12~15유로 | 2시간 40분 |
| 플리트비체 | 첫차 08:30, 막차 23:00 | | | |

*자다르↔스플리트*

| 목적지 | 운행시간 | 운행 횟수 | 요금 | 소요시간 |
|---|---|---|---|---|
| 자다르 | 첫차 01:00, 막차 22:30 | 1일 20회 이상<br>(야간 버스 운행) | 15~18유로 | 2시간 30분 |
| 스플리트 | 첫차 02:30, 막차 22:45 | | | |

*자다르↔리예카*

| 목적지 | 운행시간 | 운행 횟수 | 요금 | 소요시간 |
|---|---|---|---|---|
| 자다르 | 첫차 06:00, 막차 22:30 | 1일 10회 이상 | 19~24유로 | 4시간 30분 |
| 리예카 | 첫차 07:30, 막차 23:00 | | | |

Data **버스 안내 사이트** www.buscroatia.com, www.vollo.net

### 3. 항공

한국 여행자가 크로아티아를 갈 때는 주로 자그레브와 두브로브니크 공항을 이용한다. 하지만 유럽인들은 자다르 공항을 많이 이용한다. 자다르 공항은 유럽인들이 많이 드나드는 도시답게 크로아티아 국내선은 물론 유럽 각지에서 들어오는 항공이 많다. 자다르 직항 유럽 주요 도시는 파리, 바르셀로나, 프랑크프루트, 베를린, 스톡홀름 등 약 30개 도시다.

Data **자다르 취항 항공사 사이트**
**크로아티아 에어라인** Croatia Airlines www.croatiaairlines.com
**리안에어** Ryanair www.ryanair.com
**유로윙스** Eurowings www.eurowings.com
**루프트한자** Lufthansa www.lufthansa.com

## 공항에서 시내 들어가기

자다르 공항에서 자다르 시내까지는 공항버스가 운행된다. 버스 노선은 공항-버스터미널-구시가지 순이다. 공항에서 구시가지까지는 약 30분 소요된다. 버스는 1시간~1시간 30분 간격으로 운행된다. 공항에서 구시가지까지 요금은 수하물 포함해 4.65유로. 택시를 이용할 경우에는 25유로 정도 나온다. 우버는 일반 택시보다 약 20% 정도 저렴하다.

Data **자다르 공항** www.zadar-airport.hr

## 어떻게 다닐까?

지도를 보면 자다르 구시가지는 바다로 빼쭉 나온 반도 형상이다. 구시가지의 둘레는 3km밖에 되지 않는다. 천천히 걸어도 2시간이면 한 바퀴 돌아볼 수 있다. 도시 안쪽은 차가 다닐 수 없어 도보로 이동해야 한다. 당일 치기 여행이라면 버스터미널에 짐을 보관하고 하는 게 좋다. 버스터미널 라커(짐보관함)는 1일 5유로다.

## Zadar
# ONE FINE DAY

*빠른 걸음으로 둘러보면 반나절도 채 되지 않는 도시지만, 오래된 역사도시이니 천천히 음미하는 하루 일정을 잡아 여유 있게 보내자. 선셋 시간에 바다 오르간은 필수 코스이다.*

랜드 게이트

도보 1분 →

5개의 우물 광장

도보 5분 →

나로드니 광장

↓ 도보 5분

고고학박물관

← 도보 1분

포럼

← 도보 1분

성 도나투스 성당

↓ 도보 1분

성 아나스타시아
성당 종탑 오르기

도보 1분 →

성 아나스타시아 성당

도보 5분 →

바다 오르간

↓ 도보 1분

태양의 인사

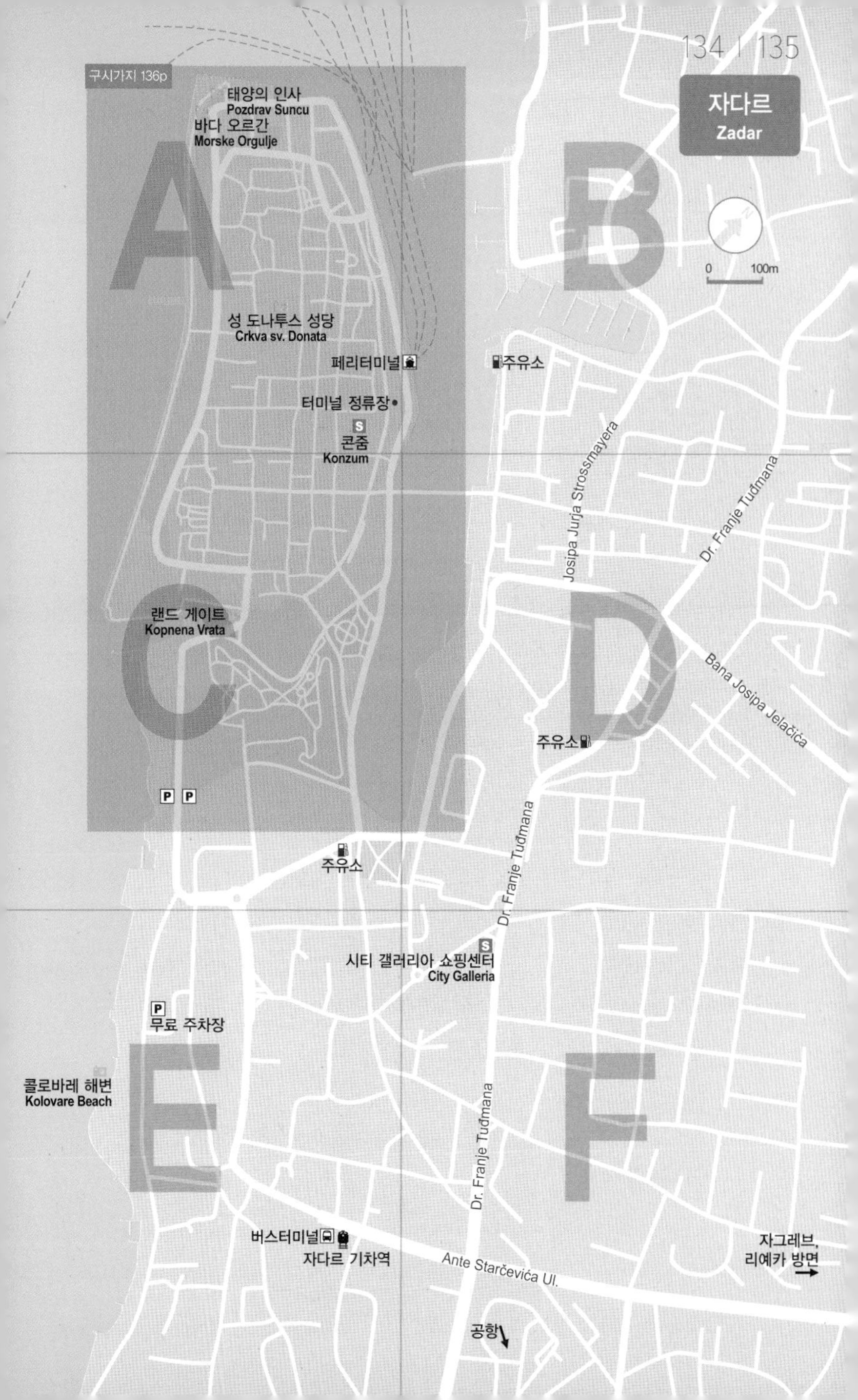
자다르
Zadar
0 100m
구시가지 136p
태양의 인사
Pozdrav Suncu
바다 오르간
Morske Orgulje
성 도나투스 성당
Crkva sv. Donata
페리터미널
터미널 정류장
콘줌
Konzum
주유소
Josipa Jurja Strossmayera
Dr. Franje Tuđmana
Bana Josipa Jelačića
랜드 게이트
Kopnena Vrata
주유소
주유소
Dr. Franje Tuđmana
시티 갤러리아 쇼핑센터
City Galleria
무료 주차장
콜로바레 해변
Kolovare Beach
Dr. Franje Tuđmana
버스터미널
자다르 기차역
Ante Starčevića Ul.
자그레브,
리예카 방면
공항

# 자다르 구시가지

0
100m
태양의 인사
Pozdrav Suncu
바다 오르간
Morske Orgulje
Istarska Obala
Božidara Petranovića Ul.
성 프란치스코 수도원
SvetiFrane
호텔 바스티온
Hotel Bastion
성모 승천 교회
Crkva Gospe od Zdravlja
Zadarskog Mira 1358 Ul.
Širokaul.
Liburnska Obala
성 엘리아스 성당
St. Elia's Church
성 아나스타시아 성당
Katedrala sv. Stošije(Anastazije)
성 스토지예 광장
Trg Sv. Stošije
그로포
Groppo
수치심의 기둥
성 도나투스 성당
Crkva sv. Donata
포럼
Forum
부티크 호스텔 포럼
Butique Hostel Forum
Bedemi Zadarskih Pobuna Ul.
거리쇼핑
시 게이트
Sea Gate
고고학박물관
Arheološki muzej
Mihovila Pavlinovića Ul.
Jurja Dalmatinca Ul.
Hrvoja Vukčića Hrvatinića Ul.
페리터미널
성 메리 성당
St. Mary's Church
아파트 DS
Apartment DS
콘줌
Konzum
카바나 다니카
Kavana Danica
브루스케타
Bruschetta Restaurant
Širokaul.
재래시장
(과일+생선)
나로드니 광장
Trg. Narodni
시청
City Hall
버스, 택시,
공항버스정류장
레스토랑거리
성 미카엘 교회
St. Michael's Church
게이트
구시가지 트레인 타는 곳
Elizabete Kotromanić Ul.
Don Ive Prodana Ul.
Federica Grisogona Ul.
Bedemi Zadarskih Pobuna Ul.
페트라 조르아니차 광장
Trg. Petra Zoranića
유리 공예 박물관
Museum of Ancient Glass
스코블라르
Skoblar
노비 카페
Novi Caffe
대학교
랜드 게이트
Kopnena vrata
5개의 우물 광장
Trg. 5 Bunara
화장실
Obala Kralja Tomislava
공원
Perivojkra ljice Jelene Madijevke
자다르 센터 비치 아파트
Zadar Center Beach Apartment
기차, 버스터미널(1.1km)

크로아티아의 낭만

## 바다 오르간 Sea Organ / Morske Orgulje

자다르에서만 만날 수 있는 바다 오르간은 크로아티아의 선물 같은 존재이다. 파도가 넘실넘실 밀려오면 아스라이 바다의 소리가 들린다. 귀 기울여 듣다 보면 고래 울음소리 같기도 하고, 뱃고동 소리를 닮은 듯도 하다. 이 소리는 자연과 인간의 합작품이다. '바다 오르간'을 만든 이는 크로아티아의 천재적인 예술가 니콜라 바시츠Nikola Basic다. 그는 2005년 이 작품으로 유럽 공공장소 상을 받았다. '바다 오르간'은 75m 길이의 바닷가 산책로를 따라 설치된 높낮이가 다른 35개의 파이프가 파도의 세기에 따라 24시간 멈추지 않고 다른 음을 만들어낸다. 이렇게 성실하게 하루 종일 무상 연주를 하다니, 공덕도 이런 공덕이 또 있을까 싶다. 알프레도 히치콕이 '세상에서 가장 아름다운 석양'이라고 극찬한 자다르의 선셋. 과연 바다가 연주하는 오르간 소리가 없었다면 그런 극찬이 나왔을까? 푸른 바다에 석양이 지는 시간, 바다 오르간 소리를 들으며 노을을 바라보는 것은 크로아티아 최고의 낭만이 된다.

Data 지도 136p-A 가는 법 구시가지 북서쪽 해안도로

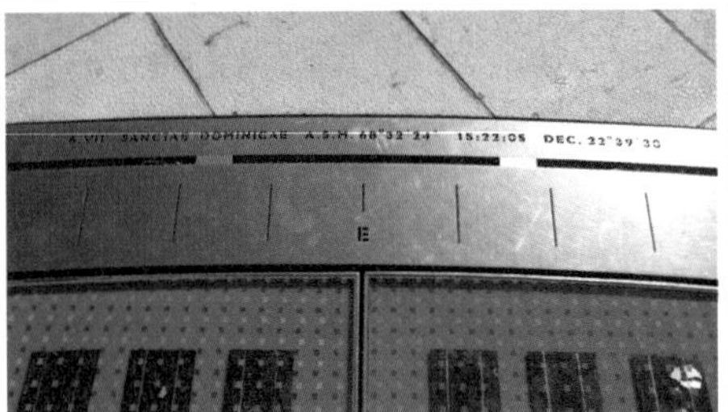

밤에 펼쳐지는 태양계 빛의 향연

## 태양의 인사 The Greeting to the Sun / Pozdrav Suncu

황금빛 노을이 지고 하늘이 서서히 어두워지면 자다르는 낮보다 더 생기발랄한 모습으로 빛을 발한다. '바다 오르간'이 있는 그곳에서 또 하나의 거대한 설치예술작품을 만날 수 있다. 이것 역시 '바다 오르간'을 만든 니콜라 바시츠의 작품이다. 태양부터 명왕성까지 태양계를 크기와 거리의 비례에 맞춰 배열해 놓은 300개의 태양열 집열판은 낮에 모아둔 태양열을 이용해 매일 밤 시시각각 멋진 빛의 공연을 펼친다. 이 설치작품은 낮은 물론 밤에도 태양은 지속된다는 주제를 가졌다. 자다르는 큰 전쟁을 여러 번 겪으며 철저히 파괴된 슬픔을 가진 도시이다. 만약 '바다 오르간'과 '태양의 인사'가 없었다면 여느 유럽과 비슷한 중세도시로 남았을지도 모를 일이다. 하지만 니콜라 바시츠의 작품이 있어 우울하고 암울했을지도 모를 도시가 이토록 낭만적이고 생기 넘치게 되었다.

**Data** **지도** 136p-A **가는 법** 구시가지 북서쪽 해안도로

죽기 전에 꼭 봐야 할 건축물

## 성 도나투스 성당 St. Donatus Church / Crkva sv. Donata

성 도나투스 성당은 죽기 전에 꼭 봐야 할 세계 건축 1001에 오른 자다르의 상징적인 건축물이다. 이 성당은 9세기 초반 크로아티아에 지어진 건축물 중 가장 유명한 성당이다. 크로아티아 해안에는 9세기에 지어진 교회 건물들이 대부분 지금까지 남아 있는데, 건물의 설계나 형태에 통일성이 없다. 공통점이 있다면 돔과 벽을 이어 붙여 인공적인 지지대를 찾아볼 수 없다는 것이다. 육각형 모양의 성 도나투스 성당은 이런 형태의 건물 중 가장 큰 규모를 자랑한다. 높이 20m, 지름 23m의 아치가 올려진 출입구를 로마 양식의 기둥이 받치고 있다. 이탈리아에서 각각 6세기, 9세기에 지어진 성 비탈레 성당과 아헨 대성당의 모습을 연상시키는 성 도나투스 성당은 중세 초기 정치적, 종교적 압력에 유연하게 대처한 모습을 하고 있어 더욱 가치가 높다고 한다. 건축 초기에는 성 삼위일체 성당으로 불리다 15세기 성당을 재건한 성 도나트St. Donat에게 헌정되어 성 도나투스 성당이라 불리게 되었다. 예배당의 독특한 음향적 구조 때문에 콘서트나 공연장으로 사용된다.

**Data** **지도** 136p-D
**가는 법** 구시가지의 중심 포럼에 위치
**주소** Trg. Rimskog Foruma
**전화** (0)23-250-613
**운영시간** 4~5월 · 10월 09:00~17:00, 6 · 9월 09:00~21:00, 7~8월 09:00~22:00
**요금** 3유로
**홈페이지** www.zadar.travel/en

2,000년 시간을 그 자리에!

## 포럼 Forum

포럼은 고대 로마 시절 도시에 있는 모든 중앙 광장을 부르는 이름이다. 자다르 구시가지의 중앙에 있는 포럼은 기원전 1세기 로마 제국 시절에 만들어졌다. 가로 90m, 세로 45m 규모의 포럼은 달마티아 지역에서 가장 큰 광장이다. 이처럼 유서 깊은 유적지가 일반 공원처럼 개방되는 것이 놀랍다. 광장 이곳저곳에 놓인 유물은 여행자들이 쉬어 가는 의자가 되기도 한다. 또 누군가는 감동적인 보물을 만난 양 기념사진을 찍기도 한다. 포럼 한쪽에는 잘못한 사람을 묶어두어 수치심을 주었던 '수치심의 기둥'이 있다.

**Data** **지도** 136p-D **가는 법** 구시가지의 중심 **주소** Trg. Rimskog Foruma

달마티아 지방에서 가장 큰

## 성 아나스타시아 성당 Cathedral of St. Anastasia / Katedrala sv. Stošije(Anastazije)

달마티아 지방에서 가장 큰 성당이다. 4~5세기에 지어졌으나 11세기 십자군에 의해 파괴되었다가 12~13세기 로마네스크 형식으로 재건되었다. 성당 내부에 있는 6세기에 지어진 육각형의 작은 예배당은 1943년 2차 세계대전 때 폭격으로 파괴되었다가 1989년 복원되었다. 교회와 나란히 서 있는 종탑은 15세기에 만들어진 것이다. 180개의 계단을 밟아 종탑 꼭대기에 오르면 자다르의 모습을 한눈에 볼 수 있다. 해 질 무렵에는 분위기가 더 좋다. 성당 내부 촬영은 금지다. 짧은 바지와 민소매 상의는 성당 출입을 제한하고 있으니 주의할 것!

**Data** **지도** 136p-B **가는 법** 포럼 성 도나투스 성당 옆 **주소** Trg. Svete Stošije **운영시간** 09:00~22:00
**요금** 성당 무료, 종탑 2유로 **홈페이지** www.zadar.travel/en

자다르 여행의 시작

## 랜드 게이트 Land Gate / Kopnena vrata

자다르 구시가지로 들어가는 메인 게이트다. 자다르는 과거 성곽으로 둘러싸인 요새도시였다. 1868년 오스트리아 제국의 황제 프란츠 요셉 1세에 의해 요새가 대부분 허물어져 현재는 일부 성곽과 4개의 문만 남았다. 그 4개의 문 중 하나인 랜드 게이트는 르네상스 시대의 걸작으로 평가되는 건축물이다. 승리를 기념하는 아치가 있는 중앙도로는 마차를 위해, 양옆 도로는 도보를 위한 도로다. 게이트에는 베네치아 공국을 상징하는 날개 달린 사자상과 방패 등이 조각되어 있다.

Data 지도 136p-E 가는 법 구시가지의 입구

로맨틱한 산책 장소

## 5개의 우물 광장 Five Wells Square / Trg. 5 Bunara

랜드 게이트로 들어서자마자 바로 오른쪽에는 5개의 우물 광장이 있다. 이 광장은 16세기 베네치아 공국이 터키의 포위 공격에 버티기 위해 5개의 물탱크를 지은 것이 시초이다. 지금은 더 이상 물탱크의 역할을 하지 않고, 콘서트나 이벤트 장소로 사용되고 있다. 바로 옆 넓은 공원과 광장이 이어져 있어 자다르 시민들이 해가 저무는 시간에 로맨틱한 산책을 즐기는 곳이기도 하다.

Data 지도 136p-F
가는 법 랜드 게이트 입구로 들어가 오른쪽

로마의 역사를 간직한 곳

## 고고학박물관 Archeolegical Museum / Arheološki muzej

1832년 크로아티아에서 두 번째로 개관한 박물관이다. 자다르는 달마티아 지방의 주도이자 역사 깊은 도시라 고고학자들에게 인기 있는 여행지다. 박물관에는 로마시대 유물과 함께 선사시대부터 중세시대에 이르기까지 해양, 고고학 등 다양한 분야에 걸친 10만 점 이상의 유물이 전시되어 있다. 역사에 관심이 많은 사람이라면 필수 방문지다.

**Data** **지도** 136p-D **가는 법** 포럼 건너편 **주소** Trg. opatice Čike **전화** (0)23-250-516
**운영시간** 11~3월 09:00~14:00, 4~5월 09:00~15:00, 6·9·10월 09:00~21:00, 7~8월 09:00~22:00 **요금** 성인 6유로, 학생 3유로 **홈페이지** www.zadar.travel/en

자다르 만남의 광장

## 나로드니 광장 Trg. Narodni

나로드니 광장은 자다르에서는 만남의 광장으로 통한다. '나로드니'는 '사람'이라는 뜻. 이 광장은 15세기 조성된 후 6세기 동안 같은 모습을 하고 있다. 광장 한쪽에 구 시청사 건물과 지금은 작은 박물관으로 쓰이는 성당이 위치해 있다. 여행 중 잠시 앉아 시간을 보내며 피곤한 다리를 쉬어 가기 좋다. 쭈르르 늘어서서 초상화를 그리고 있는 화가들을 구경하는 재미가 있다. 광장 주변에 노천카페나 젤라토 가게가 있어 허기를 달래기도 좋다. 여행자 안내센터도 있다.

**Data** **지도** 136p-D **가는 법** 랜드 게이트에서 도보 5분

|Theme|

## 자다르의 놀기 좋은 해변

자다르는 관광만 하고 가는 곳이라고? 천만의 말씀이다. 자다르는 역사적으로 대단한 유물뿐만 아니라 휴양과 휴식이 가능한 도시다. 교통의 요지이면서 음식과 물가, 다양한 숙소까지 여행 인프라가 잘 갖추어진 곳이다. 여기에다 놀기 좋은 해변도 있다. 구시가지에서 랜드 게이트를 나가 우측 바닷가 도로를 따라 15분쯤 걸어가면 무료 주차장이 나온다. 여기서부터 늘어져 있기 좋은 해변이 시작된다. 해변 이름은 콜로바레 비치Kolovare Beach. 한국에서 흔히 볼 수 있는 모래사장은 아니지만, 나무 그늘 아래 누워 아드리아해를 바라보며 망중한을 즐기기에 충분하다. 물론 겨울에 간다면 바다에서의 휴양은 힘들 수도 있겠다. 하지만 체력 좋은 유럽인들은 초봄부터 늦가을까지 해가 쨍쨍한 날이면 너도나도 수영복 차림으로 누워 바다를 즐긴다. 여름에 방문했다면 쨍쨍한 햇빛과 청량한 바다를 만끽할 것.

**Data** **지도** 135p-E **가는 법** 구시가지 랜드 게이트에서 도보 15분

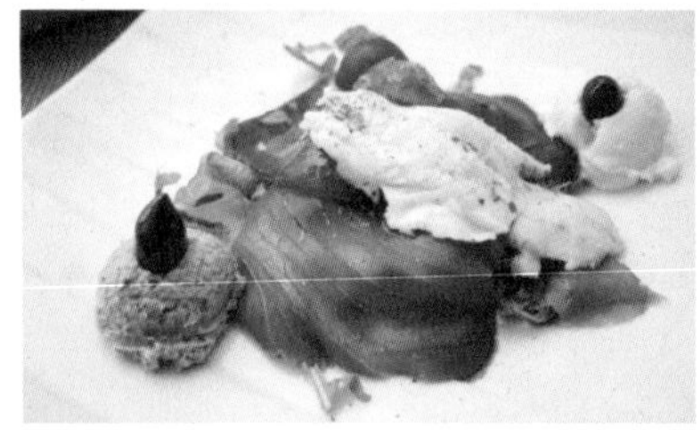

달마티아의 특별한 요리

## 브루스케타 Bruschetta Restaurant

몇몇 현지인을 붙잡고 '가장 좋아하는 맛집이 어디니?'라고 물었다. 그들의 대답은 하나같이 브루스케타였다. 찾아가 보니 해변이 살짝 보이는 곳에 자리해 어딜 봐도 여행자를 위한 고급 레스토랑의 느낌이다. 자다르 시민들도 생일이나 기념일 등 특별한 날이면 외식 장소로 많이 찾는 곳이란다. 가격은 일반 레스토랑에 비해 약간 비싼 편. 하지만 음식의 퀄리티와 플레이팅이 남다른 '격이 있는' 맛집이다. 손님에게 메뉴를 권하거나, 식사가 좋았는지 세심하게 신경 써주는 서버들의 친절함도 좋다. 익숙하면서 기본적인 메뉴부터 낯선 메뉴까지 음식 종류가 다양하다. 다른 곳에서 흔히 맛볼 수 있는 파스타, 생선, 홍합 등은 제쳐두고 브루스케타에서만 맛볼 수 있는 특별한 메뉴를 먹어보자. 참치를 건조시켜 만든 햄에 대구를 으깨 넣은 소스가 인상적인 셰프 플레이트Chef's Plate, 생선이나 육류 회의 일종인 카르파초Carpaccio, 크로아티아식 생선죽 피시 수프Fish Soup 등이 있다.

**Data** **지도** 136p-C **가는 법** 포럼에서 도보 7분 **주소** Mihovila Pavlinovića Ul. 12 **전화** (0)23-312-915
**운영시간** 12:00~22:30 **가격** 스타터 11유로~, 메인 20유로~, 음료 4유로~
**홈페이지** www.bruschetta.hr

부러운 시선은 당신의 몫

## 그로포 Groppo

눈에 잘 띄는 위치에 분위기 좋은 맛집만큼 여행자에게 어필하는 곳이 또 있을까? 성 아나스타시아 성당의 종탑을 오르는 계단 앞 시로카 거리Široka Ul.에 위치한 그로포. 여행자들이 끊임없이 지나다니는 이 길에 자리한 그로포는 분위기까지 좋아 자꾸 들여다보게 된다. 그로포는 조식부터 런치, 디너까지 모든 시간, 모든 메뉴를 섭렵하고 있다. 봄에서 가을까지 날이 따듯할 때는 길목에 노천카페가 차려진다. 노천카페의 분위기 있는 자리를 차지하면 사람들의 부러운 시선은 감수해야 한다. 인기 메뉴는 송로버섯 스테이크와 초콜릿 케이크 디저트. 달콤한 분위기 덕분에 음식까지 살살 녹아든다. 크로아티아 전통 아침식사를 주문하면 전통 빵 폴렌타Polenta를 맛볼 수 있다.

**Data** **지도** 136p-D **가는 법** 성 아나스타시아 성당 건너편 **주소** Široka Ul. 22
**전화** (0)23-778-981 **운영시간** 08:00~23:30 **가격** 조식 10유로~, 메인 18유로~
**홈페이지** www.restaurant-groppo.com

여유롭게 즐기는 저녁

## 스코블라르 Skoblar

5개의 우물 광장에 자리한 다이닝 레스토랑. 자다르의 하루를 마감하며 음악과 함께 여유를 부릴 수 있는 분위기 맛집이다. 커다란 고목이 레스토랑 앞을 떡하니 차지하고 있어 밤이 되면 분위기가 더 근사하다. 광장에 걸터앉은 여행자들을 구경하며 여행 기분 내기도 좋다. 스테이크, 리소토, 시푸드 등 여느 다이닝 레스토랑의 메뉴와 크게 다르지 않지만 맛과 함께 분위기로 배부른 곳이다. 추천 메뉴로는 보들보들 연하게 잘 구워진 스테이크나 바비큐해서 나오는 시푸드 플래터. 굽는 요리를 잘한다. 탄수화물이 필요한 사람은 리소토를 추가하자. 오징어 먹물 리소토도 근사한 맛을 낸다. 분위기 좋은 레스토랑과도 잘 맞아떨어지는 메뉴. 광장은 작은 음악회나 버스킹이 종종 열린다. 식사하러 갔을 때 음악회가 있다면 완전 땡큐다. 맛있는 음식을 먹으며 연주까지 공짜로 즐길 수 있다.

**Data** **지도** 136p-F **가는 법** 5개의 우물 광장에서 도보 1분 **주소** Trg. Petra Zoranića 3 **전화** (0)23-213-236
**운영시간** 09:00~23:00 **가격** 스테이크 18유로~, 리소토 12유로~, 맥주 2.5유로~

언제 가도 달달한 디저트 카페

## 카바나 다니카 Kavana Danica

자다르에 디저트 카페는 많지 않다. 그 카페 중에서 최고 인기 디저트 카페를 꼽으라면 다니카다. 티라미수, 애플파이, 과일 타르트, 초콜릿 케이크 등 다양한 홈메이드 케이크를 이곳만의 고유한 레시피로 만든다. 인공색소나 방부제를 넣지 않고 너무 달지 않은 맛이 인기의 비결이다. 이 집에서 케이크만큼 인기가 좋은 것이 또 있다. 여름이면 푸짐하게 퍼주는 젤라토가 그것! 겨울이면 쌀쌀한 바닷바람에 손을 녹이는 진한 핫초코도 인기 메뉴. 한마디로 사계절 내내 꾸준히 사랑받는 카페다.

**Data** 지도 136p-D
가는 법 포럼에서 도보 5분
주소 Široka Ul. 1
전화 (0)23-337-294
운영시간 07:00~24:00
가격 케이크, 커피 2유로~

잠시 쉬어가는 행복

## 노비 카페 Novi Caffe

맛있는 커피가 단돈 1.5유로?! 정말이지 커피 한 잔의 행복이다. 그 외 시원한 탄산 칵테일이나 맥주 등을 마실 수 있다. 노천 카페의 여유로움과 낭만을 느낄 수 있는 곳으로, 구시가지 초입 5개의 우물 광장을 스코블라르 레스토랑과 사이좋게 공유하고 있다. 빈티지한 느낌의 붉은빛 카페 건물이 운치 있다. 다만, 대부분의 좌석이 노천카페로 되어 있어 겨울철에는 문을 닫는다.

**Data** 지도 136p-F
가는 법 5개의 우물 광장에서 도보 1분
주소 Ilije Smiljanića Ul. 4
운영시간 07:00~24:00
가격 커피 1.5유로~, 맥주 2유로~

온 자다르가 우리 집 앞

## 아파트 DS Apartment DS

자다르 구시가지 한복판에 위치한 이 아파트는 다녀간 사람마다 만점을 준다. 올드타운의 중심에 있다 보니 자다르가 모두 내 집 앞이다. 어릴 때부터 독립을 꿈꿔왔던 사람들이라면 한 번쯤 상상해 봤을 법한 작은 집이다. 주방과 주방용품, 따듯한 난방시설, 넉넉한 어메니티를 갖추고 있다. 여기에 드라이어, 우산 등 없는 것 없이 다 갖춘 집. 주차장이 있어 편리하다. 여러 명을 위한 6인 객실도 있다.

**Data** 지도 136p-D
**가는 법** 포럼에서 도보 5분
**주소** Široka Ul. 12
**전화** (0)91-302-3010
**요금** 비수기 80유로~
**홈페이지** www.booking.com

호텔 같은 인기 호스텔

## 부티크 호스텔 포럼 Butique Hostel Forum

자다르 구시가지에 있는 3~4개의 호스텔 가운데 가장 인기가 좋다. 지은 지 얼마 안 된 신식 건물에 산뜻하고 모던한 인테리어로 단장하고 있다. 객실도 관리가 잘되고 있다. 호스텔이라 하기에는 너무 고급스러운 느낌이다. 성 아나스타시아 성당 옆이라 위치도 좋다. 프라이빗 디럭스 룸, 스위트, 도미토리 객실이 있다. 도미토리의 침실은 넓은 편, 여럿이 사용하는 다인실이지만 블라인드로 독립적인 공간도 확보되어 편하게 머물 수 있다. 여행자가 많다 보니 정보는 질문을 해야만 얻어낼 수 있다. 필요한 건 열심히 질문할 것! 어메니티는 직접 준비해야 한다. 프라이빗 객실은 조식이 포함, 다인실은 모닝빵을 제공한다. 한국어 웹사이트가 있어 예약이 편하다.

**Data** 지도 136p-D
**가는 법** 성 아나스타시아 성당 앞
**주소** Široka Ul. 20
**전화** (0)23-250-705 **요금** 비수기 19유로~, 성수기 32유로~
**홈페이지** www.hostelforumzadar.com/kr

**Tip** 자다르는 호텔이라는 이름을 찾기 어려울 정도로 민박(아파트, 스튜디오, 소베) 등의 숙박업소가 많다. 구시가지 안쪽에서 숙소를 찾는다면 90% 이상이 민박 혹은 호스텔이다. 숙박료는 신시가지보다 조금 비싼 편. 무료 주차장이 있는 민박이나 저렴한 숙소, 호텔 등을 찾는다면 신시가지 쪽에서 찾아야 한다. 2인 이상이라면 민박을, 혼자라면 호스텔을 추천한다.

구시가지에 있는 단 하나의 특급 호텔

## 호텔 바스티온 Hotel Bastion

구시가지 안에 있는 유일한 4성급 특급 호텔이다. 28개 객실을 가진 아담한 이 호텔은 북쪽 해안에 위치한다. 구시가지에서는 조금 한적하면서 조용한 곳이다. 호텔이지만 갤러리라고 해도 부족함이 없을 만큼 전시물이 알차다. 아늑하고 세련되게 꾸며진 로비부터 콘셉트는 각기 다르지만 통일성 있는 객실은 마치 전시장을 보는 것 같은 느낌이다. 성수기에는 숙박요금이 많이 올라 긴 여행에는 조금 부담이 될 수 있다. 하지만 비수기는 성수기의 절반 가격이라 고려해 볼 만하다. 호텔과 같이 영업 중인 카시텔Kaštel 레스토랑도 트립어드바이저에서 칭찬이 자자한 자다르의 고급 맛집으로 알려져 있다. 이곳에서 투숙객들의 만남의 장이 펼쳐진다. 호텔부터 레스토랑까지 다정하고 세심한 서비스는 5성급이라고 해도 과찬이 아니다.

**Data** **지도** 136p-B **가는 법** 바다 오르간에서 도보 15분 **주소** Bedemi zadarskih pobuna Ul. 13
**전화** (0)23-494-950 **요금** 비수기 160유로~, 성수기 290유로~, 주차료 1일 10유로
**홈페이지** www.hotel-bastion.hr

휴양과 관광 모두 누리는

## 자다르 센터 비치 아파트

Zadar Center Beach Apartment

콜로라베 비치 바로 앞에 위치한 아파트다. 바다와 연결되어 있어 휴양으로도 좋고, 구시가지까지 도보 7분 거리라 도심 관광에도 좋다. 해변을 따라 산책하며 걷는 길도 좋다. 집 한 채를 다 사용하는 곳이라 커플보다는 가족 단위 여행자가 머물기 좋다. 커다란 테라스부터 럭셔리한 인테리어까지 휴양지의 별장 느낌으로 머물 수 있다. 무료 주차장도 있다. 유럽인들에게 여름 휴양지로 인기 좋은 도시인만큼 성수기에는 예약이 빨리 차는 편. 가족 여행을 간다면 예약을 서두르자. 예약은 봄~가을 성수기에만 가능하다.

**Data** **지도** 149p-E **가는 법** 구시가지에서 도보 7분 **주소** Kolovare 14
**요금** 패밀리 객실 300유로~ **홈페이지** www.booking.com

Dalmatia By Area

# 02

# 트로기르

## TROGIR

트로기르는 아련한 도시다. 하룻밤만 머물러도 영화 속 한 장면처럼 추억 속으로 아득하게 빨려드는 도시다. 좁은 골목과 나지막한 집, 트로기르에 존재하는 모든 것들은 2,300년의 시간이 켜켜이 쌓여서 만들어진 것이다. 그리스, 로마를 거쳐 비잔틴, 합스부르크까지 파란의 역사가 깃들어 있다. 이 도시 전체가 세계문화유산에 등재되고 '달마티아의 작은 보석'이라 불리는 이유다. 다리를 통해 뭍과 연결된 이 작은 섬에는 아드리아해의 따듯한 햇살이 차고 넘친다.

Trogir
# PREVIEW

*트로기르는 스플리트에서 가까워 당일치기로 오는 여행자들이 많다.
하지만 도시만 휙 둘러보고 가기에는 아쉽다. 섬 안쪽에 숨겨져 있는 해변이 너무 아름답다.
여유가 있다면 하룻밤 머물기를 추천한다. 구시가지는 걸어서, 해변은 보트를 타고 간다.
차가 없어도 편하게 원하는 것이 다 가능하다.*

**SEE**

유럽에서 가장 오래되고 보존이 뛰어난 로마네스크와 고딕 양식의 도시다. 복잡한 역사를 알고 가면 좋지만, 몰라도 도심을 걷는 것 자체가 좋다. 다른 것은 다 지나치더라도 요새와 성 로렌스 성당 종탑은 꼭 올라보자. 이곳에서 보면 파란 바다에 평화롭게 떠다니는 작은 배들과 항구가 너무나 평화로워 보인다.

**EAT**

작은 도시라 음식점이 많지 않다. 특별한 메뉴보다는 크로아티아 전역에서 볼 수 있는 평범한 메뉴가 대부분이다. 로마와 베네치아 공국의 지배를 받던 곳이라 이탈리안 레스토랑이 많은 편. 바다가 보이는 한적한 레스토랑에서 즐기는 피자와 맥주 한잔으로 트로기르에서의 추억을 남겨보자.

**SLEEP**

구시가지만 돌아본다면 하루가 아주 넉넉해서 숙박을 하지 않아도 된다. 숙박은 교통수단에 따라 추천지가 다르다. 버스를 타고 온다면 구시가지 안쪽이나 구시가지 지나 다리로 연결된 치오보섬 초입을 추천한다. 렌터카를 이용한다면 구시가지 진입 전 크로아티아 본토 쪽에 숙박을 잡도록 하자. 진입로가 하나라 구시가지로 들어가는 길이 많이 밀린다.

Trogir
# GET AROUND

## 어떻게 갈까?

### 1. 렌터카

트로기르는 스플리트에서 서쪽으로 30분(27km), 자다르에서 남쪽으로 1시간 30분(130km) 거리다. 두 도시를 오가는 길에 잠시 들르기 좋다. 트로기르 구시가지는 크로아티아 본토와 짧은 다리로 연결된 작은 섬이다. 구시가지는 또 다시 다리로 치오보섬과 연결되어 있다. 트로기르로 들어가는 길은 좁은 1차선 도로라 항상 차량이 밀린다. 구시가지 안쪽으로 진입하면 원하든 원하지 않든 간에 밀리는 자동차 행렬을 따라 치오보섬으로 들어갈 수밖에 없는 구조다. 따라서 주차는 구시가지로 진입하기 전 유료 주차장에 하고 도보로 이동하자. 유료 주차장은 구시가지 진입 전과 진입하자마자에 있다. 주차료는 1시간당 1.5~2유로. 무료 주차장은 구시가지를 지나 치오보섬 안쪽에 있다. 트로기르와 가까운 곳은 빈 주차공간이 거의 없다. 더 안쪽으로 들어가면 구시가지까지 많이 걸어야 한다.

### 2. 버스

스플리트에서 자다르Zadar와 시베니크Šibenik행 버스를 타면 트로기르를 거쳐 간다. 스플리트 메인 버스터미널에서 탑승할 수 있으며, 트로기르 버스터미널에서 하차한다. 30분~1시간 간격으로 운행(첫차 05:00, 막차 22:30)되며, 소요시간은 40분이다. 요금은 4유로. 트로기르 버스터미널은 구시가지로 들어가기 전 다리 건너 뭍에 있다. 구시가지까지 도보 5분 거리다. 버스터미널에는 짐 보관소가 있다. 보관료는 1일 5유로. 여름에는 스플리트와 흐바르섬에서 트로기르로 들어오는 페리도 있다.

**Data 버스 안내 사이트** www.buscroatia.com

## 어떻게 다닐까?

구시가지는 걸어 다녀도 충분하다. 치오보섬까지 돌아보려면 렌터카와 대중교통(보트)을 이용하는 게 좋다. 치오보섬의 가장 유명한 해변인 오크루그Okrug, 슬라티네Slatine는 구시가지에서 각각 4km, 8km 거리다. 구시가지에서 오크루그로 가는 보트는 요새 앞에서 탄다. 슬라티네로 가는 보트는 구시가지에서 치오보섬으로 가는 다리를 건너자마자 왼쪽에 있는 터미널에서 탑승 가능하다. 요금은 편도 5.5유로, 30분 소요. 하루에 4~6번 운행한다.

## Trogir
# ONE FINE DAY

*산책하며 가볍게 걷기 좋은 도시이다. 머무는 시간이 짧다면 성 로렌스 대성당과 카메를렝고 요새만 올라도 인상 깊은 트로기르를 볼 수 있다.*

시장

도보 7분 →

성 로렌스 대성당

도보 1분 →

성 바바라 교회

도보 1분 ↓

시계탑

도보 1분 ←

시청

도보 3분 ←

사우스 타운 게이트

도보 1분 ↓

워터 프런트

도보 5분 →

성 도미니크 수도원과 교회

도보 5분 →

카메를렝고 요새

보트 15분 ↓

오크루그 비치

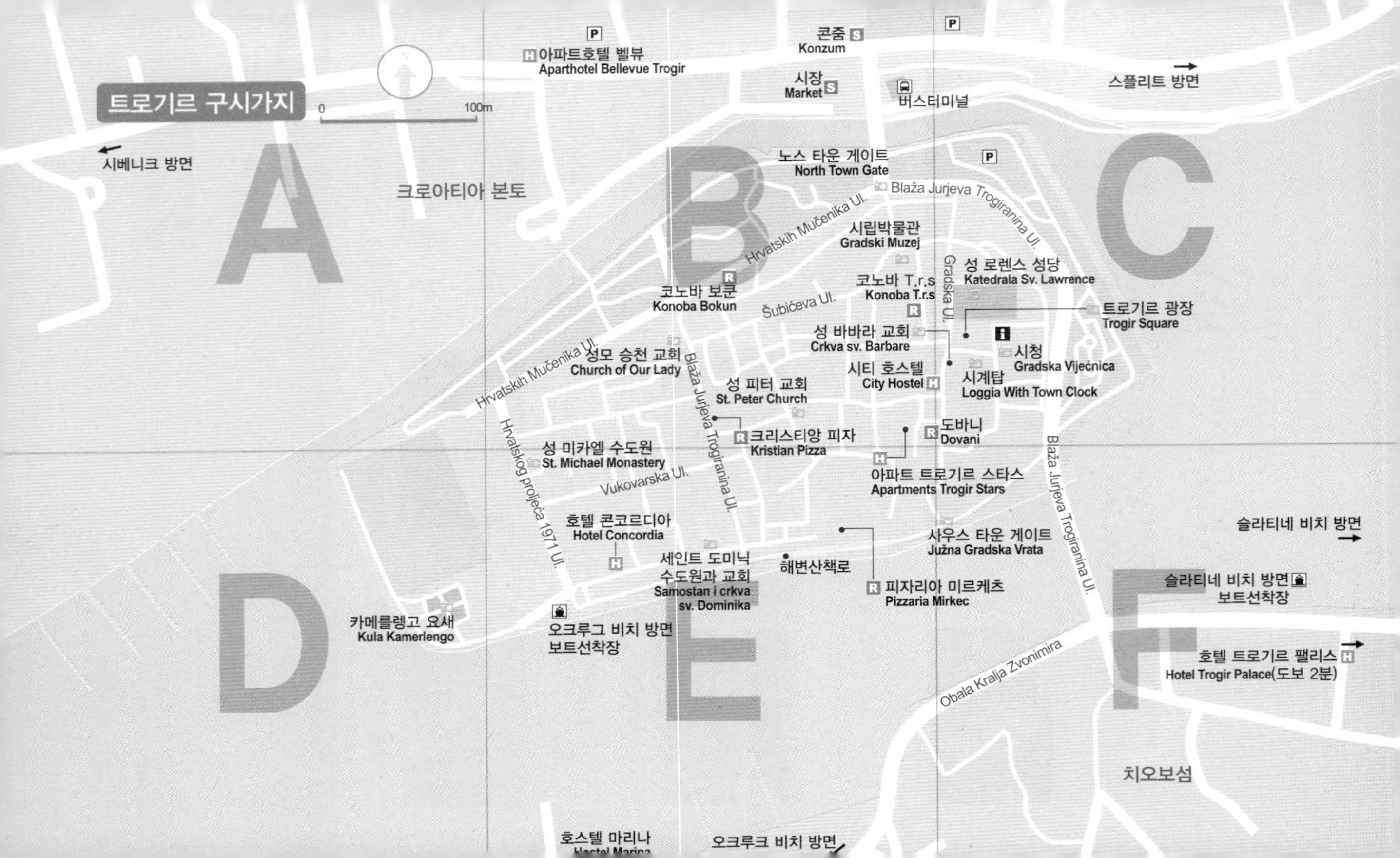
트로기르 구시가지
0
100m
아파트호텔 벨뷰
Aparthotel Bellevue Trogir
콘줌
Konzum
시장
Market
버스터미널
스플리트 방면
시베니크 방면
크로아티아 본토
A
B
C
D
E
F
노스 타운 게이트
North Town Gate
Blaža Jurjeva Trogiranina Ul.
Hrvatskih Mučenika Ul.
시립박물관
Gradski Muzej
성 로렌스 성당
Katedrala Sv. Lawrence
코노바 T.r.s
Konoba T.r.s
Gradska Ul.
코노바 보쿤
Konoba Bokun
Šubićeva Ul.
트로기르 광장
Trogir Square
성 바바라 교회
Crkva sv. Barbare
시청
Gradska Vijećnica
성모 승천 교회
Church of Our Lady
시티 호스텔
City Hostel
시계탑
Loggia With Town Clock
성 피터 교회
St. Peter Church
크리스티앙 피자
Kristian Pizza
도바니
Dovani
성 미카엘 수도원
St. Michael Monastery
Vukovarska Ul.
아파트 트로기르 스타스
Apartments Trogir Stars
Hrvatskog proljeća 1971 Ul.
호텔 콘코르디아
Hotel Concordia
사우스 타운 게이트
Južna Gradska Vrata
슬라티네 비치 방면
세인트 도미닉 수도원과 교회
Samostan i crkva sv. Dominika
해변산책로
피자리아 미르케츠
Pizzaria Mirkec
슬라티네 비치 방면 보트선착장
카메를렝고 요새
Kula Kamerlengo
오크루그 비치 방면 보트선착장
Obala Kralja Zvonimira
호텔 트로기르 팰리스
Hotel Trogir Palace(도보 2분)
치오보섬
호스텔 마리나
오크루크 비치 방면

완벽하게 조화로운 풍경!

## 카메를렝고 요새 Kamerlengo Fortress / Kula Kamerlengo

트로기르 서쪽 해안에 자리한 요새. 수백 년 전 도시를 보호하기 위해 만들어놓은 이 요새가 훗날 트로기르를 대표하는 관광지가 될 줄 누가 알았을까? 당시의 치열했던 삶의 흔적들이 지금은 여행의 이유가 되고 있으니 중후하게 남겨진 역사의 흔적이 부럽기만 하다. 카메를렝고는 바다와 함께 온 도시가 내려다보이는 요새다. 사실, 바다와 접한 크로아티아의 도시에 요새가 있다고 하면 오르기 전부터 가슴이 쿵쿵 뛴다. 이번에는 또 얼마나 멋진 풍경이 기다릴까 하는 기대감이 생긴다. 트로기르 카메를렝고 요새는 이런 여행자의 기대감을 져버리지 않는다. 야트막한 산과 바다, 다리로 연결된 치오보섬, 수천 년 역사의 트로기르 구시가지까지 모든 것이 완벽하게 조화를 이루는 풍경이다. 카메를렝고 요새는 15세기 베네치아 공국 시절에 만들어졌다. 당시에는 감시용 탑을 보수해 해상 공격에 대비한 요새로 사용되었다. 요새의 안쪽에는 성 마르크에게 헌정된 예배당이 있었지만 지금은 텅 비어 있다. 이곳은 여름 축제 때 무대로 활용된다. 요새 앞으로 쭉 뻗어 있는 워터 프런트는 산책하기 좋다.

**Data** **지도** 154p-D **가는 법** 트로기르 서쪽 해안 **주소** Kamerlengo Trogir
**운영시간** 09:00~18:00, 7~8월 09:00~21:00 **요금** 4유로

크로아티아에서 가장 아름다운 성당

## 성 로렌스 성당

St. Lawrence Cathedral / Katedrala Sv. Lawrence

크로아티아어로 '성 로브레'라 불리는 이 성당은 크로아티아에서 가장 아름다운 성당으로 알려졌다. 성당은 1200년부터 짓기 시작해 1598년에 완공되었다. 완공까지 무려 400여 년이 걸렸다. 건축 기간이 길다 보니 시대의 변천에 따라 다양한 건축 기법이 동원됐다. 성당 내부는 고딕, 르네상스, 바로크 양식이 조화롭게 섞여 있다. 성당에서 가장 눈여겨볼 곳은 성당의 입구 라도반의 문Portal of Radovan이다. 트로기르 출신 조각가 라도반이 1240년에 만든 문이다. 화려한 조각으로 장식된 문 양쪽으로 달마티아 최초의 누드 조각상인 아담과 이브, 베네치아를 상징하는 사자상, 월Month을 상징하는 조각이 있다. 문 위쪽으로는 수태고지와 동방박사에 대한 성서에 관련된 조각을 볼 수 있다. 크로아티아 고딕 미술 가운데 가장 중요한 작품으로 손꼽힌다. 성당 안쪽에는 르네상스 양식으로 만들어진 아름다운 유물로 칭송받는 성 야고보 예배당이 있으니 놓치지 말자. 성당과 나란히 위치한 종탑은 높이가 47m로 구시가지 전체가 내려다보인다. 요새에서 보는 것과는 또 다른 트로기르의 풍경을 볼 수 있다. 성당 앞 광장에는 시계탑, 시청, 성 바바라 교회 등의 볼거리들이 몰려 있다.

**Data** **지도** 154p-C
**가는 법** 사우스 타운 게이트에서 도보 5분
**주소** Trg. Ivana Pavla
**운영시간** 08:00~20:00, 일 11:30~18:00 (종탑- 겨울엔 오전만 오픈)
**요금** 종탑 4유로

시계탑 옆 작은 교회

## 성 바바라 교회

St. Barbara Church / Crkva sv. Barbare

9~10세기 로마네스크 형식으로 지어진 교회. 초기 성 마틴 교회로 불리다가 본토에 있는 같은 이름의 교회가 파괴된 후 성 바바라 교회로 개명했다. 내부는 작고 단순하다. 두께가 다른 기둥이 받치고 있는 교회의 모습이 흥미롭다. 트로기르에서 원래의 형태를 유지하고 있는 가장 오래된 성당이다.

**Data** **지도** 154p-C **가는 법** 시계탑 옆
**주소** Gradska ul. 24, 21220, Trogir **요금** 무료

귀족 출입만 허락된 명문가 건물

## 시청 City Hall / Gradska Vijećnica

과거 트로기르 정치와 경제의 중심이자 궁전으로도 쓰던 곳이다. 15세기에 지어진 것을 1890년대 르네상스 양식으로 재건축했다. 건물 내부 홀의 벽에는 트로기르 명문 가문의 문장이 조각되어 있다. 계단 앞의 문에는 '오직 귀족만 입장할 수 있다'는 문장이 새겨져 있다. 이 문장대로 초기에는 귀족만 드나들 수 있었다고 한다. 귀족을 제외한 다른 계층의 시민들은 1848년 이후 입장할 수 있는 권리를 얻었다.

**Data** **지도** 154p-C **가는 법** 시계탑 옆
**주소** Trg Ivana Pavla II, 21220, Trogir

모두 다 쉬어 가는 곳

## 시계탑 Loggia With Town Clock

트로기르 메인 광장에 있다. 메인 광장은 14세기 지어질 당시 법정, 쉼터, 만남의 장소 등 주민들의 다양한 엔터테인먼트 공간으로 사용되었다. 'Loggia'는 이탈리아 옛말로 '쉬어 가는 곳'이란 뜻이다. 시계탑은 아래부터 위로 고딕, 베네치아풍 고딕, 르네상스 양식까지 다양한 건축 양식으로 지어진 독특한 건물이다. 이 시계탑과 함께 있는 예배당은 1422년 유행했던 흑사병으로부터 이 도시가 피해를 입지 않은 것에 대한 감사의 마음으로 성 세바스찬St. Sebastian에게 바쳐진 건물이다. 시계탑 아래 있는 조각상이 바로 성 세바스찬이다. 예배당 안쪽에는 유고 내전 당시 희생당한 트로기르 시민들의 사진과 부조물이 있다.

**Data** **지도** 154p-C **가는 법** 성 로렌스 성당 건너편
**주소** Trg Ivana Pavla II 7, 21220, Trogir

르네상스 양식이 완벽하게 보존된

## 사우스 타운 게이트 South Town Gate / Južna Gradska Vrata

바닷길을 따라 워터 프런트를 걷다 길의 끝부분에 닿으면 성벽 사이에 있는 작은 게이트를 볼 수 있다. 르네상스 양식으로 건축된 이 게이트는 아치형으로 둥글게 만들어진 일반적인 게이트와 달리 지붕이 직선으로 처리됐다. 1593년 건축 후 지금까지 원래 모습 그대로 보존되고 있다. 과거에는 시간을 정해놓고 성문을 여닫았다고 한다. 이 게이트 밖에도 아침에 성 안으로 들어오려는 사람들이 앉아 쉬던 공간이 있었는데, 지금은 작은 갤러리와 기념품 숍으로 이용하고 있다.

Data 지도 154p-F 가는 법 치오보섬과 연결된 다리 옆

보고만 있어도 맘이 평화로워지는

## 세인트 도미닉의 수도원과 교회

The Monastery and Church of St. Dominic / Samostan i crkva sv. Dominika

워터 프런트 중간 부분에 있는 작은 수도원과 교회다. 트로기르에서도 중요한 유적으로 14~15세기 도미니카 공국들이 교회를 먼저 건축한 뒤 시민들의 땅을 기증받아 수도원으로 증축했다. 건물 안쪽에는 트로기르 금세공업자의 작품이 소장되어 있다. 건물 뒤쪽 벽에는 로마네스크 아치에 유명한 초승달 모양의 그림이 걸려 있다. 1층에는 해변이 보이는 작은 레스토랑이 있다. 바다와 야자수가 어우러져 평화로운 분위기다.

Data 지도 154p-E
가는 법 워터 프런트에 위치
주소 Obala bana Berislavića 17
운영시간 09:00~18:00

없는 것 빼고 다 있다!

## 그린 마켓 Green Market

작은 도시지만 꽤나 규모 있고 영업시간이 긴 시장이 있다. 여름이면 거의 하루 종일 문을 열어 언제고 갈 수 있어 더 좋은 곳. 해산물과 청과물이 전부인 다른 지역 시장에 반해, 와인, 오일, 꿀 등 달마티아의 특산품부터 이스트라의 특산품인 송로버섯, 여행자들의 휴가를 위한 슬리퍼, 가방, 옷까지 그야말로 재래시장의 느낌으로 없는 게 없다. 제철 과일이 다른 지역에 비해 조금 비싼 편이긴 하지만, 과일이 비싼 한국에 비하면 너무 착한 가격이므로 꼭 들러볼 것을 추천한다. 요리를 즐겨 한다면 질 좋은 송로버섯과 오일을 눈여겨보자! 드라이, 오일, 저민 버섯 등 다양하게 나오는 송로버섯을 구입하기도 좋다.

**Data** **지도** 154p-B **가는 법** 구시가지 진입 직전 콘줌 건너편 **주소** D315, 21220, Trogir
**운영시간** 06:00~13:00, 15:00~22:00

건물만 구경해도 좋아요!

## 시립박물관 City Museum / Gradski Muzej

1966년 개관한 박물관으로 고대에서 현대에 이르기까지 트로기르의 유적을 전시했다. 박물관에 있는 도서관에는 양피지로 만든 책도 보관되어 있다. 역사와 문화에 흥미가 있다면 둘러볼 만하다. 여러 저택 사이에 위치한 박물관 건물은 베네치아 시절에 지어진 것으로 로마네스크와 바로크 양식이 부분적으로 혼재되어 있다.

**Data** **지도** 154p-B
**가는 법** 구시가지 북문 근처
**주소** Gradska vrata Ul. 4
**전화** (0)21-881-406
**운영시간** 5·10월 09:00~14:00, 6·9월 09:00~12:00, 17:00~20:00, 7~8월 09:00~13:00, 16:30~21:30(토·일 휴무)
**요금** 성인 4유로, 학생 3유로

Theme

## 트로기르의 해변, 오크루그 비치와 슬라티네 비치

트로기르는 크로아티아 본토와 치오보섬 사이에 자리한 작은 섬이다. 섬이 워낙 작아 트로기르에는 해변이 없다. 하지만 치오보섬에는 환상적인 해변이 있다. 치오보섬에 들어서 왼쪽으로 8km 가면 슬라티네Slatine 해변이 있다. 반대 방향인 오른쪽으로 4km 정도 가면 오크루그Okrug 해변이 있다. 두 해변 가운데 인기가 더 많은 곳은 오크루그다. 이곳은 환상적인 파노라마 뷰가 인상적이고 해변이 길다. 인기 많은 해변이라 민박도 많다. 한여름에는 펍과 레스토랑, 바다를 즐기는 사람들로 항상 바쁘다. 오크루그까지는 카메를렝고 요새 앞에서 하루 종일 페리가 운행된다. 여름철에는 30분 간격으로 운행된다. 소요시간은 15분이다.

슬라티네 비치

오크루그 비치

만약 렌터카가 있다면 오크루그보다 슬라티네 해변으로 가기를 추천한다. 슬라티네 해변은 소나무에 둘러싸인 슬라티나리라는 작은 마을과 해양심층수 미네랄워터가 있는 바다를 볼 수 있다. 슬라티네는 미네랄워터로 된 바다 중에서 가장 큰 곳이라고 한다. 슬라티네 해변으로 가는 길도 절경이다. 15분쯤 굽이진 해안을 따라 달리는 길은 몇 번이고 차를 세울 만큼 풍광이 멋지다. 크리스털 바다와 어울린 환상적인 길이 드라이브의 묘미를 안겨준다. 치오보섬으로 들어가는 다리를 건널 때는 차가 많이 밀린다. 하지만 조금만 지나면 길은 한가해진다. 해안선을 따라 난 길이지만 곳곳에 주차 공간도 있어서 바다를 즐기기 좋다.

EAT

유러피언들의 활기찬 저녁시간

## 크리스티앙 피자 Kristian Pizza

1년에 절반(5~10월)만 문을 여는 노천카페 레스토랑이다. 구시가지 중앙의 작은 광장에 정말 대중적인 모습의 노천카페 3개가 모여 있다. 저녁이면 이 광장의 노천카페로 트로기르의 모든 여행자가 몰려든다. 노천카페에 앉아 여행의 기쁨을 나누는 여행자들을 보면 그들처럼 한자리 차지하고픈 마음이 든다. 3곳 모두 가격대와 메뉴가 비슷해 서버들의 호객행위도 만만치 않다. 테이블 위에 있는 레스토랑 이름을 확인하고 앉으면 된다. 가격도, 맛도 평균적이다. 왁자지껄한 유러피언들의 맥주 파티에 동참하고 싶다면 추천한다. 단, 조용한 분위기를 찾는다면 비추다. 그릴 요리와 리소토 등 대중적인 메뉴를 주문하자.

**Data** **지도** 154p-B
**가는 법** 도미닉 수도원 골목으로 도보 2분
**주소** Ul. Blaženog Augustina Kažotića 9
**운영시간** 08:00~24:00
**가격** 피자, 파스타 12유로~

밤보다 낮이 좋은 이탈리안 레스토랑

## 피자리아 미르케츠 Pizzaria Mirkec

베네치아 공국의 지배를 받았던 트로기르는 어느 음식점에 가더라도 피자, 파스타, 리소토 같은 이탈리안 음식을 맛볼 수 있다. 현지인들에게는 주식처럼 흔한 메뉴로 어느 레스토랑을 가도 기본은 한다. 그래도 피자는 레시피에 맞춰 화덕에서 바삭하게 구워내는 피자 전문점에서 먹어야 제맛이다. 미르케츠는 쫀득하면서 바삭한 도우로 제대로 된 이탈리안 피자를 선보인다. 비치를 향해 노천카페가 열려 있어 분위기까지 제대로다. 낮에는 가볍게 점심을 즐기는 사람들로 가득 찬다.

**Data** **지도** 154p-E
**가는 법** 남문에서 워터 프런트로 도보 2분
**주소** Budislavićeva Ul. 15
**전화** (0)21-883-042
**운영시간** 08:00~23:00
**가격** 피자, 파스타 8유로~
**홈페이지** www.pizzeria-mirkec.hr

연둣빛 낭만이 폴폴~

## 코노바 T.r.s Konoba T.r.s

트로기르의 비좁은 골목에 자리한 레스토랑이다. 연둣빛이 가득한 마당과 벽을 타고 올라간 포도나무 넝쿨이 있어 가정집 같은 분위기이다. 취향이 까다로운 주인장 부부 덕분에 분위기, 음식, 서비스 등 모든 부분에서 트로기르 최고라는 평판을 듣는다. 입이 까다로운 미식가나 여행 중 분위기를 탐하는 여행자 모두에게 부족함 없는 곳이다. 가격은 다른 레스토랑에 비해 비싼 편이지만 근사한 플레이팅이 자연스럽게 지갑을 열게 한다. 여름 성수기는 사이트에서 예약 필수. 고기와 해산물을 이용한 달마티아 지방의 전형적인 요리를 선보인다.

**Data** **지도** 154p-B
**가는 법** 성 로렌스 성당에서 도보 3분
**주소** Matije Gupca Ul. 14
**전화** (0)21-796-956
**운영시간** 12:00~23:00 (월요일 휴무)
**가격** 메인 24유로~, 스타터 17유로~
**홈페이지** www.konoba-trs.com

한적한 초록의 여유

## 코노바 보쿤 Konoba Bokun

한적하고 여유로운 곳에서 식사를 하고 싶다면 추천한다. 코노바 보쿤은 구시가지의 좁고 복잡한 골목에서 벗어나 북문 밖 초록 잔디와 작은 요트 선착장이 보이는 곳에 있다. 이곳은 저렴하고 간단한 유러피언식 조식 메뉴와 브런치를 시작으로 저녁이면 여행자들이 즐겨 찾는 메뉴까지 다양하다. 먼저 생선이나 새우 등 먹고 싶은 재료를 선택한 후 요리방법을 선택하면 그에 맞춰 요리를 해 준다. 생선을 즐긴다면 피시 플레이트를 선택하자. 새콤달콤한 커리 소스를 곁들인 스캄피(딱새우)도 맛이 좋다. 소스가 있는 요리에 플레인 뇨키(감자 경단)를 곁들여 먹으면 양이 넉넉하다.

**Data** **지도** 154p-B
**가는 법** 북문을 등지고 왼쪽 공원을 따라 도보 5분
**주소** Ul. Hrvatskih mučenika 6
**전화** (0)21-882-870
**운영시간** 08:00~24:00
**가격** 에피타이저 6유로~, 메인 14유로~

도바니를 위한 작은 광장

## 도바니 Dovani

크로아티아의 이름난 광장에는 꼭 유명한 젤라토 숍이 하나씩 있다. 트로기르도 마찬가지. 성 로렌스 성당 인근의 작은 광장에도 어김없이 젤라토 숍 도바니가 있다. 이곳은 광장이 있어 도바니가 있는 게 아니라 도바니가 있어 광장이 있다고 할 만큼 사랑을 듬뿍 받는다. 광장을 찾는 사람들은 무언가에 홀리기나 한 것처럼 도바니의 젤라토에 빠진다. 도바니의 젤라토는 과일 함량이 다른 곳보다 훨씬 많다. 베리 씨가 오도독 씹히는 믹스베리 젤라토를 강추한다.

**Data** **지도** 154p-B
**가는 법** 성 로렌스 성당에서 도보 2분 **주소** Kroatien, Gradska Ul. 15
**전화** (0)21-881-075
**운영시간** 08:00~24:00
**가격** 2유로~

## | 호텔 |

트로기르에서 가장 인기 있는 호텔

### 호텔 콘코르디아 Hotel Concordia

트로기르 호텔 예약 사이트에서 예약률이 가장 높은 호텔이다. 호텔이 자리한 곳은 트로기르 워터 프런트 중간. 바다가 떡하니 보이는 위치다. 바로 앞에 바다가 펼쳐져 있어 객실에서 보는 뷰는 환상적이다. 1층 테라스 레스토랑에서 바다를 보며 조식을 먹을 수 있는 것도 매력적이다. 호텔은 300년이 넘은 중후한 건물을 개조했다. 객실은 모두 11개. 인테리어는 약간 구식이지만 객실 크기는 넉넉한 편이다. 객실은 싱글과 더블 두 가지 타입뿐이라 가족여행자에게는 조금 불편하다. 트로기르 최고 인기 호텔이라 항상 예약이 차 있다. 일정이 잡혔다면 빠른 예약은 필수! 객실 청결 상태도 최상이다. 인근 도로에 1일 10유로로 주차가 가능하다. 공용구역에서만 와이파이가 가능하다.

**Data** 지도 154p-E
**가는 법** 워터 프런트에 있는 요새와 남문 사이
**주소** Obala Bana Berislavica 22
**전화** (0)21-885-400
**요금** 싱글룸 60유로~, 더블룸 110유로~
**홈페이지** www.concordia-hotel.net

두 끼 식사도 포함되는 가성비 최고의 호텔

## 호텔 트로기르 팰리스 Hotel Trogir Palace

치오보섬 초입에 위치한 아파트형 호텔이다. 구시가지까지는 약 400m. 도보로 10분이 채 걸리지 않는다. 40실 규모로 트로기르에서는 꽤 규모 있는 4성급 호텔이다. 침대와 욕실만 있는 1인실부터 4인용 패밀리 객실까지 인원수에 맞게 선택할 수 있다. 특히, 더블 베드룸 2개, 바다를 향해 오픈된 큰 발코니, 스파 욕조까지 있는 패밀리 객실은 남 주기가 아깝다. 숙박료에 식사가 포함된 옵션이 환상적이다. 숙박에 조식, 또는 2식을 포함시킬 수 있다. 비수기에는 2인 기준 2식 포함 100유로 초반에 이용할 수 있다. 밥값으로 숙박비 본전을 뽑는 셈이다. 무료 주차장이 있고, 객실 내 와이파이 사용이 가능하다.

**Data** **지도** 154p-F **가는 법** 치오보섬 다리 건너 왼쪽으로 도보 10분
**주소** Put Gradine 8, 21 **전화** (0)21-685-550 **요금** 싱글룸 99유로~, 더블룸 125유로~ **홈페이지** www.hotel-palace.net

**Tip** 트로기르의 호텔이나 민박은 대부분 작은 건물에서 운영해 객실이 몇 개 안 된다. 성수기에는 미리 예약해야 원하는 곳에 묵을 수 있다는 걸 기억하자. 그래도 구시가지가 작고 버스터미널이 가까워 위치에 구애받지 않고 숙소를 고를 수 있다. 버스터미널 근처, 구시가지, 치오보섬 초입 어디라도 좋다. 렌터카 여행자라면 구시가지 진입 전 본토 쪽에 숙소를 잡는 게 편리하다. 성수기는 트로기르 안쪽으로 차량 정체가 심하다. 겨울은 여행자가 현저히 줄어든다. 여행자 대부분이 지나는 길에 잠시 들러 구시가지만 훑고 가기 때문에 영업을 안 하는 곳도 많다.

여러모로 만족스러운 호텔

## 아파트호텔 벨뷰 Aparthotel Bellevue Trogir

트로기르 구시가지로 진입하기 직전 크로아티아 본토에 위치한 아파트형 호텔이다. 깨끗한 객실과 맛있는 조식, 좋은 위치 등 여러모로 손님을 만족시킨다. 무료 주차장도 있고, 버스터미널과도 가까워 렌터카 여행자나 버스 여행자 모두에게 추천할 수 있다. 2인실 스튜디오부터 패밀리 객실까지 다양한 객실을 보유하고 있다. 위층은 바다와 구시가지가 조망된다. 바로 옆에 슈퍼마켓과 건너편 오픈마켓이 있어 장 보기 편리하다. 전체적으로 가격 대비 만족도가 높다.

**Data** 지도 154p-B
가는 법 콘줌에서 도보 5분
주소 A. Stepinca 42
전화 (0)21-492-000
요금 스튜디오 88유로~, 트리플룸 116유로~
홈페이지 www.bellevue.com.hr

살고 싶은 집, 갖고 싶은 집

## 아파트 트로기르 스타스 Apartments Trogir Stars

이 집에 살면 참 좋겠다는 생각이 드는 숙소다. 트로기르의 좁은 골목 사이에 있어 가정집 같은 느낌이 난다. 멋진 풍경이 보이는 소문난 뷰는 없지만 트로기르의 예쁜 골목이 내려다보이는 테라스가 있다. 숙소를 들락거리다 보면 마치 현지인이 된 것 같은 기분이 든다. 요리하고 싶게 만드는 완벽한 주방과 편하게 쉴 수 있는 거실, 깔끔한 침실은 최고다. 단점은 차량 진입 불가라 인근 유료 주차장을 이용해야 하고 엘리베이터가 없다는 것이다.

**Data** 지도 154p-B
가는 법 남문에서 도보 3분
주소 Gradska 21
전화 (0)91-529-1179
요금 스튜디오 95유로~

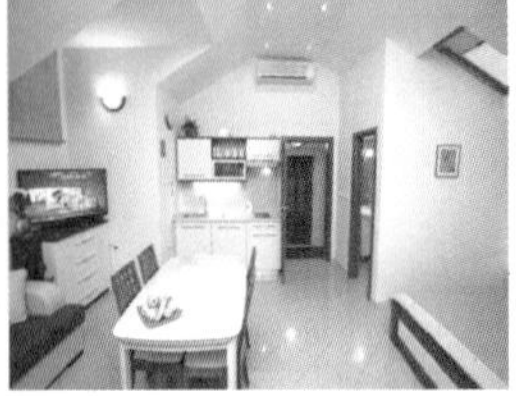

## | 호스텔 |

명당을 차지한 호스텔

### 시티 호스텔 City Hostel

구시가지의 명당 성 로렌스 성당 옆에 있다. 버스터미널에서 10분 거리라 가볍게 도보로 이동이 가능하다. 어메니티는 와이파이와 수건뿐이다. 신용카드는 사용할 수 없다. 조식도 없다. 그래도 위치와 숙박요금을 생각한다면 이것도 감지덕지하다.

**Data** 지도 154p-B
가는 법 남문에서 도보 3분
주소 Gradska Ul. 27
전화 (0)92-305-2005
요금 6인 도미토리 38유로~

요새가 내다보이는 이곳

### 호스텔 마리나 Hostel Marina

최근에 오픈해 깔끔한 호스텔이다. 구시가지에서 도보로 약 10분 거리의 치오보섬에 있다. 창밖으로 바다 건너 요새가 보인다. 버스터미널에서 20분 이상 걸어야 하는 게 부담이다. 조식, 주방, 타월, 와이파이, 시티택스까지 포함되어 있어 트로기르에서 가장 저렴한 숙소라 할 수 있다.

**Data** 지도 154p-E
가는 법 치오보섬 선착장 근처
주소 Put Cumbrijana 16
전화 (0)21-883-075
요금 8인 도미토리 34유로~
홈페이지 www.hostelmarina-trogir.com

**Tip** 트로기르는 다른 지역에 비해 호스텔이 많지 않은 편이다. 대부분의 솔로 여행자들은 잠시 거쳐 갈 뿐 이곳에서 숙박을 안 한다. 그래서 그나마 있는 호스텔도 조용한 편이다. 비수기에는 여행자가 더 적다. 대신 깨끗하고 저렴하게 이용할 수 있다.

Dalmatia By Area

# 03

# 스플리트

## SPLIT

로마 황제가 사랑한 도시. 마음을 흔드는 말이다. 스플리트와 마주하면 이 도시에 대해 품었던 기대가 100% 현실이 된다. 아드리아해의 가장 큰 항구이자 고대 로마 시절부터 이름 높았던 스플리트는 세련되고 젊음이 넘친다. 1,700년이란 세월의 간극을 뛰어넘은 궁전은 백색으로 빛나고, 푸른 바다에 떠 있는 호화 유람선들은 눈이 시리도록 빛난다. 현대와 고대가 놀랍게도 조화를 이루는 이 도시의 과거가 궁금하다. 로마 황제가 살았던 그 시절의 스플리트, 그 시절의 사람들이.

© 크로아티아 관광청_Ante-Verzotti

Split
# PREVIEW

*로마의 유적 도시 하면 관광객을 상대로 먹고 사는 고만고만한 고대 도시를 떠올린다. 하지만 스플리트는 다르다. 크로아티아에서 두 번째로 큰 이 도시는 유적과 시티 라이프, 휴양의 비중이 딱 1/3씩이다. 황제가 살던 궁전은 지금도 현지인들의 삶의 터전이다. 궁전 안의 낭만적인 밤과 궁전 밖의 바다가 펼쳐진 이국적인 풍경, 근교 섬 여행 등 보고 즐길 거리가 넘친다. 유적만 본다면 하루면 된다. 그러나 흐바르나 비스 같은 근교의 섬을 방문하거나 갤러리와 카페, 펍과 클럽 등을 두루 섭렵하려면 일정을 여유 있게 잡는 게 좋다.*

SEE

디오클레티아누스 궁전이 핵심 볼거리다. 지금도 3,000명이 거주하는 이 어마어마한 궁전에는 페리스틸 광장, 성 돔니우스 대성당, 주피터 신전, 지하궁전 등의 볼거리가 있다. 궁전을 둘러싼 동서남북 게이트 주변으로 동상과 광장, 시장 등의 관광지가 있다. 해 질 무렵 스플리트 구시가지가 내려다보이는 마르얀 언덕은 꼭 올라보자.

EAT

구시가지 안쪽은 대부분 여행자를 위한 맛집이다. 반면 구시가지 밖으로 나가면 저렴한 현지인들의 맛집이 있다. 백패커에서 허니무너까지 다양한 여행자가 모이는 곳이라 취향과 예산에 따라 맛집을 고를 수 있다. 와인은 일반 레스토랑에서도 저렴하게 마실 수 있어 와인 마니아들에게는 천국 같은 곳이다. 크로아티아산 와인만 파는 바도 많다. 여행 일정이 길면 주방이 있는 숙소에 묵으며 요리를 해 먹는 것도 방법이다.

BUY

크로아티아 2대 도시라 다른 지역보다 숍도 많고 쇼핑 거리도 많다. 쇼핑 아이템은 달마티아 지역에서 생산된 특산품이 대부분이다. 가까운 흐바르섬에서 온 라벤더 제품과 달마티아에서 생산된 와인과 티를 추천한다. 크로아티아의 해안 도시에서만 볼 수 있는 마린 제품 브랜드 아쿠아Aqua 숍을 자주 볼 수 있다.

SLEEP

대부분의 숙소는 구시가지 쪽으로 밀집해 있다. 호텔보다는 민박, 아파트 종류가 압도적으로 많다. 기차역, 버스터미널, 페리터미널 모두 구시가지 근처에 있어 웬만하면 구시가지에서 가까운 숙소를 얻는 게 좋다. 다만 차가 있다면 구시가지까지 도보 이동이 가능한 위치에 주차장이 있는 숙소가 필수. 여름철과 겨울철 숙박료는 차이가 많이 난다. 여름 성수기에는 예약이 늦을수록 구시가지와 멀어진다는 걸 기억하자.

Split
# GET AROUND

## 어떻게 갈까?

스플리트의 버스터미널과 기차역, 페리터미널은 모두 비슷한 곳에 위치해 있다. 구시가지에서 500~800m 거리로 도보 10~20분 안쪽이다. 어떤 교통편을 이용하더라도 바로 도보 이동이 가능한 거리다. 버스터미널 근처에 유료 짐 보관 서비스를 하는 곳이 여러 곳 있다. 운영시간은 06:00~22:00, 짐 보관료는 1일에 10유로이다.

### 1. 렌터카

스플리트에서 플리트비체 260km(2시간 50분), 자다르 160km(1시간 50분), 두브로브니크 230km(3시간) 거리다. 고속도로는 내륙의 산을 따라 나 있다. 차량이 많지 않고, 멋진 풍경도 종종 나와서 운전하기가 좋다. 주차료는 구시가지 내 유료 주차장은 시간당 1.2유로, 구시가지 외곽은 시간당 0.5~1유로, 1일에 약 10유로 정도이다.

### 2. 버스

스플리트는 대도시라 자다르, 두브로브니크, 자그레브, 리예카, 플리트비체 등 크로아티아 대부분 주요 도시에서 버스가 있다. 주변국인 세르비아, 몬테네그로, 헝가리 등을 오가는 국제 버스도 있다.

**스플리트에서 목적지까지 버스 요금 및 소요시간**

*스플리트↔자다르*

| 목적지 | 운행시간 | 운행 횟수 | 요금 | 소요시간 |
|---|---|---|---|---|
| 자다르 | 첫차 01:00, 막차 22:30 | 1일 20회 이상 | 16~20유로 | 2시간 30분 |
| 스플리트 | 첫차 02:30, 막차 22:45 | | | |

*스플리트↔두브로브니크*

| 목적지 | 운행시간 | 운행 횟수 | 요금 | 소요시간 |
|---|---|---|---|---|
| 두브로브니크 | 첫차 02:30, 막차 20:30 | 1일 10회 이상 | 20~24유로 | 4시간 30분 |
| 스플리트 | 첫차 06:00, 막차 21:00 | | | |

*스플리트↔자그레브*

| 목적지 | 운행시간 | 운행 횟수 | 요금 | 소요시간 |
|---|---|---|---|---|
| 스플리트 | 첫차 06:00, 막차 23:55 | 1일 25회 이상 | 19~24유로 | 4시간 30분~7시간(노선에 따라 상이) |
| 자그레브 | 첫차 01:00, 막차 24:00 | | | |

**Data 버스 안내 사이트** www.buscroatia.com, www.vollo.net

### 3. 기차

크로아티아는 여행지를 연결하는 버스 노선이 아주 잘되어 있다. 반면 기차 노선은 적은 편이라 이용자가 많지 않다. 단, 자그레브-스플리트 구간은 야간열차를 이용하는 것도 현명한 방법이다. 자그레브나 스플리트에서 밤에 출발하는 기차를 이용하면 목적지에 아침에 도착한다. 기차역은 구시가지에서 약 500m로 버스터미널 가기 직전에 있다.

**자그레브-스플리트 야간열차 요금 및 운행시간**

*스플리트↔자그레브*

| 목적지 | 출발시간(도착시간) | 요금 |
|---|---|---|
| 자그레브 | 08:27(14:30), 14:35(20:50), 21:44(05:47) | 16~22유로 |
| 스플리트 | 07:35(13:37), 15:21(21:20), 23:05(06:48) | |

※운행시간은 시즌마다 조금씩 변동이 있으니 타임테이블을 확인할 것.

**Data 기차 안내 사이트** www.raileurope-asean.com, www.raileurope.com

### 4. 페리

스플리트는 아드리아해 최고의 항구답게 크로아티아의 주요 도시를 오가는 페리 노선이 잘 갖춰져 있다. 또 인근에 있는 흐바르, 비스, 코르출라, 믈레트 같은 섬을 연결하는 페리도 있다. 국제선은 이탈리아 안코나Ancona와 스플리트를 잇는 페리가 운항된다. 페리는 성수기와 비수기에 따라 가격과 운항 횟수가 달라진다. 페리 운항 정보는 212p 스플리트 근교 섬 여행 참조.

### 5. 항공

유럽인들에게 여름 휴양지로 인기 좋은 스플리트는 국내선은 물론 로마, 뮌헨, 비엔나, 코펜하겐, 런던, 파리 등 유럽 주요 도시로의 직항이 들어오고 있다.

**Data 스플리트 운항 항공사**
**크로아티아 에어라인** www.croatiaairlines.com
**유로윙스** www.eurowings.com
**루프트한자** www.lufthansa.com

## 공항에서 구시가지 들어가기

공항은 구시가지와 약 25km 떨어져 있다. 자동차로 30분 거리다. 스플리트 공항에서 구시가지로 들어가는 방법은 공항버스와 37번 일반 버스, 그리고 택시가 있다. 일반 버스는 버스 요금이 2유로로 공항버스보다 저렴하다. 하지만 정류장이 구시가지에서 약 1km 떨어진 곳에 있다. 구시가지로 가려면 걸어가거나 버스를 다시 갈아타야 하는 번거로움이 있다. 짐이 많은 여행자는 공항버스를 이용하는 게 좋다.

### ■ 공항버스

공항버스는 비수기와 성수기에 따라 운행 횟수가 다르다. 비수기에는 보통 비행기 도착 시간에 맞춰 운행한다. 성수기(4~10월)에는 조금 더 자주 운행한다. 성수기 기준 공항 출발 첫차 07:00, 막차 21:00, 스플리트 출발 첫차 05:30, 막차 18:10이며, 배차 간격은 1~2시간이다. 요금은 8유로. 구시가지까지 소요시간은 40분. 스플리트 버스터미널에 정차한다.

**Data 공항버스** www.buscroatia.com

### ■ 택시

일반 택시는 기본요금 2유로부터 시작해서 1km에 1유로씩 올라간다. 공항에서 스플리트 구시가지까지는 약 33유로 정도 나온다. 단, 택시를 탈 때는 미리 요금을 묻고 탑승할 것! 자칫 바가지요금 폭탄을 맞을 수도 있다. 우버를 이용하는 것도 좋은 방법! 일반 택시 요금보다 약 20%정도 저렴하다.

**Data 스플리트 예약제 택시**
**전화** (0)21-1777 **홈페이지** www.radio-taxi-split.hr

### 1. 버스

스플리트 시내에는 약 20개의 버스 노선이 있다. 이 가운데 여행자들이 자주 이용하는 노선은 몇 가지로 정해져 있다. 대부분 갤러리나 해변으로 갈 때 이용하는 버스다. 가장 많이 이용하는 버스는 12, 7, 8번이다. 요금은 목적지에 따라 1회 1유로~2유로다. 1일권은 4유로, 3일권은 10유로이다. 티켓은 운전기사에게 구입이 가능하지만 두 배 더 비싸다. 정류장에 있는 티삭이나 매표소에서 탑승 전 미리 구입할 것. 탑승 후 기사님 뒤편 개찰구에 티켓을 넣으면 60~90분간 환승이 가능하다.

*** 스플리트 카드** Split Card

박물관과 갤러리에 관심이 많다면 무료 스플리트 카드를 활용하자. 4월~10월은 5박, 11월~3월은 2박 이상 스플리트의 숙소를 이용한 예약증만 있으면 카드를 받을 수 있다. 72시간 유효한 스플리트 카드가 있으면 여러 갤러리와 박물관을 무료 혹은 50% 할인받을 수 있다. 무료 입장 가능한 갤러리는 시립박물관, 민속학박물관, 역사박물관이다. 50% 할인 갤러리는 고고학 박물관, 메슈트로비치 갤러리, 해양박물관 등이다. 그 외 다양한 곳에서 할인이 적용된다. 홈페이지에서 확인이 가능하다. 카드를 받을 수 있는 곳은 TIC Peristil, TIC Riva, TIC Stobrec 세 곳의 투어리즘 센터다.

**Data 인포메이션 센터**

**주소** Obaia hrvatskog narodnog preporoda 9 **홈페이지** www.visitsplit.com

**Tip** ***스플리트 일일 자전거 투어***

혼자 하는 여행이 지루하거나 외국인 친구들과 어울리고 싶다면 자전거 당일 투어에 나서보자. 자전거만 대여 가능하지만, 사람들과 어울려 스플리트의 해안도로를 돌아보는 투어도 있다. 시내는 사람이 많고 복잡해서 보통 서쪽 해안을 한 바퀴 돌아보는 코스를 가이드가 함께 한다. 짧게는 2시간부터 하루 코스까지 체력에 맞게 선택할 수 있다. 스플리트 거리에서 투어 부스를 볼 수 있다.

**Data 겟 유어 가이드**Get Your Guide

**요금** 3시간 가이트 투어 40유로

**홈페이지** www.getyourguide.com/split-l268/bike-tours-tc7

## Split
# ONE FINE DAY

*궁전을 시작으로 갤러리와 마르얀 언덕까지 하루를 꽉 채우는 일정으로 여행을 하자.*
*그 외의 날엔 한적하게 휴양을 하거나 근교 섬으로 당일 투어를 다녀오는 것도 좋다.*

리바 거리

도보 5분 →

디오클레티아누스 궁전 남문

도보 2분 →

지하 궁전

도보 3분 ↓

페리스틸 광장

← 도보 3분

주피터 신전

← 도보 3분

성 돔니우스 대성당과 종탑

도보 1분 ↓

황제 알현실

도보 3분 →

동문

도보 1분 →

쇼핑 거리

도보 5분 ↓

북문

← 도보 1분

닌의 그레고리 동상

← 도보 5분

서문

도보 2분

나로드니 광장

도보 5분

마르몬토바 거리

도보 15분

마르얀 언덕

스플리트
Split
0
200m
N
주유소
Kaštelanska Ul.
고고학박물관
Arheološki muzej
Prilaz Vladimira Nazora
Zrinsko Frankopanska Ul.
Ante Starčevića Ul.
Lovretska Ul.
스플리트 아파트 페릭
Split Apartments Peric
Domovinskog Rata Ul.
공항 방면
Mažuranićevo šetalište
Vukovarska Ul.
스타리 플라츠
Stari Plac
국립극장
Croatian National Theatre
헤리티지 호텔 페르마이 스플리트 엠갤러리
Heritage Hotel Fermai Split MGallery
아파트먼트 코르타
Apartments Korta
수마 마리안 공원
Park Šuma Marjan
Marjanski Tunel
궁전 북문
마르몬토바 거리
Marmontova Ul.
스위트&칩
Sweet & Cheap
딥 셰이드
Deep Shade
구시가지 177p
궁전 서문
마르얀 언덕 전망대
Marjan
공원 산책길
뷔페 피페
Buffet Fife
버스정류장
궁전 동문
호스텔 스플리트
Hostel Split
호스텔 스플리트 백패커스
Hostel Split Backpackers
자전거 하이킹 도로–
카스유니 비치 가는 길
성 니콜라스 성당
Crkva sv. Nikole
마르얀 언덕 오르는 계단
리바 거리
Riva
궁전 남문
택시스탠드
페리 매표소
쿠즈마 룸즈
Kuzma Rooms
호텔 룩스
Hotel Luxe
Kralja Zvonimira Ul.
버스정류장
Dražanac Ul.
주유소
비스트로 톡
Bistro Toc
Pojišanska Ul.
Ul. Frana Supila
기차역
이반 메슈트로비치 갤러리
Galerija Meštrović
Put Meja
페리터미널
빌라 시모니
Villa simoni
Šetalište Ivana Meštrovića
고고학 기념비 박물관
Museum of Croatian
Archeological Monuments
Dražanac Ul.
Obalakneza Branimira
버스터미널
무료 주차장
예치낙 비치
Uvala Ježinac
호텔 파크
Hotel Park
즈본차츠 비치
Uvala Zvončac
바츠비체 비치
Uvala Bačvice
카페
자드란 호텔
Jadran Hotel
안코나–스플리트

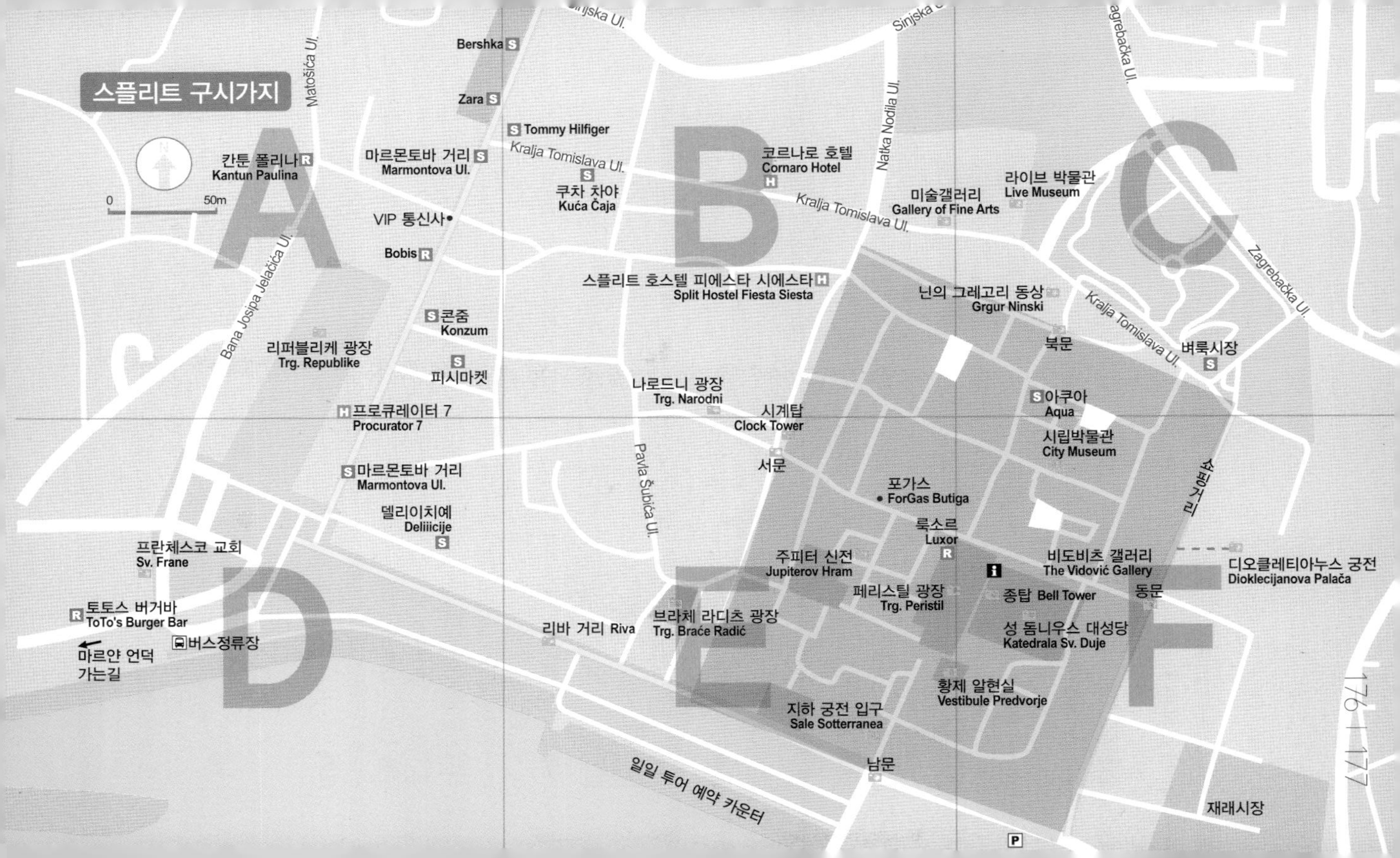

스플리트 구시가지
0
50m
칸툰 폴리나 Kantun Paulina
마르몬토바 거리 Marmontova Ul.
Bershka
Zara
Tommy Hilfiger
Kralja Tomislava Ul.
쿠차 차야 Kuća Čaja
VIP 통신사
Bobis
코르나로 호텔 Cornaro Hotel
Natka Nodila Ul.
미술갤러리 Gallery of Fine Arts
라이브 박물관 Live Museum
Zagrebačka Ul.
Matošića Ul.
Bana Josipa Jelačića Ul.
리퍼블리케 광장 Trg. Republike
콘줌 Konzum
피시마켓
스플리트 호스텔 피에스타 시에스타 Split Hostel Fiesta Siesta
닌의 그레고리 동상 Grgur Ninski
북문
벼룩시장
나로드니 광장 Trg. Narodni
시계탑 Clock Tower
프로큐레이터 7 Procurator 7
아쿠아 Aqua
시립박물관 City Museum
마르몬토바 거리 Marmontova Ul.
서문
Pavla Šubića Ul.
포가스 ForGas Butiga
쇼핑거리
델리이치예 Deliiicije
룩소르 Luxor
프란체스코 교회 Sv. Frane
주피터 신전 Jupiterov Hram
비도비츠 갤러리 The Vidović Gallery
디오클레티아누스 궁전 Dioklecijanova Palača
페리스틸 광장 Trg. Peristil
종탑 Bell Tower
동문
토토스 버거바 ToTo's Burger Bar
버스정류장
마르얀 언덕 가는길
리바 거리 Riva
브라체 라디츠 광장 Trg. Braće Radić
성 돔니우스 대성당 Katedrala Sv. Duje
황제 알현실 Vestibule Predvorje
지하 궁전 입구 Sale Sotterranea
남문
일일 투어 예약 카운터
재래시장

## | 구시가지 |

스플리트의 뛰는 심장

### 디오클레티아누스 궁전 Diocletian's Palace / Dioklecijanova Palača

스플리트 최대 규모의 로마 유적지. 오늘날 남아 있는 고대 로마의 궁전 중 가장 잘 보존되어 있다. 이 궁전은 로마 황제 디오클레티아누스Diocletian가 은퇴 후 거처로 사용하기 위해 건축했는데, 10년 만에 완공되었다. 스플리트에서 5km 떨어진 살로나Salona 출신이었던 황제는 아드리아해가 펼쳐지고 달마티아에서 일조량이 가장 많은 스플리트에 궁전을 지은 후, 이곳에서 생을 마감했다. 가로 190m, 세로 160m, 성곽 높이는 25m에 달하며, 이탈리아와 그리스에서 가져온 대리석으로 내부를 꾸미고 이집트에서 가져온 스핑크스로 궁전의 기둥을 장식했다. 1979년 유네스코 세계문화유산으로 지정되었으며, 이 초호화 궁전 덕분에 스플리트는 세계적인 관광도시가 되었다.

**Data** **지도** 177p-B, C, E, F **가는 법** 리바 거리 앞의 구시가지 전체 **주소** Kraj Svetog Duje Ul. 5
**전화** (0)21 342 589

**Tip** 디오클레티아누스 궁전의 유적지는 통합 티켓을 구매해 관람할 수 있다. 티켓의 종류는 블루 7유로 3곳, 그린 10유로 3곳, 레드 8유로 4곳, 퍼플 11유로 5곳 4가지이다. 대성당, 주피터 신전, 납골당, 성당 보물관 지하, 종탑 중 3~5곳을 돌아볼 수 있는 티켓이다. 가장 인기가 많은 것은 성당, 종탑, 성당 보물관 입장이 가능한 그린 티켓이다. 티켓은 대성당 티켓부스에서 구입할 수 있다.

**Tip** ***3,000명의 시민이 사는 궁전***

처음 궁전을 보게 되면 '이게 궁전이었어?'라는 반응을 보인다. 길게 뻗은 해안도로, 리바 거리를 따라 난 담장 자체가 궁전이다. 건립 당시 궁전 안에 8,000명 이상이 거주했다고 하니 그 웅장한 규모를 짐작할 수 있다. 디오클레티아누스 궁전이 1,700여 년의 세월 동안 험난한 역사를 거치면서도 본래의 모습을 간직하고 있는 것은 거의 기적에 가까운 일이다. 2차 세계대전 당시 동유럽의 중세도시는 여러 유적이 파괴되는 고통을 겪었는데, 스플리트만큼은 그 역경을 비껴갔다. 이 궁전이 더욱 특별한 것은 황제는 없지만 지금도 3,000명의 시민들이 궁전 안에 여전히 거주하고 있다는 것이다. 그 시절의 화려함은 없어졌지만 여전히 시민들의 삶의 터전으로서 기능하고 있다.

궁전을 대표하는 유적지

## 성 돔니우스 대성당 Cathedral of St. Domnius / Katedrala Sv. Duje

디오클레티아누스 궁전의 대표적인 유적지다. 대성당과 종탑은 스플리트를 상징하는 랜드마크다. 이곳은 디오클레티아누스 황제의 묘가 있던 곳을 653년 대성당으로 탈바꿈시켰다. 지금은 원형을 잘 보존하면서 여전히 성당 역할을 하는 세계에서 가장 오래된 가톨릭 대성당이다. 이 성당은 반전의 역사가 숨겨져 있다. 절대 권력을 가졌던 디오클레티아누스 황제는 로마의 신을 섬겼다. 그는 황제 자리에 있는 동안 그리스도교를 박해하고 3,000명이 넘는 사람들을 순교시켰다.
그 순교자 중 한 명이 황제의 고향 살로나의 주교였던 성 돔니우스였다. 훗날 그리스도 교인들은 그리스도 박해자였던 황제의 묘가 있던 자리에 성당을 지어 성 돔니우스라는 이름을 붙임으로써 황제에게 복수했다. 황제의 석관은 지금껏 행방이 묘연한 상태이다.
성 돔니우스 대성당은 전통적인 로마네스크 양식으로 꾸며져 있다. 예수의 삶과 행적을 그려놓은 작품과 금빛으로 화려하게 장식된 제단은 대성당을 더욱 성스러운 기운이 돌게 한다. 고대 그리스 건축 양식인 코린트 양식도 볼 수 있는데, 원형으로 배치된 팔각형 모양의 24개 대리석 기둥, 그리고 기둥 끝에 섬세하고 화려한 조각을 넣는 방식이다. 천장 돔에는 돔을 따라 띠처럼 둘러진 황제와 그의 아내 프리스차의 모습이 형상화되어 있으니 놓치지 말자.

Data 지도 177p-F

Tip 디오클레티아누스 황제는 자신의 궁전을 설계하며 제국 각지에서 많은 보물을 스플리트로 들여왔다. 이 가운데 많은 것들이 아쉽게도 역사 속으로 사라졌지만 이집트에서 가져온 3개의 스핑크스는 아직 남아 있다. 하나는 성 돔니우스 대성당 앞에 있고, 주피터 신전 앞에는 머리가 잘려 나간 스핑크스가 있다. 나머지 하나는 시 박물관에 전시되어 있다.

섬세하고 화려하게 조각된 코린트 양식

베네치아 공국이 지배한 지역마다 세워둔 사자상

3,500년 된 이집트 스핑크스

황제와 부인의 모습을 형상화한 프리즈 양식의 장식

|Theme|

## 스플리트 여행의 꽃, 종탑

성 돔니우스 대성당과 함께 있는 종탑은 스플리트 여행의 꽃이다. 1100년에 로마네스크 양식으로 제작된 이 종탑은 오랜 역사만큼 보수공사도 여러 차례 이루어졌다. 1908년 대대적인 보수공사와 함께 관광객에게 오픈되었다. 지금은 종탑의 기능을 하지 못한다. 종탑의 높이는 60m. 좁고 가파른 계단을 따라 올라가면 숨이 턱까지 차오를 때쯤 꼭대기에 도착한다. 꼭대기에서 내려다보면 숨이 막히게 아름다운 장관이 펼쳐진다. 빨간 지붕의 집들과 어우러진 아드리아해가 펼쳐지고, 바다에서 불어오는 상쾌한 바람이 느껴진다. 스플리트 여행 최고의 명장면이라 칭할 만하다. 스플리트 카드 소지자는 무료로 입장할 수 있다.

**Data** **지도** 177p-F
**가는 법** 궁전 중앙 페리스틸 광장에 위치
**주소** Kraj Svetog Duje Ul. 5
**전화** (0)21-342-589
**운영시간** 6~9월 월~토 08:00~19:00, 일 12:30~18:30 (비수기는 오후에 닫음)

스플리트 여행의 진한 추억

## 페리스틸 광장 Trg. Peristil

성 돔니우스 대성당 앞 메인 광장으로 궁전의 안뜰이다. 동서남북에 있는 궁전의 모든 문으로 향하는 길이 연결되어 있어 길의 출발점이기도 하다. 동서로 뻗은 대로를 기준으로 해안가에 자리한 광장 남쪽은 황제의 거처로 사용되었다. 북쪽은 성 수비대와 노예의 거처로 사용되었다. 페리스틸 광장은 모든 여행자들이 한 번은 지난다. 대로보다 조금 낮게 조성된 광장은 서너 칸의 계단으로 빙 둘러져 있다. 스플리트 여행자는 거의 대부분 이 광장 계단에 앉았다 간다. 광장은 궁전 중앙에 위치해 오가다 쉬기 좋다. 또 궁전 양쪽 건물들이 그늘을 만들어준다. 여름밤이면 매일 우아한 공연이 펼쳐진다. 딱히 하는 일 없이 광장 계단에 앉아만 있어도 추억이 되는 곳이다.

Data 지도 177p-E

**Tip** *어디로 가볼까? 동서남북 게이트*

디오클레티아누스 궁전은 성을 둘러싸고 동서남북 사방에 문이 하나씩 있다. 재미있는 것은 각 문에 금속의 이름을 붙여놓았다는 것이다. 동문은 은문Silver Gate, 서문은 철문Iron Gate, 남문은 동문Bronze Gate, 북문은 금문Gold Gate이다. 모든 문은 궁전의 중심에 있는 페리스틸 광장과 통한다. 이중 가작 작고 단순한 모양인 남문으로 나가면 바로 해안도로가 펼쳐진다. 남문은 적의 침입에 대비해 문을 작고 눈에 띄지 않게 만들었다고 한다. 황제가 바다로 오갈 때 쓰던 개인 문이었던 것으로 추측하고 있다.

황제의 은밀한 공간

## 지하 궁전 Underground of Diocletian's Palace / Sale Sotterranea

디오클레티아누스 궁전 남문으로 들어서면 거대한 지하 궁전이 나온다. 이곳은 당시 황제의 물건과 궁전에서 쓰이는 물품을 보관하던 곳이다. 또 평소 신변의 위협을 걱정하던 디오클레티아누스 황제가 비밀리에 묵어가던 곳이기도 하다. 중세 시대에는 와인과 올리브 오일을 제조하거나 곡식을 저장하던 창고로도 쓰였다. 지하 궁전은 디오클레티아누스 궁전의 유적지 가운데 입장료가 가장 비싸다. 건축 당시의 원형을 그대로 간직하고 있는 데다 황제의 비밀스러운 공간을 엿보는 재미가 더해진 까닭이다. 한여름에는 서늘해 더위를 피하기도 좋다. 지하 궁전에서 페리스틸 광장으로 연결되는 통로에는 많은 기념품 가게가 들어서 있다. 상인은 모두 궁전 안에 사는 현지인들이다. 밀려드는 관광객 등쌀로 고통(?)받는 주민들을 위한 보상으로 정부가 궁전의 안과 밖에서 가게를 열도록 허락했다고 한다.

**Data** **지도** 177p-E **가는 법** 디오클레티아누스 궁전 남문 안쪽
**운영시간** 6~9월 09:00~21:00, 10~3월 09:00~18:00, 4~5월 09:00~20:00

작은 아카펠라 공연장
## 황제 알현실 Vestibule Predvorje

페리스틸 광장 남쪽 계단을 오르면 알현실을 지나 황제의 거처로 이어진다. 알현실은 황제 거처에 들어가기 전 신하나 귀족들이 황제를 기다리던 일종의 대기실의 역할을 하던 곳이다. 지금은 울림이 좋은 이 공간에서 클라파Klapa라는 멋진 공연을 볼 수 있다. 클라파는 남성 멤버로만 이루어진 크로아티아의 전통 아카펠라 공연을 뜻한다. 클라파는 2012년 유네스코 무형유산으로 등재되었다. 아쉽게도 황제의 거처는 중세 시대에 파괴되어 흔적만 남아 있다.

**Data** **지도** 177p-E **가는 법** 페리스틸 광장 남쪽 계단 위

종교에 따라 부침을 거듭한
## 주피터 신전 Temple of Jupiter / Jupiterov Hram

그리스 신 중 최고의 신인 제우스는 로마에서 주피터라는 이름으로 변모했다. 당시 로마에서 주피터는 국가 수호신이자 황제를 보호하는 수호신의 의미를 지녔다. 신전에 관심이 많았던 디오클레티아누스 황제는 궁전 안에 3개의 신전을 세웠는데, 그중 남은 하나가 주피터 신전이다. 하지만 이 지역에 기독교가 공인된 후 신전은 큰 수모를 당한다. 주피터 신전 앞에 있는 스핑크스는 우상숭배를 반대하는 기독교인들에 의해 목이 잘려 나갔다. 신전도 세례당으로 변모했다. 한동안 방치되어 오던 신전은 최근 복원되었는데, 내부에는 세례반과 성 세례 요한 상만 덩그러니 있다.

**Data** **지도** 177p-E **가는 법** 페리스틸 광장에서 서쪽으로 도보 2분 **운영시간** 6~9월 월~토 08:00~19:00, 일 12:30~18:30(비수기는 오후에 닫음) **요금** 1.4유로

|Theme|

## 스플리트 박물관 베스트 4

*스플리트는 고대 로마의 유적지답게 다양한 박물관이 있다. 이 가운데 몇 곳은 일부러 꼭 찾아가야 한다. 크로아티아가 낳은 세계적인 예술가 이반 메슈트로비치, 엠마누엘 비도비츠의 삶과 예술을 알 수 있는 갤러리 2곳, 로마 제국의 화려한 유산을 볼 수 있는 고고학박물관, 달마티아 지방의 풍습을 알 수 있는 민속박물관을 추천한다.*

### 이반 메슈트로비치 갤러리 The Mestrovic Gallery / Galerija Meštrović

크로아티아인들이 자랑하는 세계적인 조각가 이반 메슈트로비치. 크로아티아인들은 그를 '20세기의 미켈란젤로'라 부른다. 메슈트로비치는 1883년 브를폴리예에서 태어나 자그레브와 스플리트에서 작품 활동을 하며 국제적인 명성을 얻었다. 그러나 2차 세계대전이 발발하면서 히틀러의 나치즘에 반대하다 꿈을 이루지 못하고 미국으로 망명한다. 그의 작품은 크로아티아뿐만 아니라 발칸 반도의 많은 곳에 있다. 스플리트에서도 그의 작품을 구시가지 곳곳에서 볼 수 있다. 갤러리는 여름별장 겸 노후 거주지로 손수 건축한 집을 개조해 만들었다. 갤러리에서는 그의 후손이 기증한 192점의 조각품과 583점의 스케치를 감상할 수 있다. 작품 외에 그의 손때 묻은 작업장까지 돌아보며, 당대 최고 예술가의 혼을 느낄 수 있는 공간이다. 갤러리 입장료에는 이반 메슈트로비치가 조각한 벽 패널이 있는 성당 입장료도 포함되어 있다. 성당으로 가는 길은 해변을 끼고 있어 산책 삼아 걷기 좋다. 스플리트 카드 소지자는 50% 할인.

**Data** 지도 176p-D
**가는 법** 구시가지에서 서쪽으로 약 1.5km 거리. 도보 혹은 버스(12, 7, 8번)로 이동
**주소** Šetalište Ivana Meštrovića 46 **전화** (0)21-340-800 **운영시간** 화~일 09:00~19:00(월요일과 공휴일 휴무) **요금** 성인 12유로, 학생 8유로 **홈페이지** www.mestrovic.hr

## 고고학박물관 Archaeological Museum / Arheološki Muzej

크로아티아에서 가장 오래된 박물관으로 1820년 개관했다. 초기에는 궁전 동쪽에 있었지만 기증품이 늘면서 지금의 위치로 옮겨왔다. 선사시대부터 로마, 초기 기독교로 개종한 중세에 이르기까지 다양한 역사 및 종교의 전시품이 있다. 그중에서도 로마 제국 유적지에서 발굴된 유물이 가장 많다. 로마의 고대 도시이자 디오클레티아누스 황제의 고향이었던 살로나의 화려했던 시절의 흔적을 확인할 수 있다. 스플리트 카드 소지자 50% 할인.

**Data** **지도** 176p-B **가는 법** 구시가지에서 북쪽으로 도보 10분
**주소** Frankopanska 25 **전화** (0)21-329-340 **운영시간** 09:00~14:00, 16:00~20:00(10월~5월 토요일 09:00~14:00, 일요일 휴무)
**요금** 성인 5유로, 학생 2.5유로 **홈페이지** www.mdc.hr

## 비도비츠 갤러리 The Vidović Gallery

그래픽 아티스트이자 화가였던 엠마누엘 비도비츠E. Vidović(1870~1953)의 갤러리이다. 비도비츠는 크로아티아 태생의 작가로 유럽 현대 미술의 거장이라 불린다. 초기 작품은 남슬라브족의 역사와 전설을 포함한 아르누보 스타일이었다. 그 후 밝은 색채의 표현주의 스타일로 변해갔다. 그의 작품은 특히 스플리트와 트로기르의 비평가들과 대중에게 사랑을 받았다. 갤러리는 3층으로 된 작은 공간으로 조명이 어두운 편. 스플리트 카드 소지자 무료입장.

**Data** **지도** 177p-F **가는 법** 궁전 서문 안쪽
**주소** Poljana kraljice jelene
**전화** (0)21-360-155
**운영시간** 화~금 09:00~16:00, 토 · 일 10:00~13:00 **요금** 성인 1.3유로, 학생 0.7유로
**홈페이지** www.galerija-vidovic.com

## 민속박물관 Ethnographic Museum / Etnografski Muzej

디오클레티아누스 황제의 침실이 있던 자리에 만든 박물관이라 입장하는 것만으로도 의미가 깊다. 민속박물관에는 인근 섬과 달마티아 지방에 살던 사람들의 삶과 풍습을 전시하고 있다. 그들이 입었던 옷, 무기, 전통 공예품과 가구 등이 주된 전시품이다. 박물관 관람 후 궁전이 내려다보이는 옥상에 꼭 올라보자. 디오클레티아누스 궁전을 색다른 시각에서 볼 수 있다. 황제 알현실도 위에서 내려다볼 수 있다. 스플리트 카드 소지자 무료입장.

**Data** **지도** 177p-E **가는 법** 황제 알현실 안쪽
**주소** Iza Vestibula 4 **전화** (0)21-344-164
**운영시간** 6~9월 월~토 09:30~19:00 일 09:30~13:00, 10~5월 월~금 10:00~15:00 토 09:30~13:00(일 휴무) **요금** 성인 2유로, 학생 15유로
**홈페이지** www.etnografski-muzej-split.hr

작은 광장의 큰 존재감

## 브라체 라디츠 광장 Trg. Braće Radić

15세기까지 베네치아 주둔군의 요새로 쓰이던 곳이다. 지금은 기념품을 파는 작은 숍과 바가 모여 있다. 이곳에 세워진 동상은 크로아티아가 낳은 세계적인 조각가 이반 메슈트로비치의 작품이다. 동상의 주인공은 크로아티아 국민시인 마르코 마룰리츠Marko Marulić다. 마룰리츠는 성서에서 위기에 처한 이스라엘을 구한 영웅 유디트를 소재로 삼은 〈유디타Judita〉라는 작품으로 크로아티아인들에게 희망의 메시지를 전해 국민작가로 이름을 날렸다. 작은 광장이지만 유명 시인과 유명 조각가의 만남으로 그냥 지나칠 수 없는 의미 있는 공간이 되었다.

**Data** 지도 177p-E 가는 법 궁전의 서쪽

## | 구시가지 외부 |

스플리트의 가장 사랑스러운 모습

### 마르얀 언덕 Marjan

구시가지가 내려다보이는 서쪽 해안에 위치한 언덕이다. 약 178m 높이에 불과한 완만한 언덕이지만 오르고 나면 뜻밖의 스플리트가 펼쳐진다. 특히 해 질 무렵 석양에 붉게 물들어가는 스플리트는 그림처럼 아름답다. 사진을 찍을 때 시야를 가로막는 키 큰 나무가 참 얄궂지만, 여행자라면 백이면 백 모두 들러 가는 스플리트 여행의 필수 코스다. 스플리트 시민들의 피크닉 장소로도 인기가 높다. 마르얀 언덕도 디오클레티아누스 황제와 뗄 수 없는 곳이다. 이 언덕은 당시 궁전 안에 살던 8,000명의 사람들이 휴식할 수 있도록 공원으로 조성되었다. 그 후 13세기 작은 규모의 성 니콜라스 성당이 세워지면서 공원 모습이 다듬어졌다. 초기 바위로만 이뤄졌던 언덕은 1852년부터 시작된 소나무 조림사업으로 지금과 같은 초록의 숲이 됐다. 언덕 안쪽으로는 산 정상으로 가는 산책길이 있는데, 시내와는 다른 고요하고 평화로운 시간을 가질 수 있다. 리바 거리 끝에서 해안도로를 따라 조금 더 직진하면 우측으로 마르얀 언덕 표지판을 볼 수 있다. 이곳으로 올라가 주택가 골목으로 내려오는 코스를 추천한다. 전망대 옆 카페도 좋고, 내려오는 길 곳곳에 조용하고 맛있는 레스토랑이 많다.

**Data** **지도** 177p-D **가는 법** 리바 거리 서쪽 끝에서 도보 15분

|Theme|

## 스플리트의 해변

스플리트의 구시가지에는 해변이 없다. 마르얀 언덕에서 페리터미널까지 보이는 바다가 모두 항구라서 휴양지 느낌보다는 도시의 느낌이 강하다. 구시가지를 벗어나야 휴양과 수영을 할 수 있는 해변이 나온다. 차가 있다면 서쪽 공원 해안도로를 따라가다가 마땅한 곳에 자리를 잡으면 된다. 바다는 어디나 다 좋다. 차가 없다면 자전거나 버스를 이용하는 방법도 있다. 가장 가까우면서 쉬기 좋은 곳은 리바 거리에서 서쪽으로 약 1.5km 떨어진 이반 메슈트로비치 갤러리가 있는 곳이다. 구시가지에서 도보로 약 30분 거리라 걸어서도 이동이 가능하다. 해변 이름은 예치낙 비치Jezinac Beach. 성수기에도 사람이 적고, 바다가 다른 곳에 비해 깊지 않아 수영을 즐기기도 좋다. 예치낙 비치를 지나 차로 5분 정도 더 가면 카스유니Kasjuni 해변이 나온다. 예치낙보다 멀지만 더 인기 있는 해변이다. 휴양객과 비치 바가 더 많고, 파라솔도 대여한다. 크로아티아의 바다가 다 그렇듯이 햇살을 피할 곳이 없고, 해변에 모래가 아닌 작은 자갈이 깔려 있어 걷기 불편하다. 햇빛이 싫다면 양산과 선크림은 필수. 아쿠아 슈즈가 있으면 좋다.

**Data** 가는 법 구시가지에서 이반 메슈트로비치 갤러리를 지나 좌측. 버스는 12번, 7번, 8번 이용

Corona Extra
Corona Extra

소원을 들어주는 그레고리 동상

## 닌의 그레고리 Gregory of Nin / Grgur Ninski

북문 밖, 베네딕트 수도원 첨탑과 나란히 서 있는 동상이다. 동상의 주인공 그레고리는 10세기 경 크로아티아 닌의 주교로, 로마 교황에게 일반 시민들이 알아듣지 못하는 라틴어 대신 크로아티아어로 예배할 수 있게 해달라고 요청했던 사람이다. 이 동상도 이반 메슈트로비치의 작품이다. 8.3m 높이의 살아 움직일 것처럼 역동적인 모습의 동상도 멋지지만 이 동상이 사랑받는 이유는 따로 있다. 바로 엄지발가락을 만지면 소원을 들어준다는 전설 때문이다. 그동안 얼마나 많은 사람들이 소원을 빌고 갔는지 발가락이 반질반질 윤이 난다. 지금도 성수기에는 줄을 서야 만질 수 있다. 스플리트에 갈 마음이면 소원도 같이 준비하자.

**Data** 지도 177p-C 가는 법 북문 밖

스플리트 시민들의 만남의 장소

## 나로드니 광장 National Square / Trg. Narodni

궁전의 서문을 빠져나오면 바로 만나는 구시가지의 중심이 되는 광장이다. 나로드니는 '사람'이라는 뜻. 스플리트 시민들에게는 만남의 장소다. 로마 제국의 흔적이 가득한 스플리트이지만, 이 광장은 13세기 베네치아 공국의 영향력이 뻗치던 시절에 조성됐다. 그 시절 도시가 확장되며 지어진 건축물들이 이 광장에 들어섰다. 지금은 다양한 전시회가 열리는 스플리트의 옛 시청사와 작은 상점들, 레스토랑, 바가 줄지어 자리했다.

**Data** 지도 177p-B 가는 법 서문 밖

재료의 신선함을 그대로 식탁에 담는 곳

## 비스트로 톡 Bistro Toc

멕시칸 음식점이라고 알려져 있지만 바비큐와 시푸드, 이탈리안 음식까지 여행자들이 즐겨 먹는 메뉴를 모두 섭렵하고 있다. 레스토랑 내부가 좁아 골목과 노천카페도 이용하는데, 밖에서 보이는 분위기부터 따듯하고, 편안하다. 서버들은 분위기 이상으로 친절하다. 메인 관광지에 있는 레스토랑에 비해 사람은 적지만 식사 요금이 저렴한 편이다. 트립어드바이저에 항상 순위권 안에 들어가 있는 가성비 맛집. 재료는 대부분 유기농을 사용해 재료 본연의 맛을 한껏 살린다. 식사 메뉴로 가장 인기 있는 요리는 해산물을 넣은 파스타와 리소토. 해산물 리소토는 신선한 해산물을 양껏 넣어주는데, 해산물 맛을 잘 살려 고슬고슬 끓여 나오는 것이 다른 어떤 곳과도 비교할 수 없는 맛이다. 버섯을 가득 올려서 내오는 스테이크도 맛이 좋은 편. 맥주와 함께 가볍게 즐기는 스낵은 나초와 부리토가 좋다.

**Data** **지도** 176p-F **가는 법** 코노바 루카츠 바로 안쪽 **주소** Šegvića Ul. 1 **전화** (0)21-488-409
**운영시간** 08:00~23:30 **가격** 멕시칸 음식 11유로~, 해산물 리소토 13유로~, 음료 3유로~
**홈페이지** www.bistrotoc.com

사랑을 홀짝거리는 시간

## 딥 셰이드 Deep Shade

딥 셰이드는 일반 주택의 담장 옆에 자리한 레스토랑이다. 어두운 조명 아래 빨간 식탁보가 깔려 있어 왠지 사랑스럽다. 와인을 홀짝거리고 싶은 분위기랄까. 자리가 좁아 항상 웨이팅이 길다. 하지만 친절한 직원이 기다리는 손님에게 음식 설명을 해주는 서비스로 지루하지 않다. 가장 기본적인 메뉴를 팔고 있는데, 작은 주방에서 분주히 만들어 내오는 음식은 참 정성스럽다. 크로아티아 기본 메뉴인 블랙 리소토와 야들야들하게 삶아서 내는 문어 샐러드는 꼭 맛볼 것. 촉촉하고 맛있는 식전빵도 넉넉하다. 마리얀 언덕에서 내려오는 길에 있다. 아쉽게도 겨울에는 영업을 안 한다.

**Data** **지도** 176p-B **가는 법** 마리얀 언덕에서 도보 5분 **주소** Senjska Ul. 18 **전화** (0)91-724-1678
**운영시간** 12:00~24:00(4월~10월 영업) **가격** 리소토 14유로~, 문어 샐러드 14유로~
**홈페이지** www.facebook.com/duboka.ladovina.deep.shade

저렴하고 양도 많고, 한국어 메뉴판까지!

## 뷔페 피페 Buffet Fife

이미 한국인들에게 스플리트 맛집으로 알려진 곳. 한국어 메뉴판까지 있어 주문이 쉽다. 리바 거리 끝에 붙어 있어 찾아가기도 쉽다. 생선, 고기 등 메인 메뉴가 12~14유로로 저렴해 부담 없이 식사를 즐길 수 있다. 달마티아식 메뉴로 저렴하게 한 끼 해결할 수 있는 대중적인 식당이다. 맛은 보통, 양은 푸짐하다.

**Data** **지도** 176p-E **가는 법** 리바 거리 서쪽 끝 **주소** Trumbićeva obala 11
**전화** (0)21-345-223 **운영시간** 4월~10월 10:00~24:00, 11월~3월 10:00~21:00
**가격** 메인 12유로~, 샐러드 4유로~, 파스타 10유로~

정크 푸드는 가라! 헬시 햄버거

## 토토스 버거바 ToTo's Burger Bar

스플리트에 새롭게 등장한 맛집이다. 토토스 버거바는 햄버거는 칼로리만 높고 영양가 낮은 정크 푸드라는 인식을 사라지게 만든 캐주얼 레스토랑이다. 이 집은 글루틴 없는 건강한 식재료를 사용한다. 또 냉동식품이 아닌 직접 만든 수제 패티와 생감자로 맛을 내는 '헬시 햄버거'를 만든다. 저렴한 가격에 비해 맛도, 크기도, 내용물도 실하다. 해변 앞에 위치해 있어 분위기도 좋다. 육즙이 가득한 크로아티아산 소고기 패티가 기본으로 들어간 5가지의 버거와 크리스피하게 구워진 베이컨 버거가 가장 인기 있다. 채식주의자를 위한 버거도 있다. 시푸드와 이탈리안 메뉴가 살짝 지겨워졌을 때 찾아가 보자.

**Data** **지도** 177p-D **가는 법** 리바 거리 서쪽 끝 **주소** Trumbićeva obala 2
**전화** (0)21-314-040 **운영시간** 10:00~22:00 **가격** 버거 8유로~, 음료 2유로~ **홈페이지** www.facebook.com/totosburgerbar

50년 한결같은 동네 맛집

## 칸툰 폴리나 Kantun Paulina

1969년 문을 연 햄버거 가게로 벌써 50년이 됐다. 주문을 받자마자 능숙하게 버거를 만드는 손놀림에서 50년간 햄버거를 만들어온 사장님의 포스가 느껴진다. 얼굴만큼 커다란 빵에 신선한 토마토, 아삭한 양상추가 들어간다. 그리고 패티를 고를 수 있는데 크로아티아 전통 소시지인 체밥치치가 가장 인기 메뉴. 가격 대비 최고의 맛과 양이다. 치즈 토핑을 추가하면 더 맛있다. 오랜 세월 한결같은 맛에 현지인들에게도 최고 인기 맛집.

**Data** **지도** 177p-A
**가는 법** 마르몬토바 거리에서 도보 5분
**주소** Matošića Ul. 1
**전화** (0)21-395-973
**운영시간** 08:00~23:00
**가격** 버거 4유로~

세상 최고의 명당

## 룩소르 Luxor

스플리트를 여행했는데 룩소르를 모른다면 그 여행은 무효다! 룩소르는 모든 여행자가 모이는 왕궁의 메인 광장, 페리스틸 광장에 있다. 장님이 아니고서야 못 보고 지나칠 수 없는 카페다. 페리스틸 광장을 테라스처럼 차지하고 있으니 세상에 이보다 더 좋은 명당이 또 있을까 싶다. 대신 커피나 찻값이 다른 곳에 비해 2~3배 비싸다. 하지만, 이런 명당에 자리한 카페에서라면 아낌없이 커피를 마실 만하다. 여름밤에는 매일 로맨틱한 공연이 펼쳐진다. 식사와 드링크 메뉴도 다양하다.

**Data** **지도** 177p-E
**가는 법** 페리스틸 광장에 위치
**주소** Kraj Sv. Ivana 11
**전화** (0)21-341-082
**운영시간** 08:00~24:00
**가격** 커피 6유로~, 스타터 12유로~, 메인 24유로~
**홈페이지** www.lvxor.hr/en

이런 팬케이크는 꼭 먹어줘야 해

## 스타리 플라츠 Stari Plac

이런 스타일의 팬케이크는 처음이다. 쫀득한 반죽에 재료를 거침없이 넣어준다. 60가지가 넘는 팬케이크 메뉴는 두 달간 매일 다른 것을 먹어도 다 못 먹을 정도다. 햄, 베이컨, 치즈 등이 들어간 짠맛의 팬케이크부터 허니, 쿠키, 바나나, 누텔라 등이 들어간 단맛의 팬케이크까지 취향에 따라 선택할 수 있다. 팬케이크를 받아드는 순간 입이 떡 벌어질 만큼 양도 많다. 구시가지에서 살짝 벗어나 있어 여행자는 모르는 현지인들만의 맛집이다. 오픈하면서부터 스플리트 시민들의 열광적인 사랑을 받고 있다.

**Data** **지도** 176p-B
**가는 법** 마르몬토바 거리에서 도보 7분 **주소** Zrinsko Frankopanska Ul. 6
**전화** (0)21-785-290
**운영시간** 08:00~23:00
**가격** 팬케이크 6유로~
**홈페이지** www.facebook.com/stariplac

쇼핑도 좋고, 산책도 좋고!

## 마르몬토바 거리 Marmontova Ulica

낮에는 길 건너에 파란 바다가 넘실거리고, 밤이면 스플리트에서 가장 환한 가로등이 켜지는 마르몬토바 거리. 구시가지에서 한 블록 떨어진 250m의 쇼핑 거리다. 브랜드가 그다지 많지 않고, 제품도 저렴하지 않다. 그래도 '여행=쇼핑'이라 생각하는 여성이라면 꼭 한 번 다녀와 봐야 크로아티아 쇼핑에 대해 논할 수 있지 않을까. 버쉬카, 토미힐피거, 게스, 자라, VIP 통신사 등이 있다. 밤이면 가로등이 환하게 늘어선 탓에 더욱 활기차다. 쇼핑이 아니어도 산책하기 좋다.

**Data** **지도** 177p-A **가는 법** 리바 거리 서쪽 끝과 이어진 도로

달마티아산 향긋한 티 하우스

## 쿠차 차야 Kuća Čaja / Tea House

티 하우스라는 뜻의 쿠차 차야. 작은 티 하우스를 들어서면 달마티아에서 전통방식으로 생산된 100여 종의 티 향이 그득하다. 커피와 와인 문화가 깊숙이 자리한 크로아티아에서 티에 대한 열정으로 오픈한 쿠차 차야는 크로아티아에 티 문화와 함께 웰빙 라이프를 알리는 데 지금도 힘쓰고 있다. 각각의 티에 대한 정확한 효능을 알고 유기농 티를 구입할 수 있다. 오렌지, 레몬그라스, 민트, 사과 등이 들어간 허브 과일티는 선물용으로 가장 인기 있는 제품이다.

**Data** **지도** 177p-B **가는 법** 마르몬토바 거리에서 도보 2분 **주소** Kralja Tomislava 6 **전화** (0)21-332-358
**운영시간** 08:30~20:00 토 08:30~14:30(일 휴무) **가격** 50g 6.25유로~
**홈페이지** www.kucacaja-split.hr

세상에 단 하나뿐인 레어템

## 포가스 ForGas Butiga

크로아티아의 예술가 가족이 운영하는 디자인 숍이다. 미국의 팝아트와 유럽의 바로크 아트를 결합한 독창적인 디자인의 페인팅, 티셔츠, 사진 등을 전시하며 판매도 하고 있다. 스플리트가 포함된 달마티안 지역의 특색을 잘 담아내어서 작품을 구경하는 즐거움도 있고, 세상에 하나뿐인 작품을 구입할 수도 있다. 여행자들에게는 스플리트 바이브 가득한 작은 액자나 그래픽 티셔츠가 인기 쇼핑 아이템이다. 크로아티아의 디자인 콘테스트에서 우승을 하고 유럽의 여러 책과 잡지에 소개가 되며 점점 유명세를 치르고 있는 중! 스플리트 여행을 더 진하게 기억할 만한 나만의 기념품을 구입하고 싶다면 포가스로 가보자.

**Data** 지도 177p-E 가는 법 궁전 내 페리스틸 광장 옆 골목 주소 Ul. kralja Petra Krešimira IV 3
**전화** (0)99-229-4933 **운영시간** 10:00~21:00, 일요일 11:00~16:00 **홈페이지** www.forgas.store

크로아티아산 식품류의 모든 것!

## 델리이치예 Deliiicije

수제 초콜릿, 수제 잼, 소스, 꿀과 버섯 등 식품 종류의 기념품을 파는 곳이다. 100% 크로아티아에서 생산되는 것들만 판다. 품질이 좋고, 가격이 저렴해 인기가 좋다. 크로아티아에서는 스플리트 외 자그레브, 풀라, 흐바르 등에 지점이 있다. 특히 스플리트 지점에서는 달마티아 지역에서 생산되는 딘가치Dingac, 플라바치 말리Plavac Mali 같은 유명 와인을 구입할 수 있다. 제품에 대한 전문적인 지식을 가진 사장님 덕분에 고르기가 쉽다.

**Data** **지도** 177p-D **가는 법** 리바 거리에 위치 **주소** Obala hrvatskog narodnog preporoda 7
**전화** (0)99-218-2755 **운영시간** 09:00~21:00(일 휴무) **홈페이지** www.deliiicije.com

|Theme|

## 스플리트 쇼핑 가이드

연중 관광객이 몰리는 스플리트에는 기념품 숍도 셀 수 없이 많다. 디오클레티아누스 궁전 남문을 들어서면 작은 기념품 숍들이 있다. 여러 가지 액세서리를 비롯해 크로아티아 특산품 중 하나인 붉은 산호 제품, 브라츠의 대리석으로 만든 기념품 등 다양한 여행 기념품을 판다.

동문 밖 오른쪽은 과일 시장, 왼쪽은 왕궁의 담을 따라 여행에 필요한 것들을 파는 시장이 매일 열린다. 따가운 햇살을 가릴 모자, 여행에 필요한 작은 가방, 스플리트에 딱 어울릴 만한 의류, 흐바르에서 건너온 라벤더 제품 등 다양한 제품이 있다. 딱히 살 게 없더라도 구경하는 즐거움이 쏠쏠하다.

북문 밖에는 플리 마켓이 수시로 열린다. 주제 없이 즐비하게 늘어놓은 오래된 중고물품부터 손으로 직접 그리고 만든 미술품, 크로아티아의 추억을 상기시키는 장식품이 대부분이다. 모든 시장은 계절에 따라 여닫는 시간이 다르다. 여행자가 많은 성수기에는 이른 아침부터 해가 저물 때까지 연다. 반면 겨울철 비수기는 오후로 접어들면 슬슬 문을 닫는다.

## | 호텔 |

스플리트가 멋지게 보이는 테라스

### 코르나로 호텔 Cornaro Hotel

2014년 오픈한 4성급 호텔. 객실 수는 78개. 구시가지에서 딱 한 블록 떨어져 있다. 오픈하자마자 스플리트의 인기 호텔로 자리 잡았다. 2016 트립어드바이저에서 엑설런트를 받았다. 구시가지 어느 곳이라도 5분이면 갈 수 있다. 객실은 세련되고 깔끔하다. 호텔에서 바라보는 구시가지 전망도 멋지다. 로맨틱한 스플리트 야경을 볼 수 있는 옥상 테라스도 있다. 디럭스와 스위트룸을 이용하면 시내가 내려다보이는 자쿠지를 무료로 이용할 수 있다. 객실이 2~3인실만 있어 가족여행자에게는 비추다. 유료 주차장이 있다. 비수기와 성수기 객실 요금은 2배 정도 차이난다.

**Data** **지도** 177p-B **가는 법** 닌의 그레고리 동상 옆 블록 **주소** Sinjska Ul. 6 **전화** (0)21-644-200
**요금** 슈페리어 190유로~ **홈페이지** www.cornarohotel.com

|Theme|

## 스플리트에서 호텔 고르는 법

스플리트는 구시가지 안팎으로 호텔도, 민박도, 호스텔도 많다. 여행자가 그만큼 많다는 이야기다. 구시가지 안쪽에도 민박이 있지만 위치가 좋다는 것을 제외하고 단점이 많다. 숙박료가 비싸고, 자동차 진입이 안 되니 당연히 주차장이 없다. 7~8월 최고 성수기에는 밤새 관광객 소음이 이어져 잠 못 드는 곳이 많으니 예민한 성격이라면 주의할 것. 스플리트는 작은 도시다. 구시가지 밖에 있는 숙소를 이용해도 도보로 이동하기에 무리가 없다. 숙소는 대부분 깨끗하고 시설이 좋은 편이다. 스플리트에서 숙소 구하는 노하우를 알려준다.

**1. 여행하기 가장 좋은 숙소는 구시가지 근처다.**

구시가지만 둘러보고 가는 짧은 일정이라면 구시가지와 가장 가까운 곳에 위치한 숙소를 잡는 게 좋다. 대부분의 볼거리가 도보로 이동 가능한 곳에 모여 있다.

**2. 렌터카 여행자라면 무료 주차장이 있는 곳에 숙소를 잡자.**

구시가지 안쪽과 구시가지와 바짝 붙은 숙소는 대부분 무료 주차장이 없다. 반면 구시가지까지 도보로 5~15분 거리의 아파트는 무료 주차장이 있는 곳이 많다. 예약 전 무료 주차장 여부를 꼭 확인하자.

**3. 휴양이 목적이라면 도심에서 조금 떨어진 바닷가에 잡자.**

구시가지 쪽은 숙박요금이 비싸다. 또 성수기에는 밤새도록 시끄럽다는 단점이 있다. 편안히 휴식하고 싶다면 도심에서 떨어진 바닷가에 숙소를 잡자.

**4. 대중교통을 이용한다면 구시가지 호스텔을 이용하자.**

버스나 기차, 페리 등을 타고 스플리트로 온다면 구시가지 근처로 숙소를 잡으면 된다. 기차역과 버스터미널 등이 모두 도심에서 가깝다. 구시가지 안쪽에 5~6곳의 저렴한 호스텔이 있다. 궁전의 동문과 버스터미널 사이가 가장 좋다.

**5. 오래 머물 예정이라면 민박을 잡자.**

스플리트에서 오래 머물 계획이라면 주방이 있는 민박(소베, 아파트)을 추천한다. 스플리트는 시장과 슈퍼마켓이 많고, 식재료가 저렴하다. 호텔보다 아파트(민박) 등을 선호한다면 아래 사이트를 이용해 보자.

부킹닷컴 www.booking.com
에어비앤비 www.airbnb.co.kr

**6. 여행이 결정되었다면 일찍 예약하자.**

대부분 개인 숙소가 많은 곳이라 객실이 많지 않다. 예약이 늦을수록 인기 호텔은 구경조차 할 수 없다. 또한 구시가지와 거리도 멀어진다. 비수기와 성수기 요금 차이는 2배 정도다. 일찍 예약할수록 저렴하고, 구시가지와 거리도 가깝다. 일정에 변경이 생기는 것을 대비해 무료 취소 가능한 객실을 예약하면 마음도 편하다.

꼼꼼하게 따져보면 여기만 한 곳이 없다!

## 호텔 룩스 Hotel Luxe

30개의 객실을 보유한 4성급 호텔이다. 스플리트에서는 보기 드물게 저렴한 호텔이면서 무료 주차장이 있다. 럭스 호텔이 인기 있는 가장 큰 이유다. 그렇다고 객실 상태나 위치, 서비스가 떨어지지도 않는다. 모든 면에서 만족도가 큰 호텔이다. 부티크 호텔인 만큼 예쁘게 꾸며져 있다. 주차장이 꼭 필요하면서 가격과 위치 등 요모조모 따지다 보면 럭스 호텔만 한 곳이 없다. 구시가지에서 도보 5분 거리다. 버스터미널과 페리터미널도 모두 도보로 이동이 가능하다. 바다 전망 객실도 보유하고 있다.

**Data** **지도** 176p-F
**가는 법** 구시가지 남문에서 도보 5분
**주소** A.Kralja Zvonimira 6
**전화** (0)21-314-444
**요금** 더블룸 86유로~ 슈페리어 157유로~
**홈페이지** www.hotelluxesplit.com

역사적인 건물, 중세 시대 분위기

## 프로큐레이터 7 Procurator 7

구시가지에 위치한 4성급 호텔이다. 4성급이라고는 하지만 객실이 7개뿐인 작은 부티크 호텔이다. 스플리트의 우아한 분위기만큼 객실에도 품격이 물씬 느껴진다. 모두 다른 분위기의 객실은 이탈리아의 오래된 가구와 골동품 느낌의 소품들로 꾸며졌다. 구시가지와 리바 거리가 코앞이라 짧은 일정의 여행자들이 가장 탐내는 숙소다. 중세에 지어진 역사적인 건물에서 묵어가는 특별한 경험을 할 수 있다. 단, 엘리베이터가 없다. 또 구시가지에 있어 성수기에는 늦은 시간까지 소음이 있다. 객실은 2~4인용이 있다. 유료 주차장도 있다.

**Data** **지도** 177p-A
**가는 법** 리퍼블리케 광장에 위치
**주소** Trg. Republike 2
**전화** (0)21-686-448
**요금** 더블룸 90유로~, 디럭스 158유로~
**홈페이지** www.procurator7.com

휴양과 관광, 모두 다 갖춘 특급 호텔

## 호텔 파크 Hotel Park

페리터미널에서 약 400m 떨어진 곳에 위치한 바크비체Bacvice 해변에 있다. 중세시대 지어진 건물을 화려하게 리노베이션해 탄생한 특급 호텔. 구시가지까지는 도보로 15분이지만 해변에 있어 휴양과 관광을 동시에 즐길 수 있다. 5성급 호텔답게 근사하게 인테리어된 70개의 객실이 있다. 훌륭한 조식과 사랑스러운 작은 수영장 등 비싼 만큼 제값을 톡톡히 한다. 객실의 위치에 따라 근사한 바다뷰가 있는 것도 좋다. 1인 싱글룸부터 복층으로 된 5인실 패밀리 객실까지 있다. 유료 주차장이 있다.

**Data** **지도** 176p-F **가는 법** 페리터미널에서 도보로 5분 **주소** Hatzeov perivoj 3 **전화** (0)21-406-400
**요금** 싱글룸 160유로~, 스탠다드 210유로~, 패밀리룸 420유로~ **홈페이지** www.hotelpark-split.hr

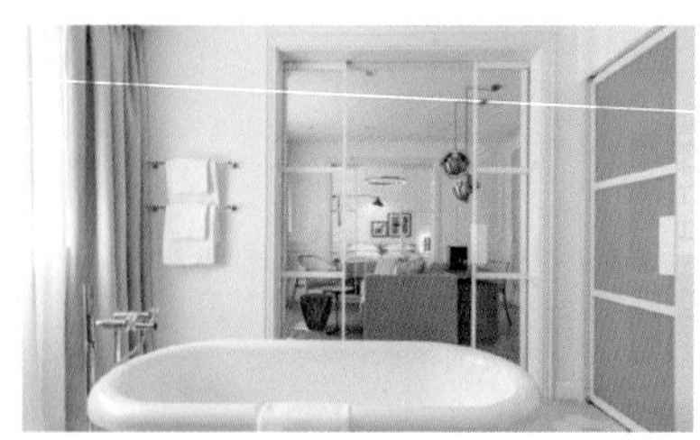

요즘 호캉스 감성 가득

## 헤리티지 호텔 페르마이 스플리트 엠갤러리

Heritage Hotel Fermai Split MGallery

헤리티지 건물을 리노베이션한 호텔이다. 인터내셔널 호텔 체인이 많이 않은 스플리트에 최근 오픈해 호캉스를 즐기는 여행자들에게 주목받고 있다. 35개의 객실을 가진 부티크 호텔로 객실이 넓고 객실마다 고급스러운 아르누보 인테리어가 화려하고 아름답다. 정원과 테라스로 호텔 분위기가 호젓하고 조식도 잘 나와서 오픈하자마자 스플리트의 인기 호텔로 등극했다. 호텔 위층에서 보이는 스플리트 구시가지 뷰포인트도 놓치지 말 것. 구시가지까지는 도보로 약 5분 정도 소요된다. 유료 주차장이 있고, 공항버스 정류장과도 멀지 않다.

**Data** **지도** 176p-C **가는 법** 궁전 골든 게이트에서 북쪽으로 약 5분 소요 **주소** Livanjska ul. 5
**전화** (0)21-278-000 **요금** 240유로~ **홈페이지** www.all.accor.com

## | 민박 |

영어로 친절하게 안내해 주는

### 스플리트 아파트 페릭 Split Apartments Peric

자상한 할아버지가 운영하는 아파트형 숙소. 친절한 사장님이 근사한 영어로 이것저것 여행에 관해 설명해 주는 게 인상적이다. 2~3인용 넓은 객실로 예쁘게 꾸며진 거실과 주방, 침실, 욕실이 있는 스튜디오를 사용할 수 있다. 냉장고, 옷장, 세탁기, TV 등의 편의시설은 오래 머물러도 부족하고 불편한 것이 없다. 객실에 따라 테라스가 딸려 있는 방도 있다. 5개의 아파트를 대여하고 있는데, 아파트 근처에 무료 주차장이 있어 렌터카 여행자에게 추천한다. 큰길 쪽으로 나가면 고고학박물관이 있다. 구시가지까지는 도보로 12분 거리. 기차역과 버스터미널에서 무료 픽업 서비스도 해준다.

**Data** 지도 176p-B
**가는 법** 고고학박물관 근처
**주소** Lučićeva 13
**전화** (0)98-331-475
**요금** 80유로~
**홈페이지** www.booking.com

무료 주차장과 숙소 위치 기준 가성비 최고!

### 빌라 시모니 Villa Simoni

기차역과 버스터미널, 페리터미널 바로 앞에 위치한 민박이다. 무료 주차장과 숙소의 위치 등을 따져보았을 때 이곳의 가성비를 따라올 곳이 없다. 객실은 살짝 노후하고 작은 편. 하지만, 심플한 내부에 깔끔하게 관리가 되고 있다. 호스트도 친절하다. 숙소는 딱 잠만 자는 곳으로 이용하기 좋다. 유료로 제공하는 조식은 보통 수준. 2~3인용 객실만 있다.

**Data** 지도 176p-F
**가는 법** 페리터미널에서 도보 3분
**주소** Zlodrina poljana 12
**전화** (0)21-488-780
**요금** 70유로~

묻지 않아도 여행 정보를 술술 알려주는

### 쿠즈마 룸즈 Kuzma Rooms

버스터미널과 구시가지의 중간에 위치해 있다. 구시가지까지 도보로 약 5분 거리. 객실이 조금 좁은 편이지만 깨끗하고, 조용한 곳에 있어 인기가 높다. 싱글룸과 2인실, 3인실 등 3가지 타입의 객실이 있다. 가족이 운영한다. 체크인할 때 묻지 않아도 지도에 스플리트의 맛집과 여행 정보를 상세하게 적어준다. 무료 주차장은 없다. 하지만 예약 시 주차장 위치를 물어보면 무료로 주차할 수 있게 도와준다.

**Data** 지도 176p-F
**가는 법** 궁전 남문에서 도보 5분 **주소** Antuna Kuzmanića 8
**전화** (0)21-370-066
**요금** 더블룸 130유로~ **홈페이지** www.splitapartment.com.hr

실속형 민박, 위치도 좋다

## 아파트먼트 코르타 Apartments Korta

최근에 오픈한 민박이라 객실과 침구류가 깨끗하다. 마르몬토바 거리 근처에 있어 늦은 밤에도 안전하게 귀가할 수 있다. 숙소만 나서면 현지인들이 즐겨 찾는 맛집도 쉽게 찾을 수 있다. 다양한 형태의 11개 객실을 보유하고 있다. 민박 중에서는 객실이 많은 편이다. 객실은 발코니나 앞마당이 있는 스튜디오 형태로 1인실에서 3인실이 있다. 주방시설이 갖춰져 있다. 주차시설은 없다.

**Data** 지도 176p-B
**가는 법** 마르몬토바 거리에서 도보 3분 **주소** Plinarska Ul. 31
**전화** (0)21-571-226
**요금** 50유로~
**홈페이지** www.kortasplit.com

## | 호스텔 |

### 호스텔 스플리트 Hostel Split

버스터미널도, 항구도, 도보 10분 거리. 궁전도 가깝고 해변도 가깝다. 도미토리부터 5인실까지 다양한 객실이 있다. 다만, 객실이 좁은 편이고 주방시설이 없다. 잠만 잘 곳이 필요한 여행자에게 추천한다.

**Data** **지도** 176p-F **가는 법** 궁전 남문에서 도보 5분
**주소** Poljana kneza Trpimira 1, 21000, Split
**전화** (0)21-717-170 **요금** 24유로~, 트윈 40유로~
**홈페이지** www.hostelworld.com

### 스위트 룸 Sweet rooms

무료 주차장이 있는 호스텔. 호스텔보다는 살짝 B&B 느낌이 난다. 4인실 도미토리와 프라이빗 룸이 있다. 조식은 없으며, 어메니티는 타월만 제공한다. 구시가지까지는 도보 5분 거리. 버스터미널은 800m로 10분 이상 걸린다.

**Data** **지도** 176p-C **가는 법** 궁전에서 도보 5분
**주소** Kunaeza Višeslava 14 **전화** (0)98-173-2262 **요금** 4인 도미토리 1인 29유로~
**홈페이지** www.korean.hostelworld.com

### 스플리트 호스텔 피에스타 시에스타 Split hostel Fiesta Siesta

4~6인실 도미토리와 프라이빗 객실이 있는 호스텔. 저렴한 숙박요금이 매력적이다. 딱 침대만 제공된다. 저렴한 만큼 오가는 배낭여행자가 많아 친구 만들기 좋다. 구시가지 안에 있는 것은 좋지만, 밤에는 조금 시끄럽다.

**Data** **지도** 177p-B **가는 법** 구시가지 나로드니 광장 근처 **주소** Petra Kružića 5 **전화** (0)21-355-156
**요금** 도미토리 22유로~
**홈페이지** www.splithostel.com

### 호스텔 스플리트 백패커스 Hostel Split Backpackers

도미토리부터 프라이빗 객실, 6인실 아파트까지 다양한 형태의 객실을 운영하고 있는 호스텔이다. 백패커스 1과 2, 2개 지점으로 구분되어 있다. 조용한 지역에 있다. 구시가지까지 도보 10분, 버스터미널은 8분 거리다.

**Data** **지도** 176p-F **가는 법** 버스터미널에서 도보 8분
**주소** kralja Zvonimira 17 **전화** (0)91-549-9134
**요금** 도미토리 25유로~, 트윈 38유로~
**홈페이지** www.splitbackpackers.com

Dalmatia By Area

# 04

# 스플리트 근교 섬

## AROUND SPLIT

아드리아해를 끼고 있는 크로아티아는 섬이 1,244개나 된다. 가히 섬 공화국이다. 이들 섬 여행이 또 크로아티아 여행의 백미다. 크로아티아의 섬 가운데 가장 유명하고 인기 좋은 흐바르, 비스, 비세보 등이 스플리트에 가깝게 있다. 이 섬들은 짧게는 당일 투어로도 다녀올 수 있다. 아드리아해의 진정한 아름다움이 궁금하다면 섬으로 가보자.

Around Split
# GET AROUND

## 스플리트에서 근교 섬으로 가기

스플리트에서는 인근의 섬을 오가는 페리를 비롯해 다양한 페리가 운항된다. 두브로브니크와 같은 아드리아해를 따라 자리한 이름난 항구도시를 오가는 것도 있고, 이탈리아를 오가는 국제노선도 있다. 페리 티켓 구매는 인터넷 사이트나 페리터미널, 여행사 등에서 가능하다.
단, 페리에 자동차도 함께 싣고 가는 카페리는 인터넷으로 티켓 예약이 안 된다. 페리터미널로 가서 예매를 한 후 자동차와 함께 줄을 서서 탑승 차례를 기다려야 한다. 카페리 운항 편수가 많아 성수기에도 당일 예약이 가능하다. 미리 예약을 못했어도 근교 섬으로 가는 것은 문제가 없으니 미리 맘 졸이지 말자. 스플리트와 근교 섬, 두브로브니크, 이탈리아 안코나는 야드롤리니아 Jadrolinija와 카페탄 루카Kapetan Luka 두 회사가 정기 노선을 운항하고 있다.
야드롤리니아는 자동차를 실을 수 있는 카페리, 카페탄 루카는 사람만 탈 수 있는 쾌속선을 운항한다. 카페리가 쾌속선보다 2배 정도 시간이 더 걸린다. 렌터카를 가지고 섬을 오가는 비용은 차량 요금+인원수다. 섬에 묵지 않는 일정이라면 렌터카는 두고 가는 게 좋다. 비용이 만만치 않다. 페리 운항 편수와 일정은 시기에 따라 달라진다. 사전에 인터넷 사이트나 페리터미널에서 확인하자. 각 선사 인터넷 사이트에 들어가면 더 자세한 정보를 알 수 있으며, 예약도 가능하다. 섬 안에서는 우버나 택시도 이용 가능하다.

**Data** **야드롤리니아** www.jadrolinija.hr/en, **카페탄 루카** www.krilo.hr/en
**크로아티아 전역 페리 안내** www.ferrycroatia.com

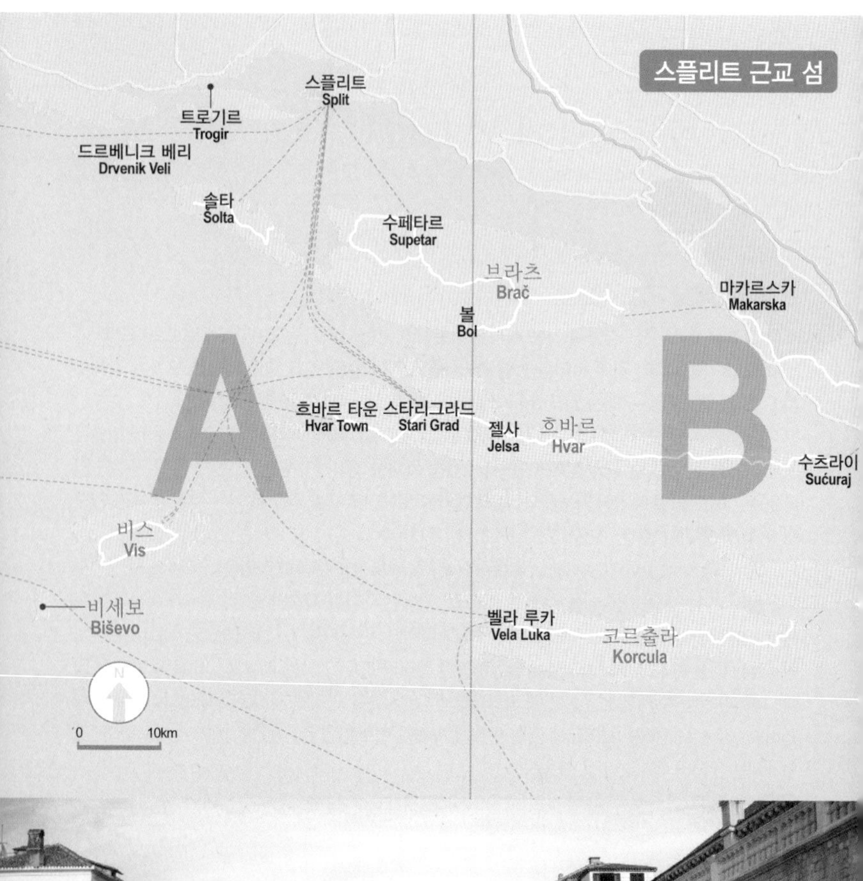
스플리트 근교 섬
스플리트
Split
트로기르
Trogir
드르베니크 베리
Drvenik Veli
솔타
Solta
수페타르
Supetar
브라츠
Brač
볼
Bol
마카르스카
Makarska
A
B
흐바르 타운
Hvar Town
스타리그라드
Stari Grad
젤사
Jelsa
흐바르
Hvar
수츠라이
Sućuraj
비스
Vis
비세보
Biševo
벨라 루카
Vela Luka
코르출라
Korcula
N
0
10km

**Tip** **스플리트에서 떠나는 1일 섬 투어**

짧은 시간에 스플리트 근교 섬을 여행하려면 투어에 참가하는 것도 좋은 방법이다. 섬 투어는 하루에 스플리트 근교 섬 3곳을 돌아보는 게 일반적이다. 보통 '3섬 투어3 Island Tour'나 '블루 케이브 투어Blue Cave Tour'라고 한다. 섬 투어는 스플리트에서 섬까지 보통 1시간 이상 걸리기 때문에 꼬박 10시간이 소요된다.

여행사마다 '3섬 투어', '5섬 투어' 등 이름은 다르게 내밀지만, 섬 3곳은 직접 내리고 나머지 섬은 보트를 타고 둘러보는 일정이다. 오가는 보트와 식사, 가격 등을 비교해보고 예약하면 된다. 섬 투어의 하이라이트는 비세보Biševo섬의 블루 케이브, 비스Vis섬의 그린 케이브와 숨겨진 명소 스티니바Stiniva Cove, 그리고 럭셔리한 휴양지 흐바르섬이다. 특히, 블루 케이브는 잠수함 같은 동굴 안에 투명한 물이 파란빛을 내는 신비로운 자연현상을 볼 수 있는 곳으로 판타지 영화를 보는 느낌이다.

일정은 스플리트 출발(08:00)-비세보섬 블루 케이브-비스섬 그린 케이브-중식-비스 스티니바 해변 해수욕-흐바르섬 자유시간(40분)-스플리트 복귀(18:00)로 진행된다. 스플리트 리바 거리에 많은 투어 예약 카운터가 있다. 투어 요금은 평균 90~120유로. 겨울(10월 중순~4월 중순)에는 투어가 없다. 그 외 시즌에는 매일 투어를 진행해 바로 예약이 가능하다. 식사와 보트에 따라 가격 차이가 있다. 흐바르섬에서도 같은 투어를 진행한다.

시간은 더 짧게 걸리고 가격도 반값 정도다. 흐바르섬에 묵는다면 흐바르섬에서 투어를 하는 것이 유리하다. 투어는 작은 스피드 보트를 타고 진행해 뱃멀미를 심하게 한다면 하지 않는 게 좋다.

**Data** **섬 투어 여행사**

**토토 트래블** Toto Travel www.excursion-split.com

**블루 케이브 트래블** Blue Cave Travel www.bluecavetrip.com

## 페리

■ **호바르** Hvar

10~5월 비수기에는 1일 3~4편, 6~9월 성수기에는 6~7편, 극성수기는 좀 더 많은 편수가 운항된다. 차가 없는 여행자는 작은 쾌속선을 타고 흐바르 타운에 있는 부두로 간다. 렌터카 여행자는 카페리를 타고 스타리 그라드Stari Grad에 위치한 페리터미널로 간다. 페리에 따라 도착지가 다르기 때문에 도착지를 확인하고 티켓을 예매하자. 카페리는 사람만 탑승이 가능하지만, 소요시간이 2시간이나 걸린다. 또 카페리에서 내려 타운으로 이동하는 버스(4유로)를 이용해야 하기 때문에 비추다. 스타리 그라드 페리터미널에는 이탈리아 안코나, 두브로브니크, 코르출라, 리예카 등으로 가는 페리가 있다. 카페리는 미리 예약할 수 없다. 현장에서 차로 줄을 서야 한다. 성수기에는 탑승자가 많으므로 사람만 이동할 경우 인터넷으로 미리 예매해두는 게 좋다. 요금은 차량+인원수다.

### 스플리트-흐바르 페리 요금 및 소요시간

*스플리트 ↔ 흐바르*

| 출발지 | 도착지 | 운항시간 | 소요시간 | 요금 |
|---|---|---|---|---|
| 스플리트 | 흐바르 타운 | **10~5월** 14:00, 15:00, 16:30<br>**6~9월** 09:00, 12:00 17:00<br>**7~8월 성수기 추가 운항**<br>07:45, 09:45, 10:30,12:00, 17:30, 18:45 | 1시간 5분 | 성수기, 비수기 구분 없이 24~26유로 |
| 스플리트 | 스타리 그라드 | **10~5월** 08:30, 14:30, 20:30<br>**6~9월** 01:30, 05:30, 07:45, 11:30, 14:00, 17:30, 20:00, 23:00(화·토 07:30 추가 운항) | 2시간 | 성수기, 비수기 구분 없이 탑승객 1인 5유로~8유로 승용차 43~50유로 |
| 흐바르 타운 | 스플리트 | **10~5월** 06:35, 07:35, 09:15<br>**6~9월** 06:35, 08:00, 09:15, 15:30<br>**7~8월 성수기 추가 운행**<br>08:00, 11:30, 14:00, 15:30, 19:45, 20:15 | 1시간 5분 | 성수기, 비수기 구분 없이 24~26유로 |
| 스타리 그라드 | 스플리트 | **10~5월** 05:30, 11:30, 17:30<br>**6~9월** 05:30, 07:45, 11:30, 14:00, 17:30, 20:00, 23:00<br>(목·일 17:00 추가 운항) | 2시간 | 성수기, 비수기 구분 없이 탑승객 1인 5유로~8유로 승용차 43~50유로 |

■ **비스 Vis**

비스 페리터미널은 섬 북쪽에 있다. 카페리와 쾌속선, 두 종류의 페리가 같은 터미널을 이용한다. 어떤 페리를 탈 것인지 먼저 정한 후 티켓을 예매하자.

**스플리트–비스 페리 요금 및 소요시간**

*스플리트 → 비스*

| 선사 | 운항시간 | 소요시간 | 요금 |
|---|---|---|---|
| 카페탄 루카<br>(쾌속선) | **6월·9월** 월~목 15:00, 금 20:30, 일 20:00<br>**7~8월** 화 16:00, 수~월 18:00<br>**10~5월** 15:00 | 1시간 30분 | 성수기, 비수기<br>구분 없이<br>6.5~10유로 |
| 야드롤리니아<br>(카페리) | **10~5월** 월·목·토 11:00, 18:30, 금 10:00, 17:00, 일 11:00, 18:30<br>**6월·9월** 월~목, 토 11:00, 18:30, 금 10:00,17:00, 일 11:00, 18:30<br>**7~8월** 월, 수~일 09:00, 15:00, 21:00, 화 11:00, 18:30 | 2시간 20분 | 성수기, 비수기<br>구분 없이<br>탑승객 6~9유로<br>승용차 63~80유로 |

*비스 → 스플리트*

| 선사 | 운항시간 | 소요시간 | 요금 |
|---|---|---|---|
| 야드롤리니아<br>(카페리) | 11:00 15:00 18:30(1일 3회 중<br>카페리와 쾌속선이 번갈아서 운항된다) | 2시간 30분 | 탑승객 6~9유로<br>승용차 63~80유로 |

**Tip** 페리 운항 시간은 현지 상황에 따라 변한다. 여행자가 많아지는 극성수기는 많아지고, 여행자가 현저히 줄어드는 겨울 비수기에는 운항 횟수가 줄어든다. 타임테이블과 요금은 예약하는 날짜에 따라 조금씩 상이하니 미리 사이트에서 확인하자.
**야드롤리니아** www.jadrolinija.hr, **카페탄 루카** www.krilo.hr

■ **브라츠 Brač**

브라츠로 가는 페리는 스플리트와 마카르스카 두 곳에서 운항하며, 사람만 탈 수 있는 쾌속선과 차량도 실을 수 있는 카페리 두 가지가 있다. 또, 브라츠 북쪽 수페타르Supetar와 볼Bol 두 곳의 항구로 운항한다. 스플리트에서 볼로 가는 노선은 카페리가 없다. 마카르스카에서는 브라츠 동쪽 수마르틴Sumartin 선착장으로 페리가 간다.

**브라츠까지 버스 요금 및 소요시간**

***스플리트 ↔ 수페타르(브라츠)***

| 출발지 | 도착지 | 운항시간 | 소요시간 | 요금 |
|---|---|---|---|---|
| 스플리트 | 수페타르 | **6~9월**<br>1일 12회(06:00~21:50)<br>**10~5월**<br>1일 9회(06:15~23:59) | 50분 | 탑승객 4~7유로<br>승용차 17~25유로 |
| 수페타르 | 스플리트 | **6~9월**<br>1일 12회(05:00~22:45)<br>**10~5월**<br>1일 9회(06:30~22:45) | 50분 | |

***스플리트 ↔ 볼(브라츠)***

| 출발지 | 도착지 | 운항시간 | 소요시간 | 요금 |
|---|---|---|---|---|
| 스플리트 | 볼 | 1일 1회(16:00) | 70분 | 성수기, 비수기<br>구분없이<br>탑승객 20유로 |
| 볼 | 스플리트 | 1일 1회 06:25~13:25<br>요일마다 다름) | 70분 | |

※스플리트 ↔ 볼 쾌속선은 스플리트-볼-흐바르 젤사Jelsa를 오가는 노선이다. 스플리트 ↔ 젤사 노선에서 검색해야 한다.

■ **코르출라** Korcula

카페리는 야드롤리니아에서 성수기(5월~9월)에만 1일 1편 운항한다. 사람만 이동한다면 1일 3회 운항하는 쾌속선 카페탄 루카를 이용하자. 단, 겨울 시즌에는 운항하지 않는다.

**스플리트-코르출라 페리 요금 및 소요시간**

*스플리트 ↔ 코르출라*

| 선사 | 소요시간 | 요금 |
|---|---|---|
| 쾌속선 | 2시간 30분 | **탑승객** 23~30유로 |

■ **안코나** Ancona

이탈리아 안코나로 가는 국제노선은 스나브Snav, 블루 라인Blue Line, 야드롤리니아Jadrolinija 3개 선사가 카페리를 운항한다. 선사별 페리 운항시간과 소요시간, 좌석 등급, 가격은 조금씩 다르다. 페리에서 가장 저렴한 좌석은 데크석과 의자석으로 보통 40~50유로 한다. 가장 비싼 좌석은 스위트룸으로 160~170유로 정도 한다. 스나브 페리는 데크석부터 2인실, 4인실, 스위트 객실까지 다양한 좌석등급이 있으며, 요금도 조금 저렴한 편이다. 스플리트에서 안코나를 오가는 페리는 저녁에 출발해 아침에 도착하는 스케줄로 운항된다. 소요시간은 11시간이다.

**스플리트-안코나 페리 운항시간**

*스플리트 ↔ 안코나*

| 출발지 | 도착지 | 선사 | 운항시간 |
|---|---|---|---|
| 스플리트 | 안코나 | 스나브, 블루 라인 | **4~10월** 매일 출발 20:15, 도착 07:00 |
| 스플리트 | 안코나 | 야드롤리니아 | **1~12월** 화·목·토·일 출발 20:00, 도착 07:00<br>월·수·금·토 출발 19:45, 도착 07:00 |
| 안코나 | 스플리트 | 스나브, 블루 라인 | **4~10월** 매일 출발 20:10, 도착 07:00 |

# 호바르

HVAR

조금은 소란스러운 스플리트에서 페리로 1시간. 잠시 바다를 건너왔을 뿐인데 다른 세상이 펼쳐진다. 이름만큼이나 독특한 분위기의 럭셔리한 섬, 흐바르. 두브로브니크, 스플리트와 함께 달마티아 지방 최고의 휴양도시다. 흐바르를 대표하는 것은 성벽, 고딕 양식의 중세 건물, 라벤더, 그리고 고급 리조트다. 해안을 따라 멋진 리조트 단지가 형성되어 있고 그에 맞는 고급 레스토랑이 즐비하다. 휴가 시즌에는 호사로운 휴가를 보내려는 여행자들의 발길이 이어진다. 낮에는 요트에 누워 아드리아해의 바람과 햇살을 즐기고, 라벤더와 로즈마리로 천연 허브 마사지를 받는다. 밤에는 멋지게 드레스 업을 하고 세련된 클럽으로 나서는 게 바로 흐바르 여행자들의 호사스러운 일상이다. 우리가 상상하던 꿈의 휴양지가 바로 이곳이다.

## 라벤더 향이 가득한 럭셔리 휴양지

흐바르는 1,000개가 넘는 크로아티아의 섬 가운데 네 번째로 큰 섬이다. 세로는 10km이지만 가로는 68km에 달한다. 차로 한 시간 이상 달려야 끝에 닿는다. 흐바르는 또 아드리아해의 섬 중 일조량이 가장 많다. 연간 일조량이 자그마치 2,724시간이나 된다. 겨울은 온난하고, 여름에는 찬란한 햇살이 넘친다. 5~6월에는 보랏빛 라벤더가 물결을 이루고, 여름이면 탱글탱글한 포도와 튼실한 올리브가 온 섬을 감싸는 생명력 넘치는 섬이다. 흐바르섬의 중심지이자 대부분의 여행자가 모이는 곳이 흐바르 타운이다. 그 외에도 섬의 중부인 옐사Jelsa와 브르보스카Vrboska, 섬의 동부인 수츠라이Sućuraj 등의 작고 조용한 항구 도시들이 몇 곳 있다. 모두 작은 마을이니 숙소를 잡은 타운에만 머문다면 도보로 여행이 가능하다. 타운에서 타운으로 이동을 하거나 섬을 둘러보고 싶다면 렌터카나 택시가 필요하지만 한 도시에만 여러 날 머무른다면 렌터카는 필요 없다. 카페리가 들어오는 항구 스타리 그라드에는 섬의 각 타운을 오가는 셔틀버스가 있다. 셔틀 버스는 카페리 시간에 맞추어 운행되고 있다. 많은 사람들이 이용하는 흐바르 타운을 오가는 셔틀버스는 하루 4~5회 운행된다(스타리 그라드 ↔ 흐바르타운 19km, 30분 소요, 15유로). 그 외 지역은 페리가 드나드는 시간에 맞춰 오전, 오후 하루에 2회 정도 운행을 하고 있다. 시기마다 셔틀 시간이 달라지니 웹사이트나 페리터미널에서 미리 확인하자.

**Data** 흐바르 여행 정보 www.hvarinfo.com
스타리 그라드 버스시간표 www.tzhvar.hr/en/info/travel_lines/
스타리 그라드 버스 정류장 주소 Ivana Meštrovića BB **전화** (0)21-765-904

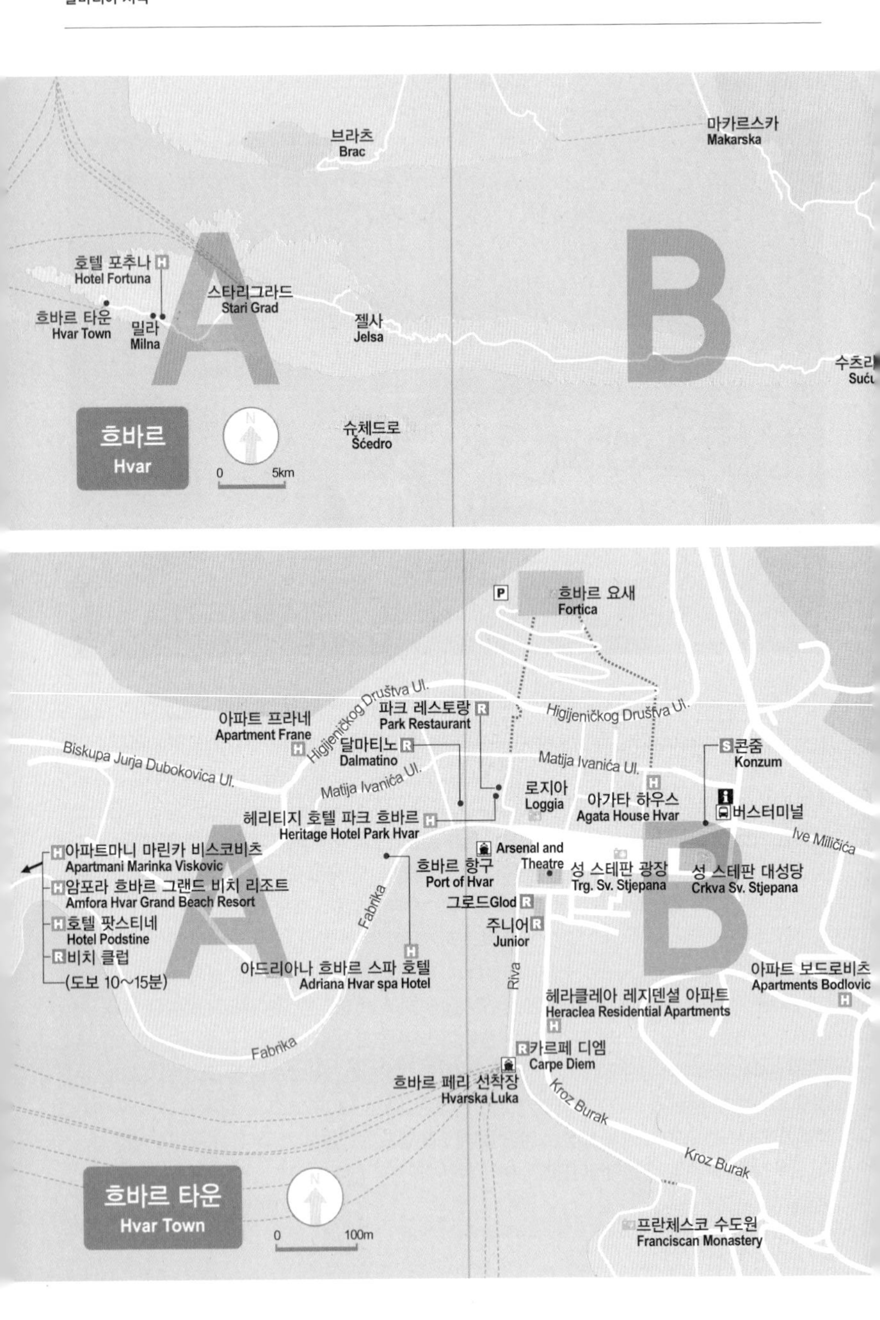
브라츠
Brac
마카르스카
Makarska
호텔 포추나
Hotel Fortuna
스타리그라드
Stari Grad
호바르 타운
Hvar Town
밀라
Milna
젤사
Jelsa
A
B
수츠라
Suću
호바르
Hvar
슈체드로
Šćedro
0
5km
P
호바르 요새
Fortica
Higijeničkog Društva Ul.
아파트 프라네
Apartment Frane
파크 레스토랑
Park Restaurant
Higijeničkog Društva Ul.
콘줌
Konzum
Biskupa Jurja Dubokovica Ul.
달마티노
Dalmatino
Matija Ivanića Ul.
Matija Ivanića Ul.
로지아
Loggia
아가타 하우스
Agata House Hvar
버스터미널
헤리티지 호텔 파크 호바르
Heritage Hotel Park Hvar
Ive Miličića
아파트마니 마린카 비스코비츠
Apartmani Marinka Viskovic
암포라 호바르 그랜드 비치 리조트
Amfora Hvar Grand Beach Resort
호텔 팟스티네
Hotel Podstine
비치 클럽
(도보 10~15분)
Arsenal and Theatre
호바르 항구
Port of Hvar
성 스테판 광장
Trg. Sv. Stjepana
성 스테판 대성당
Crkva Sv. Stjepana
Fabrika
그로드Glod
주니어
Junior
아드리아나 호바르 스파 호텔
Adriana Hvar spa Hotel
Riva
아파트 보드로비츠
Apartments Bodlovic
헤라클레아 레지덴셜 아파트
Heraclea Residential Apartments
Fabrika
카르페 디엠
Carpe Diem
호바르 페리 선착장
Hvarska Luka
Kroz Burak
Kroz Burak
호바르 타운
Hvar Town
0
100m
프란체스코 수도원
Franciscan Monastery

천국 어디쯤에 닿은 항구

## 흐바르 구시가지

흐바르섬 관광의 중심은 중세 건물이 촘촘히 들어선 구시가지이다. 흐바르 구시가지는 13세기 베네치아 공국의 지배를 받으며 생겨났다. 구시가지에는 당시의 모습 그대로 고색창연한 석조건물이 바다를 마주하고 반짝거린다. 세월이 남긴 흔적으로 반질반질 윤기가 흐르는 흐바르의 중심 성 스테판 광장을 걸으며 만나는 풍경은 마치 오래된 그림 액자를 보는 듯한 느낌이다. 구시가지 북쪽 언덕에는 16세기에 베네치아인들이 오스만 제국의 침입을 막기 위해 쌓은 요새가 있다. 약 15분 정도 오르면 나오는 요새의 전망대에서 사람들의 넋을 놓게 만드는 풍경이 기다린다. 대체 어쩌자고 이런 곳에 요새를 만든 것일까. 이 아름다운 풍경을 두고 당시의 사람들은 이곳에서 과연 전쟁을 준비할 수 있었을까. 흐바르 항구에서 바다를 따라 난 산책로는 그저 걷는 것만으로도 황홀하다. 눈부신 햇살과 라벤더, 진한 아드리아해의 향기는 이곳을 천국 어디쯤으로 여기게 한다.

## | 호바르 여행 포인트 넷! |

### 1. 흐바르 요새 Fortica Fortress

차를 가지고 갈 수도 있고, 타운에서 걸어서 갈 수도 있다. 걸어가면 10~15분쯤 걸린다. 빨간 지붕이 가득한 흐바르 타운과 어우러진 항구, 바다에 떠 있는 섬이 황홀하게 만든다. 특히, 해 질 녘 풍경은 더욱 감동적이다.

Data **지도** 218p(하)-B **가는 법** 흐바르 항구에서 도보 15분
**주소** Ul. Biskupa Jurja Dubokovica 80, 21450, Hvar **전화** (0)21-488-780 **요금** 10유로~

## 2. 잠들지 않는 흐바르의 밤

6월부터 9월까지 흐바르는 잠들지 않는 도시가 된다. 감각적이고 세련된 비치 클럽, 펍, 와인바에서 파티가 끊임없이 이어진다. 파티 피플들은 밤새 클럽에서 놀다가 세상에서 가장 아름답다는 일출을 맞이한다. 클럽에 입장하려면 드레스 업이 필요하다. 입장료도 조금 비싼 편이다. 그래도 일생에 한 번쯤은 즐겨볼 만하다.

**Data 흐바르의 주요 클럽&펍**
카르페 디엠Carpe Diem, 카르페 디엠 비치Carpe diem Beach, 베네란다Beneranda, 훌라 훌라Hula Hula, 본예 레스 바인스Bonj Les Bains

## 3. 향기로운 라벤더 쇼핑

흐바르에 라벤더가 피는 시기는 5~6월. 이때가 아니어도 흐바르는 일 년 내내 라벤더 향이 코끝을 자극한다. 거리는 온통 라벤더 포푸리, 오일, 비누 등으로 보랏빛이다. 흐바르와 가까운 스플리트나 마카르스카 등에서도 흐바르산 라벤더 제품을 찾아볼 수 있다. 그러나 가장 저렴하고 가장 신선한 라벤더는 흐바르에 있다. 구시가지 어디서나 품질 좋은 라벤더 제품을 찾아볼 수 있다.

## 4. 유네스코 세계문화유산 투어

페리터미널이 있는 흐바르섬 북부 스타리 그라드평야는 아드리아해에 있는 섬 가운데 가장 오래된 정착지로 알려졌다. 기원전 4세기부터 그리스인들이 살기 시작했다. 흐바르는 일조량이 많고 땅이 비옥해 농업이 발달했다. 그 시절 농경지에 세워진 고대 석담과 건물의 골조, 당시 지어진 대피소 등이 고스란히 남아 있다. 지금도 3,000여 명의 주민이 살고 있는 이곳은 1,377ha에 이르는 땅이 24세기 동안 같은 토지 구획 체계를 유지하고 있다. 2008년 유네스코 세계문화유산으로 지정되었다.

# EAT

엄마가 요리하는 시푸드 레스토랑

## 주니어 Junior

한국식으로 말하자면 '집밥'을 파는 시푸드 레스토랑이다. 엄마가 요리하고 아들이 서빙하는 로컬 분위기가 가득한 곳이다. 먹물 리소토, 시푸드 파스타, 생선구이 등 메뉴도 소박하고, 음식 가격도 착하다. 물론 손맛 좋은 엄마가 요리했으니 맛도 좋고, 정성도 가득하다. '집밥' 스타일이지만 항상 많은 손님들로 왁자지껄한 분위기다. 고급스러운 레스토랑이 많은 흐바르에서 편한 분위기로 식사를 즐길 곳을 찾는다면 주니어로 가보자.

**Data** **지도** 218p(하)-B
**가는 법** 흐바르 항구에서 도보 3분
**주소** Kroz Burak Ul. 10
**전화** (0) 99-195-3496
**운영시간** 12:00~24:00
**가격** 스타터 16유로~, 메인 25유로~

이게 바로 흐바르의 호사다!

## 달마티노 Dalmatino

예약 없이는 테이블에 앉을 기회조차 없는 흐바르 최고의 인기 레스토랑이다. 한창 성수기에는 예약을 하고 가도 대기해야 한다. 다른 레스토랑에 비해 비싼 편인데도 이 레스토랑의 평점은 완벽에 가깝다. 뛰어난 맛과 아름다운 플레이팅은 기본. 근사한 영어를 구사하는 훈남들이 마음을 살살 녹이는 친절함이 더해졌다. 참치 타르타르, 송로버섯 소스의 뇨키, 새우 크림소스 등 언제 또 이런 걸 맛볼 수 있을까 싶은 훌륭한 메뉴가 있다. 이런 곳에서의 만찬이 진정한 흐바르의 호사다.

**Data** **지도** 218p(하)-A **가는 법** 흐바르 항구에서 도보 5분
**주소** Sveti Marak Ul. 1 **전화** (0)91-529-3121
**운영시간** 11:00~14:00, 18:00~24:00(일요일 휴무) **가격** 스테이크 28유로~, 시푸드 24유로~ **홈페이지** www.dalmatino-hvar.com

여유롭고 편안하게 즐기는 만찬

## 파크 레스토랑 Park Restaurant

파크 호텔에서 운영하는 레스토랑. 가정집 뒤뜰처럼 꾸며놓은 레스토랑 분위기도 좋다. 슬쩍 내려다보이는 흐바르 항구의 풍경도 좋다. 현지인들에게는 웨딩 파티로 인기 좋은 레스토랑이다. 내부가 넓어 여유가 있고 편안하게 즐길 수 있는 분위기다. 음식은 심플하게 나오지만 맛은 근사하다. 두세 명이 가면 한 가지 음식을 같이 먹을 수 있게 요리해 주는 서비스가 있어 편하다. 제대로 구워져 나오는 스테이크는 와인을 부른다. 시금치가 들어간 새우 리소토는 입맛을 돌게 한다. 와인 가격은 조금 비싸지만 흐바르에서 생산된 즐라탄 플라바츠Zlatan Plavac, 이반 돌라츠Ivan Dolac 같은 좋은 와인을 맛볼 수 있다.

**Data** **지도** 218p(하)-B
**가는 법** 파크 호텔 앞 건물
**주소** Bankete bb
**전화** (0)21-741-149
**운영시간** 07:00~12:00, 18:00~24:00
**가격** 스타터 13유로~, 스테이크 25유로~, 시푸드 22유로~
**홈페이지** www.restaurantparkhvar.com.hr

가볍고 달콤한 한 끼

## 그로드 Glod

여행자라면 한 번은 지나가는 항구의 골목에 있는 깔끔하고 맛있는 제과점이다. 아침마다 직접 구워 나오는 페스추리와 달달한 타르트, 디저트는 흐바르의 달달한 풍경을 더 극대화해 준다. 대부분 럭셔리한 레스토랑이 즐비한 흐바르에서 몸도 주머니도 가볍게 한 끼 때울 수 있는 고마운 제과점이다. 예쁘기까지 한 미니 케이크를 고를 때면 즐거운 고민이 가득한 곳이다.

**Data** **지도** 218p(하)-B **가는 법** 흐바르 타운 항구에 위치 **주소** Kroz Burak 17
**운영시간** 08:00~21:00(일요일은 13:00까지) **가격** 케이크 5유로~

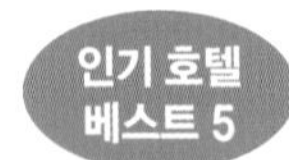

## 암포라 흐바르 그랜드 비치 리조트
Amfora HvarGrand Beach Resort

4성급, 객실 324실, 야외 풀장 있음, 무료 주차, 2~5인 객실, 해변에 위치, 객실 내 와이파이, 스파 가능, 무료 조식.

**Data** **지도** 218p(하)-A **가는 법** 흐바르 항구에서 도보 10분
**주소** Biskupa Jurja Dubokovića 5 **전화** (0)21-750-300 **요금** 슈페리어 170유로~
**홈페이지** www.amfora-hvar-grand-beach-resort.hvar.hotels-split-dalmatia.com

## 헤리티지 호텔 파크 흐바르
Heritage Hotel Park Hvar

4성급, 객실 15실, 풀장 없음, 무료 주차, 무료 조식, 메인 타운에 위치, 2~5인 객실, 객실 내 와이파이.

**Data** **지도** 218p(하)-B **가는 법** 흐바르 항구에 위치 **주소** Bankete Bb
**전화** (0)21-718-337 **요금** 오션뷰 스위트룸 190유로~ **홈페이지** www.hotelparkhvar.com

## 아드리아나 흐바르 스파
Adriana Hvar Spa Hotel

4성급, 객실 59실, 실내 풀장 있음, 주차 불가, 항구 근처, 객실 내 와이파이, 스파 가능, 무료 조식.

**Data** **지도** 218p(하)-A **가는 법** 흐바르 항구에서 도보 5분
**주소** Obala Fabrika 28 **전화** (0)21-750-200 **요금** 400유로~ **홈페이지** www.suncanihvar.com

## 팟스티네 호텔 Hotel Podstine

4성급, 객실 52실, 무료 주차, 풀장 있음, 스파 있음, 무료 조식, 비치 파라솔, 객실 내 와이파이.

**Data** **지도** 218p(하)-A **가는 법** 흐바르 항구에서 도보 20분
**주소** Put Podstina 11 **전화** (0)21-740-400 **요금** 트윈룸 210유로~
**홈페이지** www.podstine.com

## 호텔 포추나 Hotel Fortuna

4성급, 객실 17실, 무료 주차, 무료 조식, 밀나Milna 해변에 위치, 객실 내 와이파이, 흐바르 시내까지 셔틀버스 있음, 비치 파라솔.

**Data** **지도** 218p(상)-A **가는 법** 흐바르 항구에서 차로 10분(6km)
**주소** Punta Milna 27 **전화**(0)21-745-002 **요금** 더블룸 160유로~ **홈페이지** www.fortunahotelhvar.com

**인기 민박 베스트 5**

## 아가타 하우스 Agata House Hvar

유료 주차장, 흐바르 타운에 위치, 객실 내 와이파이, 주방 사용 가능.

**Data** **지도** 218p(하)-B **가는 법** 흐바르 항구에서 도보 3분
**주소** Dr. Mate Miličića 20 **전화** (0)95-561-3546 **요금** 스튜디오 100유로~ **홈페이지** www.agata-house-hvar.hvar.hotels-split-dalmatia.com

## 아파트 보드로비츠 Apartments Bodlovic

2~5인 객실 보유, 객실 내 와이파이, 테라스 있음, 주방 사용 가능.

**Data** **지도** 218p(하)-B **가는 법** 흐바르 항구에서 도보 10분
**주소** Sime Tome Buzolica 9 **전화** (0)98-321-229
**요금** 1베드룸 75유로~ **홈페이지** www.apartmentsbodlovic.com

## 아파트 프라네 Apartment Frane

무료 주차, 객실 내 와이파이, 2~4인 객실 보유, 바다 조망.

**Data** **지도** 218p(하)-A **가는 법** 흐바르 항구에서 도보 8분
**주소** Higijenič kog Društva 1 **전화** (0)91-531-1350 **요금** 스튜디오 40유로~ **홈페이지** www.apartments-frane-sucuraj-island-hvar.com

## 아파트마니 마린카 비스코비츠 Apartmani Marinka Viskovic

무료 주차, 객실 내 와이파이, 2~4인 객실 보유, 해변에 위치, 주방시설 있음.

**Data** **지도** 218p(하)-A **가는 법** 흐바르 항구에서 도보 17분
**주소** Ivana Bozitkovica 16 **전화** (0)21-741-654 **요금** 80유로~

## 헤라클레아 레지덴셜 아파트 Heraclea Residential Apartments

럭셔리 빌라, 무료 주차, 객실 내 와이파이, 2~4인 객실, 주방시설 있음, 흐바르 항구 바로 앞.

**Data** **지도** 218p(하)-B **가는 법** 흐바르 항구에서 도보 2분
**주소** Hv. Bratovština 1 **전화** (0)91-535-7570 **요금** 1베드룸 160유로~
**홈페이지** www.heraclea.hr

# 브라츠

BRAČ

브라츠는 아드리아해의 섬 가운데 세 번째로 크다. 달마티아 지방의 섬 중에서는 가장 크다. 브라츠는 크로아티아 홍보용 포스터에 자주 등장하는 즐라트니 라트Zlatni Rat 해변이 있는 섬이다. 페리터미널이 있는 볼Bol에 자리한 이 해변은 금빛으로 빛난다. 즐라트니 라트는 '황금빛 전쟁'이라는 뜻이다. 조류에 따라 해변의 모래가 움직일 때마다 금빛으로 반짝거려 이런 이름이 붙었다. 즐라트니 라트의 신비한 모습은 해변이 끝나는 곳에 자리한 뾰족한 부분에 서면 잘 보인다. 즐라트니 라트는 달마티아 지방에서 가장 아름다운 해변 1위를 차지한 곳이기도 하다. 수심이 얕고 파도가 잔잔해서 수영하기 좋다. 강한 햇살을 피할 곳이 없어 태닝하기도 좋다.

© 크로아티아 관광청_Ivo-Biocina

## 고깔모자를 뒤집어 쓴 바다

뽀얀 우윳빛 대리석은 즐라트니 라트와 함께 브라츠의 상징이다. 디오클레티아누스의 궁전을 장식한 질 좋은 대리석의 원산지가 바로 브라츠다. 기원전 167년부터 대리석 채석장이 있었던 이 섬은 로마 귀족들이 별장을 지으면서 발전했다. 브라츠섬은 로마가 스플리트 근교에 있던 고대 도시 살로나를 건설할 때 이곳의 대리석을 가져가면서 더욱 활발하게 개발됐다. 13세기부터 15세기까지 베네치아 공국의 지배를 받았다. 브라츠섬 안쪽에는 돌담이 있는 올리브, 무화과, 포도나무 밭이 있다. 솔숲이 길게 늘어선 산책로 등이 있어 평화롭고 한적한 여행을 할 수 있다. 브라츠는 스플리트에서 약 한 시간 거리에 페리의 편수도 많다 보니 볼 위주로 당일치기 여행을 많이 하는 편이다. 며칠 시간을 내어 브라츠에 묵고 싶다면 호텔과 아파트 등 작은 숙박시설을 이용할 수 있다. 가장 많은 숙박시설이 모여 있는 곳은 섬의 남쪽 즐라트니 해변이 있는 볼과 섬의 북쪽 페리가 들어오는 수페타르다. 숙박요금은 다른 지역과 비슷한 수준. 저렴하게는 40유로부터 숙소를 찾아볼 수 있다. 숙박이 많은 곳 근처에는 점심과 저녁식사를 할 수 있는 레스토랑도 많이 몰려 있으니 식사 걱정은 하지 말 것! 다만 차로 섬을 이동하는 중간에는 레스토랑을 찾기 힘드니 렌터카로 섬을 돌아다닐 때엔 간식을 준비하는 것이 좋다. 여름 시즌(6~9월)에만 수페타르와 볼 등 주요 도시를 잇는 버스가 운행되고 있다. 티켓은 각 정류장 혹은 버스 안에서 구입이 가능하다. 수페타르와 볼은 하루에 10편 운행, 소요시간 50분.

**Data** 브라츠섬 버스 정보 www.getbybus.com

## | 브라츠 여행 포인트 셋! |

### 1. 당일치기 여행이면 볼에서 머무르자.

하루만 브라츠섬에 머무른다면 볼Bol에만 머무는 것이 좋다. 볼은 브라츠섬에서 가장 유명한 해변 즐라트니 라트 비치가 있다. 브라츠에서 가장 큰 도시이기도 하다. 볼에 머문다면 어촌 마을 수마르틴Sumartin과 수마르틴에서 약 10km 떨어진 조용하고 작은 항구 도시 포빌야Povlja, 참치 낚시로 유명한 포스티라Postira 등을 방문할 수 있다.

### 2. 와이너리와 올리브 제조장을 구경해 보자.

색다른 관광거리를 찾는다면 와이너리와 올리브 제조장을 추천한다. 브라츠는 와인과 올리브가 유명한 섬이다. 브라츠 와인과 올리브의 역사를 듣고, 실제 제조장에서 쓰이는 도구들을 가이드 설명과 함께 둘러볼 수 있다. 한국에서 맛보기 힘든 최고급 올리브 오일과 와인 테이스팅 시간도 즐거운 경험이 될 것이다.

Data 브라츠 올리브 오일 박물관 www.muzejuja.com 브라츠 와인 테이스팅 투어 brac.wine
브라츠 와인&올리브 오일 테이스팅 투어 www.winetastingbrac.com

### 3. 스쿠버 다이빙과 스노클링에 도전해 보자.

브라츠는 스노클링 투어가 가능하다. 또 다이브 센터가 있어 스쿠버 다이빙 자격증 코스에 도전해 보거나 이웃한 비스섬의 블루 케이브로 다이빙 투어도 갈 수 있다. 아드리아해를 대표하는 해양생물 문어를 비롯해 색다른 바다생물을 만날 수 있다.

Data 볼 스쿠버 다이빙 www.big-blue-diving.hr

스플리트-수페타르
수페타르
Supetar
Sutivan
113
브라츠 올리브 오일 박물관
Muzej uja
Pučišća
114
Milna
Povlja
브라츠 와인 테이스팅
Wine Tasting Brač
113
113
수마르틴
Sumartin
마카르스카
빅 블루 다이빙 숍
Big Blue Diving
115
즐라트니 라트
Zlatni Rat
볼
Bol
스플리트-흐바르
N
0 2km
브라츠
Brač

# 비스

VIS

비스는 사연 많은 작은 섬이다. 기원전 390년 그리스 식민도시가 되면서 역사에 등장한 후 로마와 베네치아, 프랑스, 영국, 오스트리아 등 근대에 이르기까지 다양한 외세의 지배를 받았다. 이런 파란만장한 역사 속에서 격동의 세월을 보냈던 이 섬은 한때 버려진 섬이 되기도 했다. 그러나 이곳을 찾아온 여행자들이 하나둘씩 정착하면서 휴양의 섬으로 변모하기 시작했다.

© 크로아티아 관광청_Ivo_Pervan

## 원시의 아름다움이 흐르는 섬

비스는 때 묻지 않은 자연을 간직한 섬이다. 사람의 손길을 타지 않은 원시의 아름다움이 그대로 보존되어 있다. 이웃한 흐바르섬이 관광객들로 북적이지만 이곳은 늘 한가롭다. 3,600명이 살고 있는 비스섬에는 비스 타운과 코미자Komiza라는 작은 마을이 있다. 선착장이 있는 비스 타운은 한두 시간이면 다 돌아볼 만큼 아담하다. 집과 집 사이로 난 비좁은 골목 풍경은 과거의 어느 시점에서 시간이 정지된 것처럼 정적이 흐른다. 바쁠 것 하나 없는 그 골목을 한가롭게 거니는 것만으로도 행복해진다. 비스섬의 가장 유명한 해변은 섬의 남쪽에 위치한 스티니바 코브Stiniva Cove. 두 개의 높은 절벽 사이에 해변이 있는데, 두 절벽이 너무 가까워 배가 들어올 수 없다. 차로 찾아간다고 해도 주차장에서 20분쯤 걸어야만 하는 아주 비밀스러운 해변이다. 비스섬은 1990년대에 들어 관광산업이 시작되었지만 아직은 관광 인프라가 많이 부족한 편이다. 사람이 드문 곳에서 나른함을 즐기고 싶은 목적으로 들어가는 여행자들이 종종 있지만 대부분은 3섬 투어를 통해 스티니바 코브 비치를 보고 코미자 타운에서 식사만 하고 나오는 일정을 갖는다. 호텔이 거의 없어서 대부분의 숙박은 민박으로 대신하고 있다. 비스 타운과 코미자 타운에 몇 곳의 민박이 몰려 있고, 그 주변으로 작은 레스토랑이 몇 곳 있다. 비스섬의 비스 타운과 코미자를 연결하는 버스가 있다. 평균적으로 하루에 4~6대 정도가 운행하는데 거의 스플리트에서 들어오는 페리 시간에 맞추어 운행을 하고 있다. 성수기와 비수기 페리 일정이 변경됨에 따라 버스 스케줄도 달라지니 타기 전 확인하는 게 좋다. 소요시간 15분.

**Data 비스섬 여행 정보**

**전화** (0)21-713-849 **홈페이지** www.tz-vis.hr **메일** info@nautica-komiza.com

Dalmatia By Area

# 05

# 마카르스카
## MAKARSKA

마카르스카는 크로아티아인들이 아껴둔 비밀 휴양지다. 인구 15,000명이 거주하는 작은 항구도시이지만, 한여름에는 피서를 온 현지인들로 터져나갈 듯 도시가 들썩거린다. 수직 절벽처럼 보이는 거대한 비오코보산 아래로 크로아티아의 보증수표인 파란 바다가 펼쳐진다. 바다와 육지의 경계는 소나무와 올리브 나무가 이룬 군락이다. 겨울에는 온화하고, 여름에는 시원한 바람이 불어오는 날씨 덕택에 의료 휴양과 요트를 가진 부호들의 조용한 휴식지로 알려졌다.

Makarska

# PREVIEW

*외국 여행자들로 가득 찬 스플리트와 두브로브니크의 중간에 자리한 마카르스카에 머물다 보면 외로울 정도로 외국인 보기가 힘들다. 마카르스카는 에메랄드빛 바다가 펼쳐진 잔잔한 해변이 있는 휴양도시가 아니다. 도시 뒤로 우람한 자태의 바위산이 병풍처럼 펼쳐져 있다. 크로아티아에서 두 번째로 높은 비오코보Biokovo산(1,762m)이다. 이 산이 있어 마카르스카의 풍경은 크로아티아의 다른 휴양도시와 분명하게 차별화된다.*

SEE

중세 시대 건설되었으나 관광보다는 휴양지로 특화된 도시이다. 거대한 산 아래 자리한 해변 따라 바다를 즐기는 게 가장 큰 즐길 거리. 시티의 중심인 성 마르크 성당과 광장에서 시간을 보내는 것도 빠뜨리지 말자.

EAT

휴양지라 겨울철엔 문을 닫는 곳도 많이 있다. 여름이라면 해변을 따라 늘어선 레스토랑이 즐비해서 어디를 갈까 고민에 고민을 해야 할 터. 현지인들의 휴양지라 대부분이 유러피언의 눈높이에 맞춰진 레스토랑이다. 음식 맛도 중간 이상은 한다. 성 마르크 성당 주변, 구시가지 쪽에 진짜 맛집이 많은 편이다.

SLEEP

구시가지 근처에 무료주차가 가능한 숙소가 많이 있다. 해변을 끼고 있는 호텔을 비롯해 도보 이동이 가능한 민박이 많으니 예산에 맞게 골라보자.

Makarska
# GET AROUND

## 어떻게 갈까?

### 1. 렌터카

마카르스카는 달마티아 지방의 중심에 있다. 스플리트에서 1시간 20분(89km), 두브로브니크에서 2시간 30분(153km) 걸린다. 보스니아 헤르체고비나의 모스타르에서도 가깝다. 모스타르까지는 1시간 50분(125km) 걸린다. 성수기에는 시내에서 주차하기가 만만치 않다. 그래도 다른 도시에 비해 타운 안쪽으로 주차 가능한 민박과 호텔이 조금 있는 편이다. 유료 주차장은 타운 안쪽과 근처에 많이 있다. 도심 안쪽은 성수기 시즌 시간당 4유로, 도심에서 도보로 10~15분 정도 떨어진 곳은 1유로인 곳들도 많다.

### 2. 버스

마카르스카에서 스플리트와 두브로브니크로 가는 버스는 자주 있다. 시즌마다 운행시간과 횟수가 달라지므로 일정에 여유가 없다면 미리 사이트에서 확인해 보는 게 좋다. 티켓은 터미널에서 바로 구매할 수 있다. 추가요금 2유로를 받는다.

Data 버스 안내 www.buscroatia.com

**마카르스카까지 버스 요금 및 소요시간**

*스플리트↔마카르스카*

| 출발지 | 도착지 | 운행시간 | 소요시간 | 요금 |
|---|---|---|---|---|
| 스플리트 | 마카르스카 | 1일 30회 이상 | 1시간 20분 | 8~11유로 |
| 마카르스카 | 스플리트 | | | |

*두브로브니크↔마카르스카*

| 출발지 | 도착지 | 운행시간 | 소요시간 | 요금 |
|---|---|---|---|---|
| 두브로브니크 | 마카르스카 | 2~3시간 간격(첫차 05:00, 막차 21:00) | 3시간 15분 | 16~18유로 |
| 마카르스카 | 두브로브니크 | 2~3시간 간격(첫차 03:45, 막차 18:40) | | |

*모스타르(East)↔마카르스카*

| 출발지 | 도착지 | 운행시간 | 소요시간 | 요금 |
|---|---|---|---|---|
| 모스타르(East) | 마카르스카 | 1일 2회(06:55, 11:10) | 2시간 25분 | 18~23유로 |
| 마카르스카 | 모스타르(East) | 1일 2회(12:00, 18:40) | | |

### 3. 페리

마카르스카에서 브라츠섬의 수마르틴을 오가는 페리가 있다. 하루 3~4회 운행하며, 소요시간은 1시간이다. 그 외에 성수기에만 반짝 운행하는 스피드 보트가 있다. 정해진 시간 없이 이용자가 있으면 바로 출발한다. 흐바르(90분), 브라츠(40분) 등 주변의 인기 섬 위주로 운행한다. 마카르스카 하버 스트리트에 많은 카운터가 있다.

**Data** **크로아티아 페리 안내** www.croatiaferries.com

**마카르스카-수마르틴 페리 요금 및 소요시간**

*마카르스카↔수마르틴*

| 출발지 | 도착지 | 운항시간 | 소요시간 | 요금 |
|---|---|---|---|---|
| 마카르스카 | 수마르틴 | **7~8월** 08:00, 11:00, 14:30, 18:00, 21:00<br>**6월·9월** 09:00, 12:30, 17:00, 20:00<br>**10~5월** 월~토 09:00, 12:30, 18:30<br>일 09:00, 12:30, 19:30 | 1시간 | 1인 28쿠나, 승용차 130쿠나 |
| 수마르틴 | 마카르스카 | **7~8월** 06:00, 19:30, 13:00, 16:30, 20:00<br>**6월·9월** 06:00, 11:00 17:00 18:30<br>**10~5월** 06:00, 11:00, 15:30<br>일 08:00 11:00 18:00 | 1시간 | 1인 28쿠나, 승용차 130쿠나 |

## | 마카르스카 여행 포인트 넷! |

### 1. 관광보다는 휴양과 액티비티

마카르스카는 역사 깊은 도시이지만 역사적인 관광지보다는 휴양지로 두각을 나타내는 곳이다. 현지 휴양 인파가 몰리는 6~9월 성수기를 제외하면 한가로운 마카르스카를 만날 수 있다. 조용하면서 조금은 나른한 풍경을 즐기고 싶다면 비수기에 여행하는 것을 추천한다. 반면 화려한 휴가와 액티비티를 즐기고 싶다면 여름이 좋다. 성수기에는 해변을 따라 클럽, 바, 레스토랑이 줄을 잇는다. 윈드서핑, 하이킹, 패러글라이딩 등 다양한 액티비티도 즐길 수 있다. 특히, 영화, 재즈 콘서트, 음악회 등이 열리는 마카르스카 서머 축제는 이 도시의 매력을 유감없이 보여준다.

### 2. 마카르스카의 중심, 성 마르크 성당

성 마르크 성당Crkva Sv. Marka은 마카르스카의 중심이다. 성당 앞 광장에서 마카르스카의 모든 이벤트가 열린다. 여름 축제도 이곳에서 열린다. 과일 시장, 레스토랑, 마리나 등 마카르스카의 모든 필요한 것들을 이곳에서 만날 수 있다. 여행자들은 이 도시를 여행하면 한 번은 이곳에서 휴식한다. 광장 뒤에 펼쳐진 비오코보산의 장관도 눈부시다. 크로아티아의 광장 중 가장 멋진 풍경을 연출한다고 해도 과언이 아니다.

## 3. 마카르스카에는 누드비치가 있다!?

마카르스카의 지도를 보면 해변이 3자 모양으로 나뉘어 있다. 이 가운데 중간에 뾰족 튀어나온 부분에 누드비치가 숨어 있다. 이곳은 누구나 편하게(?) 누드 차림으로 휴식을 즐길 수 있는 해변이다. 원한다면 문명의 허식을 버리고 태초의 아담과 이브처럼 자연으로 돌아가는 시간을 가져볼 수 있다.

## 4. 따가운 햇살, 피할 수 없으면 즐겨라

마카르스카의 해변에도 그늘은 부족하다. 간간이 나무 그늘이 보이긴 하지만, 부지런한 현지인들의 차지다. 그마저도 옆 사람과 살을 맞대고 누워야 할 정도로 사람들이 빽빽하다. 땡볕에 몸을 맡기고 태닝을 목적으로 간다면야 정면으로 맞설 수도 있다. 하지만 햇볕도 피하고, 바다도 즐기고 싶다면 양산과 선크림은 필수다.

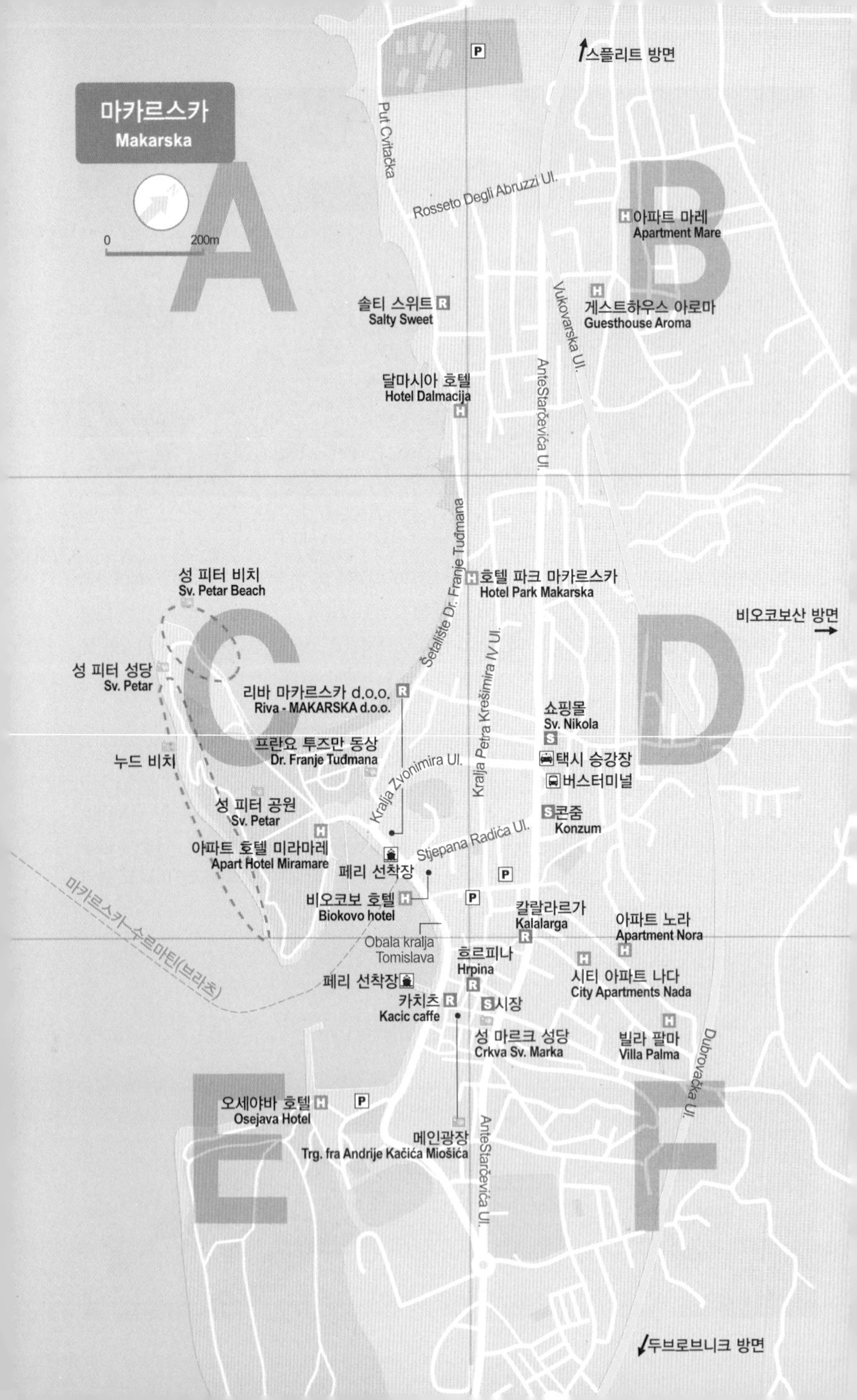

마카르스카
Makarska
0
200m
A
B
C
D
E
F
스플리트 방면
Put Cvitačka
Rosseto Degli Abruzzi Ul.
아파트 마레
Apartment Mare
솔티 스위트
Salty Sweet
게스트하우스 아로마
Guesthouse Aroma
Vukovarska Ul.
AnteStarčevića Ul.
달마시아 호텔
Hotel Dalmacija
Šetalište Dr. Franje Tuđmana
성 피터 비치
Sv. Petar Beach
호텔 파크 마카르스카
Hotel Park Makarska
비오코보산 방면
Kralja Petra Krešimira IV Ul.
성 피터 성당
Sv. Petar
리바 마카르스카 d.o.o.
Riva - MAKARSKA d.o.o.
쇼핑몰
Sv. Nikola
택시 승강장
버스터미널
누드 비치
프란요 투즈만 동상
Dr. Franje Tuđmana
Kralja Zvonimira Ul.
성 피터 공원
Sv. Petar
콘줌
Konzum
아파트 호텔 미라마레
Apart Hotel Miramare
Stjepana Radića Ul.
페리 선착장
비오코보 호텔
Biokovo hotel
칼랄라르가
Kalalarga
마카르스카-수르마틴(브라츠)
아파트 노라
Apartment Nora
Obala kralja Tomislava
흐르피나
Hrpina
시티 아파트 나다
City Apartments Nada
페리 선착장
카치츠
Kacic caffe
시장
성 마르크 성당
Crkva Sv. Marka
빌라 팔마
Villa Palma
Dubrovačka Ul.
오세야바 호텔
Osejava Hotel
메인광장
Trg. fra Andrije Kačića Miošića
AnteStarčevića Ul.
두브로브니크 방면

화려한 스테이크가 일품!

## 흐르피나 Hrpina

비탈길에 사랑스러운 모습으로 자리한 흐르피나는 항상 오픈시간 이전부터 인산인해를 이룬다. 언제 가더라도 대기줄이 있는 마카르스카 최고의 맛집이다. 저녁 파티에 어울릴 만한 화려하고 푸짐한 메뉴는 기분을 업시켜주고, 맛을 보면 기분은 최고점을 찍는다. 스테이크와 참치 카르파초(회) 샐러드가 인기 메뉴. 여러 가지 채소와 함께 구워져 나오는 야들야들한 크로아티아산 소고기 스테이크는 보기에도 화려하지만 맛도 일품이다. 아스파라거스와 베이컨이 올라간 비프스테이크 위드 아스파라거스 Beefsteak with Asparagus는 꼭 맛봐야 할 추천 메뉴이다.

**Data** 지도 238p-F
가는 법 성 마르크 성당에서 도보 3분
주소 Trg. Hrpina 2
전화 (0)92-188-3381
운영시간 18:00~02:00 (4~9월만 영업)
가격 메인 17유로~, 에피타이저 10유로~

What is Today's Special?!

## 칼랄라르가 Kalalarga

작은 골목, 예스러움이 가득한 조그만 식당이지만 식사 시간마다 인기가 대단하다. 크로아티아는 대부분 관광지라 여행자 맛집으로 비슷한 식재료, 비슷한 메뉴의 레스토랑이 많다. 칼랄라르가 역시나 흔히 볼 수 있는 생선 스테이크, 소고기 스테이크, 리소토, 홍합 등의 메뉴가 있지만. 요리 방법은 확실히 다르다. 채소와 생선, 고기를 그릴에 구운 메뉴가 가장 인기. 부르스케타와 시푸드 스튜도 자신 있게 권하는 메뉴. 그날 공수한 크로아티아산 가장 신선한 재료를 사용해 뭘 주문해도 맛은 보장된다. 가격도 저렴한 편이라 만족도가 좋다.

**Data** **지도** 238p-D
**가는 법** 성 마르크 성당에서 북쪽으로 도보 10분
**주소** Kalalarga 40
**전화** (0)98-990-2908
**운영시간** 12:00~23:00
**가격** 시푸드 10유로~, 스테이크 17유로~

마카르스카의 축제를 즐기는 명당

## 카치츠 Kacic caffe

메인 광장 한편에 위치한 작은 바. 커피, 맥주, 칵테일, 와인 등 갖가지 마실 것을 판다. 성 마르크 성당과 메인 광장을 차지하고 저렴하게 술잔을 홀짝거리기 좋아 많은 사람들이 오며 가며 들른다. 축제가 많은 여름에는 이 명당이 더욱 빛을 발한다. 저렴한 한 잔의 술과 멋들어진 음악. 마카르스카와 사랑에 빠지는 순간이다.

**Data** **지도** 238p-E
**가는 법** 메인 광장에 위치
**주소** Trg. Kačićev 2
**전화** (0)95-903-3004
**운영시간** 07:00~02:00
**가격** 와인 2유로~, 맥주 2.5유로~

예쁜 테라스에서 즐기는 다이닝

## 리바 – 마카르스카 두 Riva - MAKARSKA d.o.o.

뒤로는 비오코보산이 웅장하게 둘러싸고, 앞으로는 새파란 바다가 있는 최상의 위치에 자리해 있다. 셔리 빌라 '리바'에서 운영하는 고급 다이닝 레스토랑이다. 200석의 좌석으로 규모가 꽤 큰데도 매일 저녁 몰려드는 사람들로 자리 잡기가 쉽지 않다. 독특한 건물과 넓고 아름다운 테라스로 휴양지 분위기 내며 디너를 즐기기 좋다. 주메뉴는 아드리아해에서 매일 공수해오는 해산물 메뉴와 다양한 크로아티아산 와인이다. 예쁜 플레이팅이 돋보인다.

**Data** **지도** P238-C
**가는 법** 마카르스카 선착장 앞에 위치 **주소** Obala kralja Tomislava 6a
**전화** (0)21-616-829
**운영시간** 11:00~01:00
**가격** 메인 22유로~, 스타터 15유로~

원하는 거 다 줄게!

## 솔티 스위트 Salty Sweet

말만 해! 다 준비해 줄게!라고 시위하는 듯한 가게다. 저렴한 젤라토부터 값비싼 스테이크와 해산물 요리까지 없는 게 없다. 오가며 들르기 좋은 위치에, 바다를 향해 오픈되어 있어 전망도 좋고, 플레이팅과 맛까지 삼박자가 딱 맞아떨어진다. 수영하다가 배고프면 밥 먹으러 가고, 태닝하다 더우면 젤라토 먹으러 가면 된다. 바닷물이 뚝뚝 떨어지는 수영복 차림 그대로 가도 되니 몸도 맘도 편하다. 비수기에는 휴업할 수도 있으니 꼭 확인하고 방문할 것.

**Data** **지도** 238p-A
**가는 법** 비치의 가장 북쪽 Milenij 호텔 옆 **주소** 8a, Put Cvitačka
**전화** (0)99-852-2214
**운영시간** 08:00~23:00
**가격** 스타터 7유로~, 메인 15유로~
**홈페이지** www.facebook.com/SaltySweet.Restaurant.Makarska

인기 호텔 베스트 5

## 오세야바 호텔 Hotel Osejava

4성급, 객실 50실, 유료 주차, 객실 내 와이파이, 무료 조식, 야외풀장 있음, 마리나 근처, 오션 뷰, 2~3인용 객실.

**Data** **지도** 238p-E **가는 법** 페리터미널 근처에 위치 **주소** Setaliste Dra Fra Jure Radica Bb **전화** (0)21-604-300 **요금** 더블룸 105유로~ **홈페이지** www.osejava.com

## 달마시아 호텔 Hotel Dalmacija

3성급, 객실 190실, 무료 조식, 유료 주차장 있음, 객실 내 와이파이, 오션 뷰, 비치 앞, 야외풀장 있음, 2~3인 객실.

**Data** **지도** 238p-A **가는 법** 비치 북쪽 끝부분 **주소** Ul. Kralja Petra Krešimira IV br 41 **전화** (0)91-612-9311 **요금** 스탠다드 125유로~ **홈페이지** www.hoteli-makarska.hr

## 호텔 파크 마카르스카 Hotel Park Makarska

4성급, 객실 105실, 무료 조식, 유료 주차 가능, 객실 내 와이파이, 오션 뷰, 비치 앞, 야외풀장 있음, 2~3인실 객실.

**Data** **지도** 238p-D **가는 법** 마카르스카 비치 중간 **주소** Kralja Petra Krešimira IV **전화** (0)21-608-200 **요금** 95유로~ **홈페이지** www.parkhotelmakarska.thesuites.co

## 비오코보 호텔 Biokovo Hotel

4성급, 객실 52실, 무료 조식, 객실 내 와이파이, 주차장 없음, 비치 앞, 2~4인용 객실.

**Data** **지도** 238p-C **가는 법** 페리터미널 근처에 위치 **주소** Obala kralja Tomislava **전화** (0)21-615-244 **요금** 더블룸 80유로~ **홈페이지** www.holidaymakarska.com

## 아파트 호텔 미라마레 Aparthotel Miramare

4성급 아파트형 호텔, 객실 63실, 주방 있음, 비치 앞, 오션 뷰, 야외 풀장 있음, 2~3인실 객실.

**Data** **지도** 238p-C **가는 법** 마카르스카 타운 중앙 **주소** Šetalište Svetog Petra 1 **전화** (0)21-608-190 **요금** 스튜디오 88유로~

인기 민박 베스트 5

## 게스트하우스 아로마 Guesthouse Aroma

2~4인실, 주방 있음, 바다 전망, 무료 주차, 객실 와이파이, 비치까지 도보 15분.

Data 지도 238p-B 가는 법 마카르스카 메인 비치 북쪽 주소 Zagrebačka 11 전화 (0)21-626-502
요금 더블룸 73유로~ 홈페이지 www.facebook.com/aroma.makarska

## 아파트 노라 Apartment Nora

무료 주차, 스튜디오, 2~3인 베드룸, 주방, 바비큐 시설, 객실 내 와이파이.

Data 지도 238p-F 가는 법 하버에서 도보 8분
주소 Slikara Gojaka 19 전화 (0)99-720-3341
요금 스튜디오 63유로~, 3베드룸 140유로~
홈페이지 www.apartmentsnoramakarska.com

## 시티 아파트 나다 City Apartments Nada

2~4인실 전용 1베드룸, 무료 주차, 객실 내 와이파이, 주방, 넓은 거실과 테라스.

Data 지도 238p-F 가는 법 하버에서 도보 7분
주소 Biokovska 11 전화 (0)99-764-8850
요금 1베드룸 65유로~

## 아파트 마레 Apartment Mare

무료 주차, 2~6인실 3베드룸, 주방 있음, 비치까지 도보 5분, 객실 내 와이파이.

Data 지도 238p-B 가는 법 마카르스카 메인 비치의 북쪽 주소 Zagrebačka cesta 60
전화 (0)21-612-811 요금 2인실 40유로~

## 빌라 팔마 Villa Palma

언덕 위에 위치. 뷰가 좋다. 무료 주차. 2인실부터 6인실. 넓은 객실, 주방 있음.

Data 지도 238p-F 가는 법 성 마르크 성당에서 도보 8분 주소 Ul. Slikara Gojaka 48
전화 (0)98-938-5616 요금 스튜디오 100유로~

Dalmatia By Area

# 06

# 두브로브니크

## DUBROVNIK

‘아드리아해의 진주’. 두브로브니크를 소개할 때 빠지지 않고 등장하는 이 말은 영국의 국민시인 바이런이 세계 곳곳을 누비다가 두브로브니크를 만나고 한 말이다. 영국의 소설가 버나드 쇼는 “천국을 만나려거든 두브로브니크로 가라”라는 말을 남기기도 했다. 이처럼 두브로브니크는 유럽 최고의 휴양지라는 칭송이 자자하다. 중세부터 해상무역으로 번영을 누렸던 이 도시는 크로아티아 해안 도시 여행의 완결판과 같다. 천국을 만날 준비가 되었다면 두브로브니크로 떠나보자.

Dubrovnik
# PREVIEW

*두브로브니크는 달마티아 지역 여행의 정점을 찍는 곳이다. 달마티아 지역에서 꼭 한 곳만 가야 한다면 코발트빛 바다가 있는 두브로브니크가 정답이다. 다만 워낙 유명한 여행지라 여름이면 햇볕보다 뜨거운 인파가 몰리고, 물가가 높다는 것은 감수해야 한다.*

**SEE**

두브로브니크 구시가지는 마치 살아 있는 박물관 같다. 중세 도시의 특징을 고스란히 간직한 구시가지는 궁전, 성당, 광장, 거리 등 발이 닿는 곳곳이 볼거리다. 하루면 구시가지를 속속들이 볼 수 있다. 가장 큰 볼거리는 구시가지를 둘러싼 2km의 성벽과 두브로브니크가 한눈에 내려다보이는 스르지 언덕 전망대다.

**EAT**

두브로브니크는 여행자의 도시다. 대부분의 레스토랑이 유러피언 여행자의 눈높이에 맞춰져 있다. 근사한 다이닝은 차고 넘치지만 저렴한 로컬 맛집은 찾아보기 어렵다. 가격도 수도인 자그레브에 비해 1.5~2배 정도 비싸다. 아침은 숙소에서 든든하게, 점심은 베이커리 등으로 간단하게, 저녁은 멋진 다이닝과 함께 하루를 마무리하는 일정을 추천한다.

**BUY**

쇼핑은 스플리트와 비슷한 종류와 가격대다. 거리에는 마그넷과 라벤더 같은 작은 기념품이나, 넥타이, 크로아티아의 특산품 레드코랄 액세서리를 파는 기념품 숍이 많다. 크로아티아 전통 레이스 공예품도 특별하다. 영화 〈반지의 제왕〉 마니아라면 캐릭터 숍도 놓치지 말자. 이곳은 〈반지의 제왕〉 촬영지로 유명세를 타고 있다.

**SLEEP**

크로아티아에서 숙소 고르기 가장 어려운 곳이다. 차가 있다면 구시가지에서 멀든 가깝든 무료 주차장이 있는 숙소를 찾아야 한다. 자칫 숙박료보다 주차료가 더 비쌀 수 있다. 안타까운 점은 구시가지와 주변에는 무료 주차장 있는 숙소가 거의 없다는 것! 한 술 더 떠 가파른 계단 위쪽에 자리한 숙소도 많다. 구시가지 근처에 숙박을 잡는다면 후기를 꼼꼼히 체크하는 것이 좋다. 차가 있다면 구시가지에서 조금 떨어진 라파드  혹은 바빈쿡 지역의 숙소를 추천한다.

Dubrovnik
# GET AROUND

## 어떻게 갈까?

두브로브니크는 크로아티아에서 가장 유명한 휴양지다. 이 때문에 버스, 페리, 항공 등 크로아티아 국내는 물론 주변 국가를 연결하는 대중교통이 잘 갖춰져 있다. 렌터카를 이용해 환상의 드라이브를 하며 찾아갈 수 있다. 버스터미널과 페리터미널은 구시가지에서 3km 가량 떨어져 있다. 버스나 페리를 이용한다면 터미널에서 구시가지까지 로컬 버스를 이용해야 한다.

### 1. 렌터카

두브로브니크는 스플리트에서 229km(약 3시간), 마카르스카에서 180km(약 2시간 30분) 거리다. 고속도로를 이용한다면 두브로브니크까지 내비게이션이 없어도 괜찮다. 고속도로에는 두브로브니크 이정표가 항상 보인다. 크로아티아 가장 남쪽에 위치해 있어 주변국을 같이 돌아보기 좋다. 남동쪽의 몬테네그로 코토르와 부드바까지 2시간 거리다. 두브로브니크가 렌터카 여행의 종착지라면 도착과 함께 렌터카를 반납하는 게 좋다. 이곳은 크로아티아에서 주차하기 가장 힘들뿐더러 주차료도 비싸다. 6~8월 성수기에는 매일 주차 전쟁이 벌어지고, 구시가지 주변으로 차량 정체도 심각하다. 구시가지 주변 주차료는 성수기에는 1시간당 3~8유로, 비수기는 2유로 이상이다.

### 2. 버스

두브로브니크로 가는 버스는 어디에서건 미리 예약하지 않아도 될 정도로 버스 노선이 많다. 여행 일정에 여유가 없다면 정확한 시간을 사이트에서 미리 확인해 보는 것이 좋다. 자그레브처럼 장거리 노선은 야간 버스가 있어서 숙박요금과 여행시간을 줄일 수 있다. 5월부터 9월까지 여행자가 급증하는 시기에는 편수가 늘고, 배차시간도 짧아진다. 주변국인 몬테네그로에서는 1일 5~6회, 보스니아 헤르체고비나에서는 1일 1~2회 국제버스를 운행한다. 버스터미널에서 유료 짐 보관 서비스를 이용할 수 있다. 보관료는 1일 5유로다. 영업시간은 05:30~22:30다. 버스터미널은 구시가지에서 북서쪽으로 약 3km 정도 떨어진 그루즈Gruž에 위치해 있다. 구시가지까지 걸어가기는 멀고 버스나 택시를 이용해야 한다. 버스터미널에서 구시가지의 입구 필레 문까지는 1A, 1B, 3, 8번 버스가 운행된다. 소요시간은 15분, 요금은 1.73유로다. 택시 요금은 10~13유로 정도이다.

**Data 두브로브니크 버스터미널**
**주소** Obala Ivana Pavla II **전화** (0)60-305-070 **운영시간** 05:30~21:30
**시외버스 예약 사이트** www.buscroatia.com, www.getbybus.com

### 두브로브니크까지 버스 요금 및 소요시간

*스플리트↔두브로브니크*

| 목적지 | 운행시간 | 운행 횟수 | 요금 | 소요시간 |
|---|---|---|---|---|
| 두브로브니크 | 첫차 02:30, 막차 20:30 | 1일 10회 이상 | 16~20유로 | 4시간 30분 |
| 스플리트 | 첫차 06:00, 막차 21:00 | | | |

*마카르스카↔두브로브니크*

| 목적지 | 운행시간 | 운행 횟수 | 요금 | 소요시간 |
|---|---|---|---|---|
| 두브로브니크 | 첫차 03:45, 막차 18:40 | 1일 10회 이상 | 13~16유로 | 3시간 |
| 마카르스카 | 첫차 05:00, 막차 21:00 | | | |

*자그레브↔두브로브니크*

| 목적지 | 운행시간 | 운행 횟수 | 요금 | 소요시간 |
|---|---|---|---|---|
| 두브로브니크 | 첫차 06:00, 막차 23:55 | 1일 10회 | 36~42유로 | 9시간 15분 |
| 자그레브 | 첫차 08:00, 막차 22:00 | | | |

*코토르(몬테네그로)↔두브로브니크*

| 목적지 | 운행시간 | 운행 횟수 | 요금 | 소요시간 |
|---|---|---|---|---|
| 두브로브니크 | 첫차 08:30, 막차 18:50 | 1일 4회 | 25~28유로 | 2시간 15분 |
| 코토르 | 첫차 07:00, 막차 17:30 | | | |

*모스타르(보스니아 헤르체고비나)↔두브로브니크*

| 목적지 | 운행시간 | 운행 횟수 | 요금 | 소요시간 |
|---|---|---|---|---|
| 두브로브니크 | 06:40 | 1회 | 21~24유로 | 4시간 20분 |
| 모스타르 | 17:15 | | | |

**Tip** 버스터미널에는 숙박 호객행위를 하는 사람들이 종종 있다. 숙소가 저렴하고 픽업 서비스를 해주는 이점은 있지만 구시가지에서 먼 곳들이 많다. 꼭 숙소의 위치를 확인하고 계약하자.

### 3. 항공

크로아티아 전 지역과 비엔나, 파리, 런던 등 유럽의 여러 지역에서 두브로브니크로 들어오는 항공이 있다. 바르셀로나, 프랑크푸르트, 로마 등 2~3시간 거리의 유럽 도시에서 출발하는 저가 항공은 항공 요금이 저렴한 편. 특히 비수기에는 항공료가 40~50유로인 프로모션도 자주 뜨니 이용해볼 만하다. 자그레브-두브로브니크 국내선은 매일 3편 이상 운행한다. 공항은 작은 편. 면세점 또한 작다. 카페와 은행, 환전소 등이 있다.

Data

**크로아티아 에어라인** www.croatiaairlines.com
**부엘링항공** www.vueling.com
**유로윙스** www.eurowings.com
**루프트한자** www.lufthansa.com

## 공항에서 구시가지(올드타운) 가기

두브로브니크 공항은 구시가지와 약 21km 떨어져 있다. 버스로 30분 거리다. 공항에서 구시가지로 가는 방법은 공항버스와 택시가 있다. 공항버스는 배차시간이 들쑥날쑥한 편. 비행기 이착륙 시간에 맞추어 운행한다. 따라서 공항에 도착하면 시간을 너무 지체하지 말 것! 버스 티켓은 공항 도착 층 관광안내소 옆 티켓 카운터에서 구입할 수 있다. 두브로브니크에서 내리는 곳은 구시가지 입구인 필레 문과 버스터미널 2곳이다. 구시가지로 갈 때 공항버스 왼편에 앉으면 멋진 바다를 감상하며 갈 수 있다. 버스요금은 편도 10유로, 왕복 15유로. 택시 요금은 30~40유로 정도 한다.

Data **두브로브니크 공항**

**주소** 20213, Čilipi **전화** (0)20-773-100 **홈페이지** www.airport-dubrovnik.hr

## 구시가지(올드타운)에서 공항 가기

구시가지에서 공항으로 가는 버스 스케줄은 며칠 전에 나온다. 항공 스케줄에 따라 버스 스케줄이 결정되기 때문. 그러나 이른 아침에 출발하는 항공편이라도 너무 걱정하지 말자. 공항버스는 이름 아침부터 성수기는 1시간 이내, 비수기에는 1시간 30분 간격으로 운행한다. 단, 낮에는 교통체증이 잦으니 시간을 넉넉하게 계산해야 한다. 공항버스 정류장은 스르지 언덕 전망대 케이블카 타는 곳에 있다.

### 4. 페리

두브로브니크 페리터미널은 버스터미널 옆에 있다. 이곳에서 스플리트와 주변 섬 코르출라, 브라츠, 흐바르, 믈레트로 가는 페리가 있다. 국제선으로는 이탈리아 바리Bari로 향하는 페리가 있다. 바리까지는 약 10시간이 소요되며, 스케줄은 시즌에 따라 차이가 있다. 항구에서 구시가지로 갈 때는 버스터미널과 마찬가지로 버스나 택시를 이용해야 한다. 페리터미널에서 구시가지 필레 문까지는 1A, 1B, 1C, 3, 7번 버스가 운행한다. 소요시간은 15분, 요금은 1.73유로. 택시 요금은 12~15유로다.

**Data 페리터미널**
**주소** Obala Ivana Pavla II 1
**전화** (0)20-313-333
**홈페이지** www.portdubrovnik.hr
**야드롤리니아** www.jadrolinija.hr

#### 두브로브니크에서 목적지까지 페리 요금 및 운항시간

*두브로브니크↔스플리트*

| 도착지 | 출발시간 | 도착시간 | 요금 |
|---|---|---|---|
| 스플리트 | 매일 16:30 | 20:45 | 탑승객 46~51유로 |
| 두브로브니크 | 매일 07:45 | 12:00 | |

*두브로브니크↔바리(이탈리아)*

| 도착지 | 운항일 | 출발시간 | 도착시간 | 요금 |
|---|---|---|---|---|
| 바리 | 매일 | 21:00 | 07:00 | 탑승객 50~70유로<br>승용차 120~160유로 |
| 두브로브니크 | 매일 | 21:00 | 08:00 | |

구시가지와 주변은 도보로 이동 가능하다. 그 외 지역은 두브로브니크 시내버스를 이용하면 된다.

**1. 버스**

두브로브니크에는 시내 13개, 근교 18개의 노선이 운행되고 있다. 가장 많이 이용하는 노선만 잘 알아두면 두브로브니크에서 숙소가 좀 떨어져 있거나, 근교를 여행하기에 불편하지 않다. 버스요금은 티삭(가판대) 혹은 버스기사에게 직접 구입 가능하다. 요금은 1.99유로. 티삭은 현금과 신용카드 이용 가능. 버스에서 구입하면 현금만 가능하다. 1시간 안에 환승할 수 있다.

주요 버스 노선

| 노선 | 버스 번호 |
|---|---|
| 필레 문-라파드 | 4번 |
| 필레 문-바빈쿡 | 5번 |
| 버스터미널-라파드, 바빈쿡 지역 | 7번 |
| 버스터미널-필레 문 | 1A, 1B, 3, 8번 |
| 케이블카-성 야고보 비치 | 5번 |

Data **두브로브니크 시내버스 노선** www.libertasdubrovnik.com

**2. 택시**

여행자들이 많이 가는 곳은 택시 요금이 정액제로 정해져 있다. 그래도 약간의 흥정이 가능하다. 미터 택시는 기본요금 3.36유로로, 1km에 1.08유로다. 우버 택시를 이용하면 약 20~30% 정도 저렴하게 이용 가능하다.

Data **두브로브니크 택시** www.welcomepickups.com

*** 두브로브니크 패스 Dubrovnik Pass**

크로아티아의 도시별 할인카드 가운데 가장 알차게 이용할 수 있는 것이 두브로브니크 패스다. 두브로브니크 패스에는 성벽 투어와 함께 로브리예나츠 요새, 렉터 궁전, 프란체스코 수도원, 해양박물관, 아트 갤러리, 민속박물관 등 12개의 박물관 및 갤러리 입장이 포함되어 있다. 그 외에 각종 액티비티와 유명 레스토랑, 쇼핑 숍 등의 할인 혜택이 있다. 서머 페스티벌 기간에는 공연 할인도 가능하다. 또한, 날짜만큼 무제한 시내버스를 이용할 수 있다. 두브로브니크 패스는 1일권, 3일권, 7일권 3종이 있다. 요금은 1일권 35유로, 3일권 45유로, 7일권 55유로다. 성벽 투어 + 로브리예나츠 요새가 1인 35유로인 것을 감안하면 버스 한 번만 더 타도 본전 뽑는다. 7세 이하는 무료이다. 구시가지의 관광안내소와 두브로브니크 패스 홈페이지 (www.dubrovnikpass.com)에서 구입할 수 있다. 인터넷 구매 시 카드 수령은 구시가지 관광안내소에서 한다. 버스 티켓도 별도로 수령해야 한다.

**필레 문 관광안내소**

**Data** **주소** Brsalje 5 **전화** (0)20-323-887 **운영시간** 월~토 08:00~20:00, 일 08:00~15:00

**Tip** ***시티버스 타고 드라이브!***

두브로브니크는 구시가지를 벗어나면 명소가 많은 편은 아니다. 그래도 차를 타고 드라이브만 해도 멋진 곳이 바로 두브로브니크다. 드라이브가 하고 싶은데 차가 없거나, 여행 일정이 짧은 여행자에게는 시티버스를 추천한다. 시티버스는 구시가지 필레 문 외 여러 정류장에서 자유롭게 승하차가 가능하다. 동쪽과 서쪽 뷰포인트에서 두브로브니크를 감상할 수 있고, 두브로브니크 브리지 전망대도 들른다. 소요시간 1시간 30분~2시간, 요금은 27유로부터다. 예약은 필레 문 앞 투어 데스크와 버스에서 직접할 수 있다.

**Data** **두브로브니크 시티버스**

**전화** (0)98-960-0071 **홈페이지** www.sightseeing-dubrovnik.com

Dubrovnik
# THREE FINE DAYS

## 1일차

필레 문

도보 2분

성벽 투어(3시간)

도보 1분

큰 오노프리오 분수

도보 1분

프란체스코 수도원&박물관

도보 1분

스트라둔 대로

도보 5분

루사 광장

도보 1분

올란도 기둥

도보 1분

스폰자 궁전

도보 3분

도미니크 수도원

도보 3분

시의 종탑

도보 1분

성 블라이세 성당

도보 1분

렉터 궁전

도보 5분

해양박물관

도보 5분

두브로브니크 대성당

도보 5분

성 이그나티우스 성당

*두브로브니크는 관광과 휴양을 적절히 섞은 3일 일정을 추천한다.*
*첫날은 두브로브니크 구시가지를 돌아보자. 2일과 3일은 주변의 섬 등을 찾아*
*휴양을 위주로 여행하자. 여행 스타일에 따라 원하는 일정을 추가하자.*

**2일차**

플로체 문

도보 10분

반예 비치

케이블카 15분

스르지산 전망대

**3일차**

구시가지 선착장

페리 10분

로크룸섬

페리 10분

구시가지

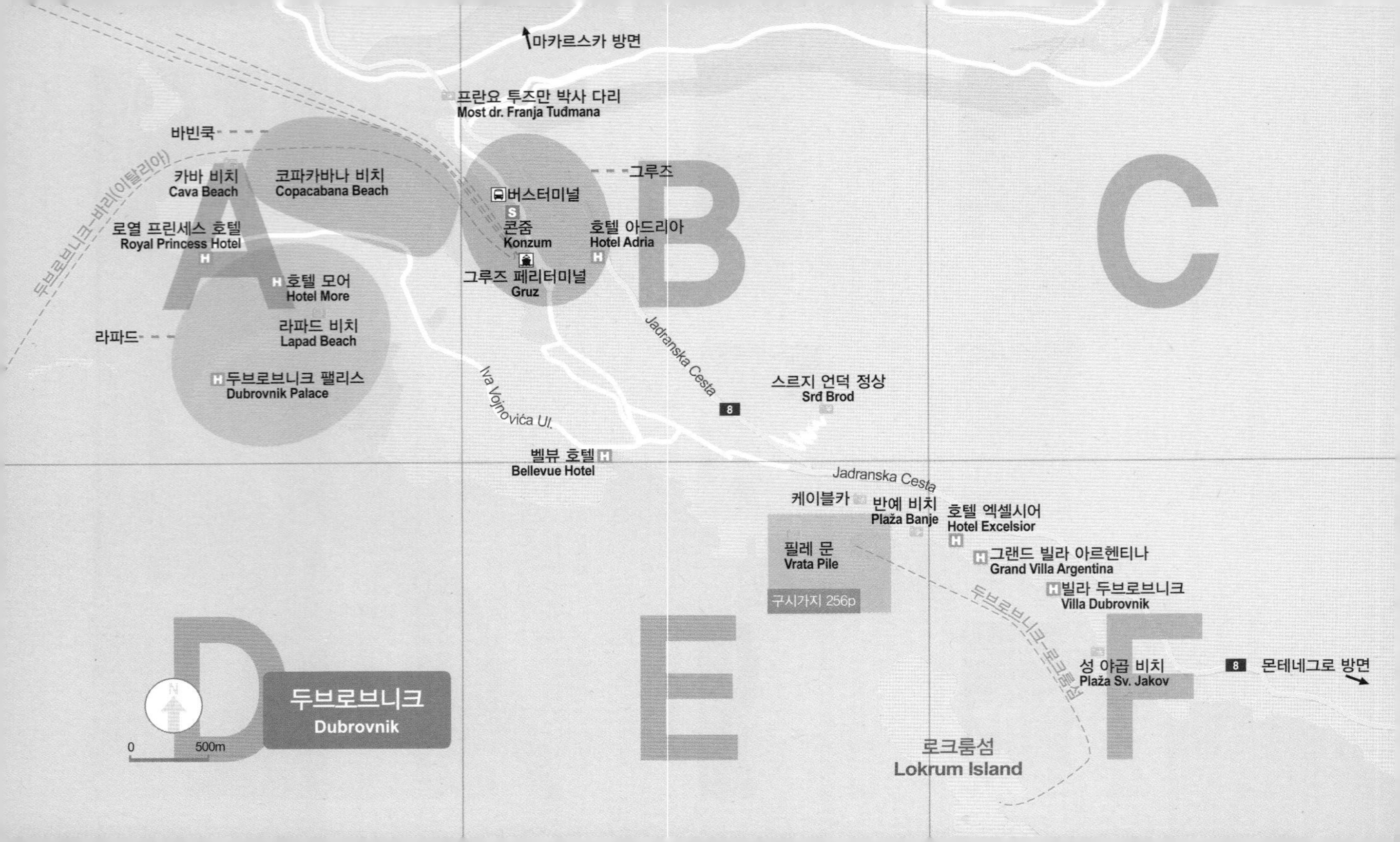

두브로브니크
Dubrovnik
마카르스카 방면
프란요 투즈만 박사 다리
Most dr. Franja Tuđmana
바빈쿡
그루즈
카바 비치
Cava Beach
코파카바나 비치
Copacabana Beach
버스터미널
콘줌
Konzum
호텔 아드리아
Hotel Adria
로열 프린세스 호텔
Royal Princess Hotel
호텔 모어
Hotel More
그루즈 페리터미널
Gruz
라파드
라파드 비치
Lapad Beach
두브로브니크 팰리스
Dubrovnik Palace
두브로브니크-바리(이탈리아)
Jadranska Cesta
Iva Vojnovića Ul.
스르지 언덕 정상
Srđ Brod
벨뷰 호텔
Bellevue Hotel
케이블카
반예 비치
Plaža Banje
호텔 엑셀시어
Hotel Excelsior
필레 문
Vrata Pile
구시가지 256p
그랜드 빌라 아르헨티나
Grand Villa Argentina
빌라 두브로브니크
Villa Dubrovnik
두브로브니크-로크룸섬
성 야곱 비치
Plaža Sv. Jakov
몬테네그로 방면
로크룸섬
Lokrum Island
0
500m
A
B
C
D
E
F

MR. WEST

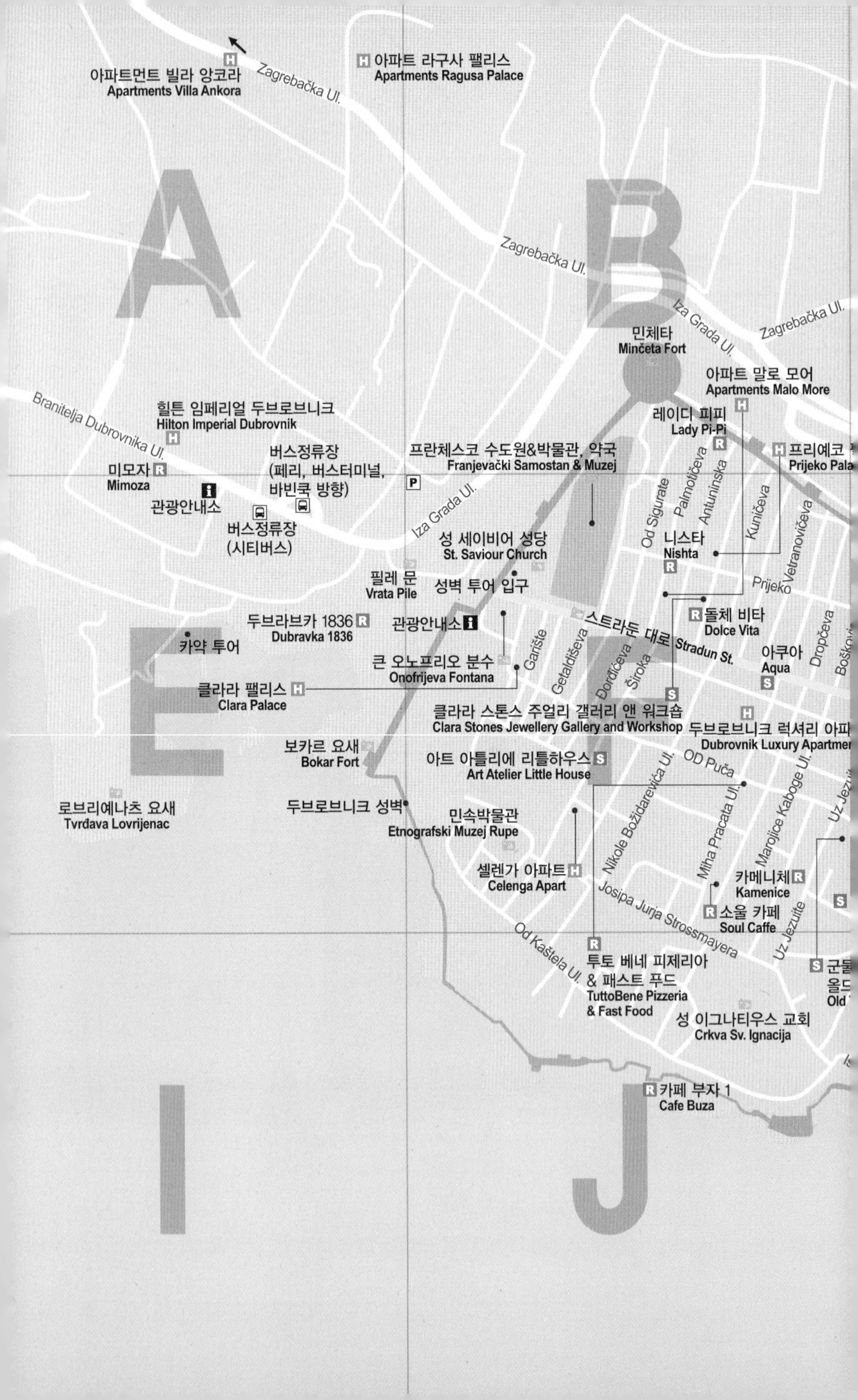

아파트먼트 빌라 앙코라
Apartments Villa Ankora
아파트 라구사 팰리스
Apartments Ragusa Palace
Zagrebačka Ul.
Zagrebačka Ul.
Zagrebačka Ul.
Iza Grada Ul.
민체타
Minčeta Fort
아파트 말로 모어
Apartments Malo More
Branitelja Dubrovnika Ul.
힐튼 임페리얼 두브로브니크
Hilton Imperial Dubrovnik
레이디 피피
Lady Pi-Pi
버스정류장
(페리, 버스터미널,
바빈쿡 방향)
프란체스코 수도원&박물관, 약국
Franjevački Samostan & Muzej
미모자
Mimoza
관광안내소
버스정류장
(시티버스)
Iza Grada Ul.
성 세이비어 성당
St. Saviour Church
Od Sigurate
Palmotićeva
Antuninska
Kuničeva
Vetranovićeva
니스타
Nishta
필레 문
Vrata Pile
성벽 투어 입구
Prijeko
두브라브카 1836
Dubravka 1836
관광안내소
돌체 비타
Dolce Vita
카약 투어
스트라둔 대로 Stradun St.
큰 오노프리오 분수
Onofrijeva Fontana
Gariste
Getaldićeva
Đorđićeva
Široka
아쿠아
Aqua
Dropčeva
클라라 팰리스
Clara Palace
클라라 스톤스 주얼리 갤러리 앤 워크숍
Clara Stones Jewellery Gallery and Workshop
두브로브니크 럭셔리 아파
Dubrovnik Luxury Apartmen
보카르 요새
Bokar Fort
아트 아틀리에 리틀하우스
Art Atelier Little House
OD Puča
Nikole Božidarevića Ul.
Miha Pracata Ul.
Marojice Kaboge Ul.
로브리예나츠 요새
Tvrđava Lovrijenac
두브로브니크 성벽
민속박물관
Etnografski Muzej Rupe
셀렌가 아파트
Celenga Apart
카메니체
Kamenice
소울 카페
Soul Caffe
Josipa Jurja Strossmayera
Uz Jezuite
Od Kaštela Ul.
투토 베네 피제리아
& 패스트 푸드
TuttoBene Pizzeria
& Fast Food
성 이그나티우스 교회
Crkva Sv. Ignacija
카페 부자 1
Cafe Buza

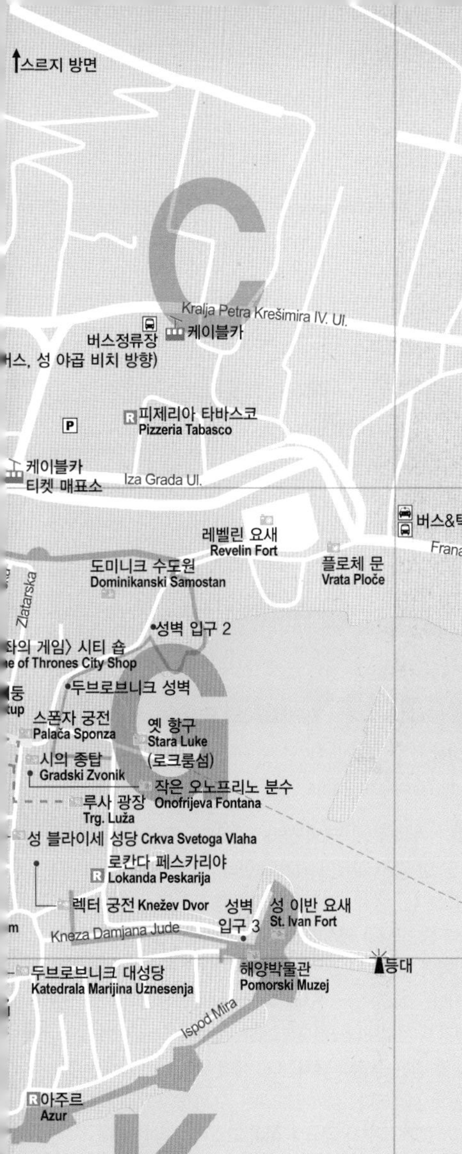




**두브로브니크 구시가지**
**Dubrovnik Old Town**

## | 구시가지 |

여행을 부르는 단 하나의 장면, 그 이상

### 두브로브니크 성벽 City Walls / Gradske Zidine

사진 한 장이 여행지를 결정하게 만들 때가 있다. 두브로브니크의 성벽이 그렇다. 중세 도시를 감싼 이 성벽이 크로아티아로 여행을 가게 만드는 단 한 가지 이유가 되기도 한다. 그만큼 두브로브니크의 성벽은 아름답고 인상 깊다. 두브로브니크 성벽은 중세 고성의 모습과 형태가 고스란히 보존되어 있다. 유럽에서 가장 잘 보존된 10개의 성벽 중 하나로 평가받았다. 성벽의 길이는 1,940m, 가장 높은 곳은 25m다. 해안을 따라 자리한 성벽의 두께는 1.5~3m. 육지 방면은 무려 6m에 이르는 곳도 있다. 처음 성벽이 건설된 것은 8세기다. 그 후 15~16세기에 걸친 대공사로 지금의 견고하고 아름다운 모습을 갖게 되었다. 500여 년간 두브로브니크를 지켜가고 있는 이 성벽은 거대하고 옹골차다. 성벽 위를 거닐다 보면 심장이 터질 것 같은 풍경이 펼쳐진다. 성벽 위에서 마주하는 푸른 바다는 세상 그 어디에도 없는 두브로브니크만의 절경이다. 성벽 안으로는 구시가지의 빨간 지붕이 가득 들어차 있다. 과거 해상무역으로 영광을 누렸던 라구사 공국 시절이 고스란히 남아 있다. 사진으로만 보았던 그 장면이 눈앞에 생생히 펼쳐지는 감격적인 순간이다. 만약 두브로브니크에서 단 한 가지만 할 수 있다면 그것은 성벽 걷기이다.

**Data** **지도** 256-257p **가는 법** 필레 문에서 구시가지로 들어가자마자 왼쪽
**주소** Poljana Paska Miličevića **전화** (0)20-638-800 **운영시간** 11월~3월 09:00~15:00, 4월~5월, 9월~10월 08:00~18:00, 6~8월 08:00~19:30
**요금** 35유로, 18세 이하 15유로(두브로브니크 패스 소지자 무료)
**홈페이지** www.wallsofdubrovnik.com

## 성벽 투어 꿀팁!

1. 4~10월 햇볕이 강한 계절에는 투어를 오전 일찍 시작한다. 햇볕을 피할 수 없어 한낮에는 몸이 아이스크림처럼 녹아내릴 듯이 뜨겁다.
2. 필레 문에서 시작해 시계 반대 방향으로 걷는다. 풍경의 기승전결을 확실히 느낄 수 있다. 성벽 투어를 마친 후 구시가지 일정을 시작하기도 좋다.
3. 체력이 남아 있는 초반에는 조금 빨리 걷는 것이 좋다. 초반에 인증샷 찍으며 시간을 허비하면 중반 이후 나오는 언덕과 계단 코스가 너무 힘들다. 풍경은 갈수록 더 멋지다. 중후반부 풍경이 하이라이트다.
4. 중간에 체력이 소진되었다면 플로체 문 있는 곳의 입구로 내려오자.
5. 성벽 전 구간을 걸을 자신이 없다면 플로체 문에서 시작해 필레 문에서 끝내는 코스를 추천한다.
6. 성벽 입구는 필레 문(주 출입구), 플로체 문, 성 이반 요새 등 3곳이다. 이곳 입구에서는 티켓 검사를 하니 티켓을 잘 보관하자.
7. 성벽 중간에 화장실과 카페가 두어 곳 있다.
8. 슬리퍼보다는 단화, 샌들 등이 편하다. 비가 와도 미끄러지지 않는 신발을 신자.
9. 물과 모자, 그리고 멋진 풍경을 남길 카메라는 필수!

**Tip** ***성벽 투어에서 놓치지 말고 봐야 할 3곳!***

성벽의 모퉁이에는 4개의 요새와 16개의 감시탑이 있다. 필레 문부터 시작했을 때 첫 번째가 보카르Bokar Fort, 두 번째가 성 이반St. Ivan Fort, 세 번째가 레벨린Revelin Fort, 네 번째가 민체타 Minčeta Fort 요새다. 보카르 요새에서 성 이반 요새로 가는 길에 내려다보이는, 〈꽃보다 누나〉에 등장했던 카페 부자를 놓치지 말 것! 마지막 민체타 요새의 전망대 뷰가 가장 멋지니 꼭 올라볼 것! 민체타 요새 지나 구시가지 안쪽 높게 위치한 농구장을 찾아볼 것!

|Theme|

## 무역항으로 번성하던 라구사 공국에서 내전까지, 두브로브니크의 사연 많은 역사

두브로브니크라는 이름은 슬라브어 '참나무 숲'이라는 뜻의 두브라바Dubrava에서 유래했다. 도시 근처에 참나무가 많아서 붙여진 이름이다. 이 도시는 중세부터 무역항으로 이름을 날렸다. 과거의 이름은 라틴어로 '바위'라는 뜻의 라구사Ragusa였다.

라구사는 7세기 경 로마인의 후예가 이민족의 위협에 쫓겨 오며 생겨난 도시이다. 12~13세기에는 150년간 베네치아의 지배를 받았다. 베네치아 공국이 떠난 후 헝가리 왕국 아래에서 라구사 공국은 자치권을 누렸다. 14세기부터는 해상무역을 통해 비약적으로 발전했다. 당시 라구사 공국은 오스만 터키의 종주권을 인정하며 무역을 통해 얻은 이익의 일부를 공물로 바치기 시작했다. 라구사 공국은 오스만 터키의 보호 속에 해상무역을 통해 많은 부를 축적했다. 오스만 터키로부터 들여온 아시아의 많은 것들이 라구사 공국을 경유해 지중해의 여러 나라로 전달되었다. 이런 중개무역으로 14~17세기 라구사 공국은 전성기를 맞는다. 라구사의 물질적인 번영은 건축학과 다양한 예술, 문화의 발전으로 이어졌다. 오늘날까지 전해지는 많은 건축물이 그 시절에 세워진 것들이다.

그렇게 승승장구하던 라구사 공국에 몰락의 시기가 찾아왔다. 1667년 대지진으로 인해 성벽을 제외한 구시가 대부분의 건물이 파괴되었다. 인구의 20%에 해당하는 5,000명의 시민이 목숨을 잃었다. 시민들은 순식간에 폐허가 된 라구사 공국을 복구하기 위해 노력했지만 국력까지 회복시키지는 못했다. 결국 1806년 프랑스 나폴레옹 군대가 라구사를 점령했다 사라졌고, 1815년부터는 오스트리아의 지배를 받게 되었다. 그 후, 1918년 유고슬라비아 왕국의 영토로 편입되는 아픔을 겪어야만 했다.

라구사는 1909년 과거의 아픈 기억을 지우고자 도시의 이름을 두브로브니크로 변경했다. 현대로 들어와 두브로브니크는 아름다운 자연과 건축물을 보존한 유럽의 대표 관광지로 급부상하게 되었다. 1979년 구시가지 전체가 유네스코 세계문화유산으로 지정되기도 했다. 하지만 유고슬라비아 연방의 내전이 일어나 또 한 번 위기를 맞는다. 1991년 10월부터 7개월간 두브로브니크는 세르비아의 무차별 폭격을 받는다. 이때 세계의 많은 지식인과 예술가들이 두브로브니크의 비극적인 전쟁을 종식해야 한다고 호소하기도 했다.

전쟁이 끝난 후 두브로브니크 시민들은 도시를 복구하는 데 힘을 썼다. 시민들의 눈물로 지켜낸 도시. 그래서 두브로브니크는 더 눈부시다. 그 시절의 라구사는 없지만 두브로브니크라는 이름으로 다시 한 번 과거의 영광을 재현하고 있다.

라구사 공국 국기

두브로브니크 여행의 시작

## 필레 문 Pile Gate / Vrata Pile

1537년 건설된 구시가지로 들어가는 관문. 성의 서쪽에 있다. 필레 문에서 모든 버스가 정차한다. 관광객들도 꼭 한 번 거쳐 가는 여행의 시작점이기도 하다. 이 문이 지어졌을 당시에는 다리 아래로 해자가 흐르고, 매일 밤 수문장이 도개교를 닫으며 성을 지켰다고 한다. 게이트 바로 위에는 두브로브니크의 수호성인 성 블라이세 동상이 세워져 있다.

**Data** **지도** 256p-F **가는 법** 성의 서쪽, 필레 문 버스정류장 앞 **주소** Vrata od Pila Ul.

**Tip** ***성 블라이세***

성 블라이세St. Blaise를 알고 가면 두브로브니크 여행이 더 흥미롭다. 성 블라이세는 터키 지방의 주교로 로마 제국 말기 기독교 박해로 사망한 성인이다. 이곳에선 성 블라호Sv. Vlaho, 성 블라쥐Sv. Blaž로 불린다. 의학기술이 뛰어났던 이 주교는 여러 사람들을 구했다는 전설이 내려오고 있다. 그중 두브로브니크의 수호성인으로 자리하게 된 것은 베네치아 군의 공격을 미리 예지한 일화 때문이다. 971년 2월 2일 베네치아 군이 라구사 공국을 공격하려 로크룸섬에 정박했다. 이때 성 블라이세가 어느 사제의 꿈에 나타나 예언을 해서 도시를 지킬 수 있도록 했다. 베네치아 군으로부터 라구사 공국을 지켜낸 시민들은 성 블라이세를 수호성인으로 봉축했다. 필레 문, 플로체 문 등 사람들이 가장 많은 곳에 성 블라이세의 동상을 세웠다. 또한, 성 블라이세에게 바치는 성당도 건축했다. 그 외에 구시가지 곳곳에 그의 부조물과 석상을 세웠다. 972년부터 매년 2월 2~3일 성 블라이세를 기리는 축제를 열어오고 있다.

두브로브니크를 대표하는 건축물

## 프란체스코 수도원&박물관

Franciscan Monastery&Museum / Franjevački Samostan&Muzej

크로아티아가 자랑스러워하는 수도원이다. 크로아티아 관광 홍보자료에도 자주 등장한다. 수도원 외벽은 높고 단순하지만 내부는 우아하고 고급스럽다. 12세기까지 성 밖 지금의 힐튼 임페리얼 호텔 부근에 있던 수도원은 1317년 전쟁으로 인해 성 안쪽으로 옮겨왔다. 수도원이 지어졌을 당시에도 세상에서 가장 아름다운 수도원이라 칭송받았다고 한다. 1667년 두브로브니크 대지진 당시 큰 피해를 입고 복원을 했는데, 모습은 달라졌지만 건물의 아름다움은 여전하다. 수도원 입구는 좁고 눈에 띄지 않는다. 안쪽으로 들어가면 섬세하게 조각된 60개의 기둥이 세워진 회랑이 나온다. 기둥 사이로 보이는 회랑의 안뜰과 첨탑이 수도원의 백미이다. 수도원은 박물관과 함께 있다. 15세기 수도사들이 지니던 유물과 예술품, 그리고 종교 서적들이 전시되어 있다. 박물관은 규모가 큰 편은 아니다. 하지만 두브로브니크를 대표하는 건물 중 한 곳이니 꼭 관람해 보자. 건물 외벽에는 소원의 벽이 있다. 낮게 튀어나온 배수로가 있는데, 그 위에 올라서서 3초를 버티면 소원이 이루어진다는 재밌는 이야기가 전해진다.

**Data** **지도** 256p-F **가는 법** 필레 문으로 들어가서 바로 왼쪽 **주소** Stradun 2 **전화** (0)20-321-410
**운영시간** 4~10월 09:00~18:00, 11~3월 09:00~14:00 **요금** 수도원과 박물관 4유로
(두브로브니크 카드 소지자 무료) **홈페이지** www.malabraca.wix.com/malabraca

**Tip** 프란체스코 수도원과 붙어 있는 성 세이비어 성당St. Saviour Church은 작지만 고풍스러운 성당이다. 고딕과 르네상스 양식이 결합된 이 성당은 1667년 대지진에도 무너지지 않고 살아남았다. 지금은 여름축제 콘서트장으로 사용된다.

만남의 장소

## 큰 오노프리오 분수 Large Onofrio Fountain / Onofrijeva Fontana

두브로브니크 만남의 장소이다. 1440년 주민에게 식수를 공급하기 위해 크로아티아 최초로 건설된 상수도 시설의 일부다. 처음 만들어졌을 때는 화려하게 장식된 분수였지만 오랜 세월 지진과 전쟁으로 인해 지금은 일부만 남았다. 이탈리아 건축가 오노프리오 데라카바가 만들어 오노프리오 분수라는 이름이 붙여졌다. 루사 광장에는 작은 오노프리오 분수가 있다.

**Data** **지도** 256p-F
**가는 법** 필레 문으로 들어가자마자 바로
**주소** Poljana Paska Miličevića

|Talk|

### 지금도 성업 중인 유럽에서 세 번째로 오래된 약국

프란체스코 수도원에는 1317년 문을 연 약국이 지금도 성업 중이다. 유럽에서 세 번째로 오래된 약국이며, 그 세 곳의 약국 중 지금까지 운영하는 유일한 약국이다. 약국을 들어서면 생각보다 현대적인 모습을 하고 있다. 중세 시대 세워진 실제 약국은 건물의 더 안쪽, 수도원 박물관과 함께 공개되어 있다. 이곳은 지금도 허브와 약초를 이용한 전통 방식의 약과 허브크림, 그리고 허브티를 만들고 있다. 크로아티아 여행 기념품 중 가장 유명한 장미 크림(12.5유로)도 이곳에서 판매한다. 크기가 작고 패키지가 예뻐서 선물용으로 좋다. 약국에서 생기는 수익금은 수도원의 운영비로 쓰인다. 프란체스코 수도원과 박물관 입구를 같이 사용한다.

**Data** **운영시간** 평일 07:00~19:00, 일요일 07:30~15:00

반짝반짝 빛나는 대리석 거리

## 스트라둔 대로 Stradun St

두브로브니크 구시가지에는 세로 11개, 가로 14개의 골목이 있다. 이 가운데 가장 넓은 거리이자 메인 거리가 스트라둔이다. 스트라둔은 베네치아어로 '큰 거리'라는 뜻이다. 라틴어로 '거리'라는 뜻의 플라차Placa로도 불린다. 292m 길이의 이 길은 필레 문과 루사 광장을 동서로 가로지른다. 현재는 반짝반짝 빛나는 대리석 바닥이지만 중세에는 물자를 수송하던 작은 해협이 있었다고 한다. 당시 해협의 남쪽에는 로마인, 북쪽은 남슬라브인이 사이좋게 공존했다. 그 후 13세기 이 해협을 메우기 위해 통행세를 대리석으로 받았다. 14세기 라구사 공국의 전성기에 스트라둔은 대리석으로 포장되었다. 또한 부와 권력을 한껏 과시하는 호화 궁전들이 길을 따라 늘어섰다. 1667년 대지진으로 무너졌다가 지금의 모습으로 복구되었다. 지금은 길을 따라 레스토랑과 작은 상점들이 도열해 여행의 기분을 한껏 자극한다.

**Data** **지도** 256p-F **가는 법** 필레 문부터 길게 뻗은 도로

눈에 보이는 모든 것이 문화유산

## 루사 광장 Luža Square / Trg. Luža

옛 항구로 이어지는 구시가지의 가장 큰 광장. 성 블라이세 성당부터 스폰자 궁전, 종탑 등 눈에 보이는 모든 것이 중세의 향기가 담긴 건축물이다. 그래서 '거리의 박물관'이라 불린다. 스트라둔 대로를 걸어왔다면 루사 광장을 중심으로 위치한 볼거리들을 차례대로 둘러보면 된다.

Data 지도 257p-G
가는 법 스트라둔 대로 동쪽 끝

성의 동쪽, 옛 항구가 보여요!

## 플로체 문 Ploče Gate / Vrata Ploče

성의 동쪽을 지키는 문. 필레 문처럼 해자였던 곳을 다리로 연결시켜 놓았다. 게이트 위에는 성 블라이세의 조형물이 세워져 있다. 1471년 파스코예 밀리체비치에 의해 지어진 2개의 다리는 멋진 아치형으로 연결되어 있다. 파스코예 밀리체비치는 플로체 문 외에도 필레 문, 루사 광장에 위치한 스폰자 궁전을 조각한 두브로브니크 출신의 조각가이다. 플로체 문은 관광객들로 붐비는 필레 문보다 한산하고 옛 항구가 내려다보여 두브로브니크 인증샷을 찍기 좋다.

Data 지도 257p-G
가는 법 구시가지 동쪽 입구

현지인들이 가장 사랑하는 성당

## 성 블라이세 성당 St. Blaise's Church / Crkva Svetoga Vlaha

두브로브니크의 수호성인으로 추앙받은 성 블라이세에게 바쳐진 성당이다. 구시가지 최고 지위의 건물이자 두브로브니크 시민에게 가장 사랑받는 성당이다. 1368년에 로마네스크 양식으로 건축된 이 성당은 대지진으로 인한 심각한 손상과 1706년 화재로 결국 유실되었다. 현재의 성당은 1717년 베네치아 건축가가 베네치아 성 모리셔스 성당을 모델로 새로 지은 것이다. 성당 내부에서는 15세기 무명 조각가가 새긴 성 블라이세 동상을 볼 수 있다. 대지진과 화재를 이겨내고 살아남은 이 작품은 두브로브니크의 보물로 여겨지며 성당 내 깊숙한 곳에 보관되어 있다. 조각상의 손에는 대지진 이전 라구사 공국의 화려했던 모습이 담긴 모형도가 들려 있다. 성당 안의 조각들이 섬세하고 아름다워 여행자들의 발길이 끊이지 않는다.

**Data** **지도** 257p-G **가는 법** 루사 광장에 위치 **주소** Luža Ul. 2

유럽의 천년 역사가 기록된 곳

## 스폰자 궁전 Sponza Palace / Palača Sponza

과거 물탱크가 있던 자리에 지은 궁전이다. 궁전 이름을 '물을 모으다'는 의미인 스폰자Sponga로 지은 것도 이 때문이다. 1516년 건물이 지어진 후 세관과 재무국, 은행을 거쳐 학교까지 다양한 공공기관 역할을 수행했다. 17세기에는 지식인들의 문학 아카데미로 사용되었다. 현재는 역사기록보관소로 사용되고 있는데, 천 년 전 자료까지 보관되어 있다. 이 자료들은 과거 라구사 공국과 유럽 국가들의 역사와 문화를 기록한 소중한 유산으로 보호받고 있다. 고딕과 르네상스 양식이 결합된 건물은 대지진의 피해를 전혀 입지 않았다. 여름 축제 때는 콘서트와 음악회가 열린다.

**Data** 지도 257p-G
가는 법 루사 광장에 위치
주소 Stradun 2
전화 (0)20-323-887
운영시간 4~10월 09:00~18:00, 11~3월 09:00~16:00
요금 3.5유로

**Tip** *라구사 공국의 자유 깃발*

라구사 공국은 1418년 유럽에서 가장 먼저 노예제도를 폐지했다. 라구사 공국의 깃발은 노예제도 폐지와 함께 사용됐다. 이 깃발에는 '자유'라는 뜻의 라틴어 'Libertas'가 적혀 있다. 라구사 공국 깃발은 두브로브니크의 주요한 축제 때마다 구시가지 곳곳에서 볼 수 있다.

수 세기에 걸친 조화로움의 미학

## 렉터 궁전 Rector's Palace / Knežev Dvor

도시의 행정을 관장하던 총독의 저택이다. '렉터'는 총독을 의미한다. 라구사 공국 때는 한 사람이 절대 권력을 갖는 것을 막기 위해 총독의 임기를 고작 한 달로 제한했다고 한다. 총독은 부임기간 동안 공적인 업무 외에는 궁전 밖으로 나갈 수 없었다. 렉터 궁전은 그런 행정 업무만 처리했던 딱딱한 공간치고는 매력이 넘치는 건축물이다. 1441년 분수를 건설한 오노프리오가 고딕 양식으로 건축한 후 화약고 폭발로 손상된 것을 르네상스 양식으로 보수했다. 그 후 1667년 대지진으로 파손된 것을 다시 바로크 양식으로 보수했다. 결과적으로 고딕, 르네상스, 바로크 양식이 조화를 이루는 건축물로 탄생한 것이다. 현재 2층은 라구사 공국 시절 귀족들이 사용하던 물품과 중세 회화와 조각품, 무기, 동전 등이 전시된 역사박물관으로 쓰이고 있다. 여름 축제 기간엔 콘서트홀로 사용된다.

**Data** 지도 257p-G
**가는 법** 루사 광장에 위치
**주소** Pred Dvorom 3
**전화** (0)20-321-422
**운영시간** 4~10월 09:00~18:00, 11~3월 09:00~16:00
**요금** 15유로 (두브로브니크 카드 소지자 무료)

**Tip** ***두브로브니크의 여름 축제***

두브로브니크의 여름 축제는 7월 중순~8월 말에 열린다. 이때는 구시가지의 거리마다 무료로 관람할 수 있는 작은 연주회가 끊이지 않는다. 궁전, 성당 등에서는 유료 음악회와 콘서트, 전시회가 매일 열린다. 울림이 좋은 역사적인 건축물에서 열리는 공연은 두브로브니크에 대한 아주 특별한 추억이 된다. 여름 축제 기간에는 당일 예약해서 공연을 관람할 수 있다.

자유를 상징하는 수호기사

## 올란도 기둥 Orlando Columm / Orlandov stup

1418년 조각된 기사 동상으로 루사 광장 중앙에 있다. 기사 올란도는 유럽의 여러 도시에서 자유의 상징으로 여기는 인물이다. 두브로브니크 역시 자유도시를 선포한 이후 도시의 수호기사로 올란도 기사 동상을 세웠다. 올란도 기사의 오른쪽 팔꿈치는 라구사 공국의 길이 단위였던 1엘(51.1cm)과 동일해 '두브로브니크의 팔뚝'이라 부른다.

Data 지도 257p-G 가는 법 루사 광장 중앙

두브로브니크의 랜드마크

## 시의 종탑 City's Bell Tower / Gradski zvonik

1444년 만들어진 종탑으로 구시가지의 랜드마크다. 높이 31m의 종탑 꼭대기인 왕관 모양의 지붕 아래 종이 있다. 종탑은 1667년 대지진으로 옆으로 기울어졌는데, 1929년 같은 자리에 같은 디자인으로 다시 세웠다. 2톤 무게의 청동 종은 옛것을 그대로 사용하고 있다. 이 종은 매시 정각과 30분에 울린다. 종탑 아래에는 2003년 6월 6일 교황 요한 바오로 2세가 방문한 기념 부조가 있다.

Data 지도 257p-G 가는 법 루사 광장에 위치

라구사 공국의 샘물

## 작은 오노프리노 분수

Small Onofrio Fountain / Onofrijeva Fontana

큰 오노프리노 분수와 마찬가지로 주민들의 식수를 해결하기 위해 만든 분수다. 라구사 공국 시절에는 항상 식수가 부족해 시민들이 힘들어 했다고 한다. 따라서 이 식수는 시민들의 갈증을 해결해 주는 동시에 라구사 공국의 발전을 보여주는 상징적인 존재였다. 작은 오노프리오 분수는 지하 관을 통해 근처 렉터 궁전까지 이어진다. 1442년에 완공된 후 대지진에도 손상을 입지 않아 원형을 그대로 간직하고 있다.

Data **지도** 257p-G **가는 법** 시의 종탑 옆에 위치

라구사 공국의 화려함이 숨겨진 곳

## 도미니크 수도원 Dominican Monastery / Dominikanski Samostan

13세기 고딕 양식으로 건축된 수도원이다. 당시 수도원이나 성당 같은 중요한 건물들은 방어를 위해 외벽을 단단히 지었다. 도미니크 수도원의 외벽은 단순한 모양이지만 내부는 사뭇 다르다. 아름다운 열주회랑 안에 정원과 화려하고 웅장한 성당이 숨겨져 있다. 수도원은 1225년에 건축되었지만 수도원 안의 여러 건물들은 14~15세기에 완성되었다. 현재 수도원에는 박물관이 있는데, 화려했던 라구사 공국 시절의 수많은 보물과 장신구, 공예품을 소장하고 있다. 특히, 15~16세기 두브로브니크를 대표하는 화가들의 회화도 볼 수 있다. 1550년 이탈리아 르네상스 시기 당시 최고의 화가로 알려진 티치아노가 그린 〈성 마리아 막달리나〉는 놓치지 말자.

Data **지도** 257p-G **가는 법** 플로체 문으로 진입해서 도보 1분 **주소** Svetog Dominika Ul. 4
**전화** (0)20-322-200 **운영시간** 6~9월 09:00~18:00, 10~5월 09:00~17:00
**요금** 2유로 **홈페이지** www.dominikanci.hr

빨간 등대가 있어요!

## 옛 항구 Old Port / Stara Luke

폰타 문Ponta Gate을 나서면 펼쳐지는 옛 항구다. 라구사 공국의 번영과 쇠퇴를 함께한 곳이다. 지금은 그 시절의 무역선을 대신해 관광선이나 개인용 보트가 정박해 있다. 로크룸섬으로 향하는 보트와 바다 속을 볼 수 있는 관광용 글라스 보트가 이곳에서 출발한다. 아치만 남은 당시 조선소 건물은 인기 있는 해산물 레스토랑으로 운영되고 있다. 오전에는 피시 마켓도 연다. 해가 지는 시간이면 더욱 분위기가 좋다.

Data 지도 257p-G 가는 법 스폰자 궁전 바로 뒤편
주소 Ribarnica Ul. 1

로마 스페인 광장처럼

## 성 이그나티우스 교회

St. Ignatius Church / Crkva Sv. Ignacija

로마 스페인 광장이 떠오르는 보스코비치Bošković 광장에 있는 예수회 소속의 성당이다. 건축가이자 화가인 안드레아 포조가 1725년 건축했다. 성당에는 예수회 창시자인 성자 이냐시오의 일생이 그려진 프레스코화를 볼 수 있다. 구시가지에서 조금 떨어져 한적한 곳에 위치했다. 주말이면 현지인들의 결혼식이 자주 열린다.

Data 지도 256p-J 가는 법 루사 광장에서 도보 7분
주소 Poljana Ruđera Boškovića 7

성 블라이세의 신체가 모셔진 성당

## 두브로브니크 대성당

Dubrovnik Cathedral / Katedrala Marijina Uznesenja

두브로브니크의 대성당으로 사용되고 있는 성모 승천 대성당이다. 영국 리처드 1세가 로크룸섬에서 조난당했다가 구조된 후 감사의 뜻으로 11세기에 봉헌한 성당이다. 초기 로마네스크 양식으로 건축되었지만 1667년 대지진으로 무너진 후 1713년 웅장한 바로크 양식으로 재건되었다. 화려한 외부와는 달리 내부는 소박하고 단아하다. 두브로브니크의 수호성인인 성 블라이세의 신체 일부가 여러 진귀한 보석으로 치장된 관에 보관되어 있다.

Data 지도 257p-G 가는 법 렉터 궁전에서 도보 1분
주소 kneza Damjana Jude 1

|Theme|

## 두브로브니크 카드로 무료입장할 수 있는 박물관 3

*두브로브니크는 크로아티아에서 물가가 비싸기로 손꼽히는 곳이다. 다른 지역에 비해 박물관 입장료도 비싸다. 박물관 전시물은 입장료가 비싼 만큼 볼 것도 많다. 역사를 알아야 더 흥미로운 크로아티아. 박물관은 라구사 공국과 달마티아를 더 깊숙이 이해할 수 있는 곳이니 시간을 넉넉히 갖고 둘러보자.*

Data 두브로브니크 박물관 갤러리 홈페이지 www.dumus.hr

### 해양박물관 Maritime Museum / Pomorski Muzej

두브로브니크에서 가장 볼 만한 인기 박물관이다. 해양박물관은 1949년 구시가지 남동쪽, 성 이반 요새 내부를 개조해서 만들었다. 이곳에는 해상무역국가로 번영을 누렸던 라구사 공국의 역사와 전쟁을 이해하기 쉽게 전시해 놓았다. 해상무역의 이동경로, 다양한 배의 종류, 조선업, 중세 회화 등 흥미롭고 다양한 소장품이 많다. 전시품의 상당수가 두브로브니크 주민들의 기부로 이루어져 주민들에게는 의미 깊은 박물관이다.

Data **지도** 257p-G
**가는 법** 성 이반 요새St. Ivan Fort에위치, 대성당에서 도보 3분
**주소** St. Ivan Fort
**전화** (0)20-323-904
**운영시간** 4~10월 09:00~18:00, 11~3월 09:00~14:00
**요금** 성인 10유로, 학생 7유로

## 민속박물관 Rupe Etnographic Museum / Etnografski Muzej Rupe

두브로브니크와 달마티아 지방의 민속과 생활용품을 전시해 놓은 공간이다. 현재에서 과거로 타임머신을 타고 간 것 같이 실감나게 전시해 놓았다. 한국과는 다른 삶의 방식을 느낄 수 있어서 더욱 흥미롭다. 의상과 농기구, 전통 공예품 등을 볼 수 있다.

**Data** **지도** 256p-F **가는 법** 대성당에서 서쪽으로 도보 5분 **주소** Od rupa 3 **전화** (0)20-323-013
**운영시간** 09:00~16:00(화요일 휴무) **요금** 성인 8유로, 학생 5유로

## 두브로브니크 현대 미술관 Museum of Morden Art Dubrovnik

1945년 두브로브니크의 유명한 선주였던 보조 바낙의 저택을 개조해 만든 현대 아트 갤러리이다. 약 3,000점의 현대미술 작품을 소장하고 있다. 19세기 말에서 20세기 초반에 이르는 작품이 대부분인데 두브로브니크 출신 작가들의 작품이 많다. 작품 관람과 더불어 구시가지와 반예 비치가 내려다보이는 대저택을 구경하는 재미까지 쏠쏠하다. 현재 활동 중인 크로아티아 작가들의 전시회가 자주 열리고 있다.

**Data** **지도** 257p-H **가는 법** 플로체 문에서 도보 7분 **주소** Frana Supila Ul. 23
**전화** (0)20-426-590 **운영시간** 10:00~20:00(월요일 휴무) **요금** 성인 10유로, 학생 7유로

## | 구시가지 주변 |

크로아티아 최고의 전망

### 스르지 언덕 Srđ Hill / Srđ Brod

아드리아해에 접한 두브로브니크의 반대쪽은 산이 병풍처럼 둘러싸고 있다. 이 산에 두브로브니크 최고의 전망을 자랑하는 전망대가 있다. 해발 405m에 위치한 전망대에 서면 왜 두브로브니크를 '아드리아해의 진주'라고 했는지 알게 된다. 스르지 언덕에서 바라보는 풍경은 황홀함 그 자체이다. 파란 아드리아해에 안긴 구시가지와 로크룸섬의 모습은 가슴이 터져버릴 것처럼 아름답다. 관광객들은 정신없이 카메라 셔터를 눌러대지만 아무리 셔터를 눌러도 성에 차지 않는다. 또 어디서 이런 절경을 볼 수 있을까 싶다. 스르지 언덕을 오르는 케이블카는 1969년 만들어졌다. 내전이 있었던 1991년 운행이 중단되었다가 2010년 다시 재개되었다. 스르지 언덕에도 내전의 상처가 남아 있다. 정상에 있는 커다란 십자가는 내전 당시 스르지산 탈환에 힘쓰다 전사한 방위군의 비석이다. 건너편에 있는 무너진 건물은 황제 요새Fort Imperial인데, 지금은 전쟁박물관으로 쓰이고 있다. 스르지산 정상에는 파노라마 레스토랑, 기념품 숍, 야외무대 등이 있다. 성수기에 파노라마 레스토랑을 간다면 예약은 필수이다.

**Data** 지도 254p-B

**케이블카**
**가는 법** 구시가지 북쪽 문에서 도보 3분
**주소** Kralja Petra Krešimira 4
**전화** (0)20-325-393
**운영시간** 5월~9월 09:00~24:00
4월·10월 09:00~21:00,
11월~3월 운영 안함
**요금** 성인 편도 15유로, 왕복 27유로
4~12세 편도 4유로, 왕복 7유로
**홈페이지** www.dubrovnikcablecar.com

**파노라마 레스토랑**
**전화** (0)20-312-664
**홈페이지** www.dubrovnikcablecar.com/panorama-restaurant

**Tip** 전망대로 올라가려면 케이블카를 타거나 걸어 올라가야 한다. 대부분의 관광객은 케이블카를 선호한다. 하지만 햇빛이 강한 한여름만 아니라면 케이블카를 타고 올랐다가 내려올 때는 등산로를 따라 걷는 것도 좋다. 지그재그로 난 등산로는 3km로 내려오는 데 한 시간쯤 걸린다. 케이블카는 10~15분 간격으로 운행된다. 7~8월 성수기에는 약 15~30분 대기해야 한다.

두브로브니크의 서쪽 수비대

## 로브리예나츠 요새 St. Lawrence Fort / Tvrđava Lovrijenac

필레 문에서 성벽을 걷기 시작하면 오른편으로 웅장한 로브리예나츠 요새가 보인다. 요새는 수면에서 37m 절벽 위에 높이 15m, 3층 구조로 건축되었다. 요새 외벽의 두께는 12m로 보기에도 아주 튼실하고 견고하다. 11세기 베네치아 공국이 이곳에 요새를 짓고 라구사 공국을 공격하려 했는데, 이 계획을 눈치 챈 시민들이 베네치아 군이 자재를 공수하러 간 3개월 사이 기적처럼 요새를 완성했다는 일화가 있다. 이곳에서는 두브로브니크 성벽의 색다른 모습을 볼 수 있다. 축제 시즌에는 다양한 콘서트가 열리는 공연장으로 변신한다.

**Data** 지도 256p-E
가는 법 필레 문에서 도보 10분
주소 od Tabakarije 29
전화 (0)20-432-792
운영시간 4~10월 08~18:00, 11~3월 10:00~15:00
요금 성벽 투어 요금 35유로에 포함

두브로브니크로 입성하는 관문

## 프란요 투즈만 박사 다리 The Franjo Tuđman Bridge / Most dr. Franja Tuđmana

스플리트나 마카르스카에서 두브로브니크로 차를 타고 온다면 꼭 지나게 되는 두브로브니크의 관문이다. 다리의 길이는 518m. 처음에는 두브로브니크 다리라 불렀지만 이곳 사람들은 초대 대통령의 이름을 따 '프란요 투즈만 박사 다리'라 부른다. 이 다리는 1989년 착공되었지만, 내전 등으로 인해 2002년에야 완공되었다. 크로아티아에서는 가장 많은 돈이 들어간 다리라고 한다. 이 다리 위에서는 다른 각도로 두브로브니크를 감상할 수 있다. 다리 중간에 전망대가 있어 이곳을 오가는 사람들은 꼭 한 번 멈췄다 간다. 해안도로를 따라 드라이브하기도 좋다.

**Data** 지도 254p-A
가는 법 구시가지에서 북서쪽 방향으로 차로 10분

|Theme|

## 8번 국도 드라이브

크로아티아는 아드리아해를 따라 남북으로 길게 자리한 모양이다. 이 길쭉한 해안선을 따라 남북을 관통하는 도로가 8번 국도다. 자다르에서 스플리트, 마카르스카를 거쳐 두브로브니크까지 연결된다. 8번 국도는 크로아티아 여행의 기본 동선이 되는 도로이자 여행자들이 입을 모아 칭찬하는 크로아티아 최고의 드라이브 길이다. 파란 아드리아해를 한쪽에 끼고 달리는 2차선 도로가 끝도 없이 이어진다. 이 길을 달리다 보면 세상에는 오직 파란색만 존재하는 것처럼 보인다. 바다 반대편으로는 웅장한 산과 아기자기한 마을, 울창한 숲이 시시각각 이어진다. 식상한 말이지만, 그림 같다는 말이 딱 어울린다. 이 길을 운전하는 시간은 꿈을 꾸는 것처럼 행복하다. 여행의 기쁨은 여행자마다 다르다. 하지만 8번 국도 드라이브 여행을 한 사람이면 모두 '크로아티아 여행은 정말 행복했다'고 말할 것이다. 다만, 안전운전에 유념할 것! 풍경에 취해 넋 놓고 운전하는 사람이 한둘이 아니다.

|Theme|

## 두브로브니크 비치 베스트 4

*온화한 기후를 가진 크로아티아. 햇살이 부서지는 아드리아해의 햇살은 온몸이 녹아들 것처럼 달콤하다. 어느 바다나 크리스털 같이 투명하고 반짝이는 것은 기본. 몸을 담그면 탄산수처럼 쏘아대는 상쾌함이 느껴진다. 아드리아해에서만 느낄 수 있는 특별함이다. 크로아티아의 가장 남쪽에 위치한 두브로브니크는 일 년 중 가장 빨리, 그리고 가장 늦게까지 바다를 즐길 수 있다. 두브로브니크의 바다를 제대로 즐길 수 있는 비치를 소개한다.*

조금 한적한 비치를 찾는다면

### 성 야곱 비치 St. Jacob Beach / Plaža Sv. Jakov

구시가지에서 버스로 5분, 도보로 30분 거리에 있다. 비치 앞에 로크룸섬이 있어 아름다운 석양을 볼 수 있다. 반예 비치에 비해 사람이 적다는 게 가장 큰 장점. 한적하게 늘어질 곳을 찾는 사람에게 추천한다. 파라솔은 15~20유로에 대여 가능하다. 작은 카페가 있다. 5~9월 옛 항구 투어 카운터에서 왕복 보트택시를 약 20유로에 이용가능하다.

**Data** **지도** 254p-F **가는 법** 케이블카 앞 정류장에서 5번 버스를 타고 마지막 정거장 하차 후 도보 약 7분

현지인들은 어디를 갈까?

### 라파드 비치 Lapad Beach

현지인들에게 비치를 추천해달라면 입을 모아 라파드 비치를 알려준다. 이 비치는 구시가지에서 서쪽으로 3km 떨어진 라파드 지역에 있다. 버스를 타고 가면 15분쯤 걸린다. 만을 따라 해안이 펼쳐져 있어 파도가 거의 없고 깊이도 적당해서 바다를 즐기기 좋다. 현지인뿐 아니라 라파드에 머무는 여행자들도 즐겨 찾는다. 구시가지 쪽에 비하면 훨씬 한산하고 여유로운 풍경이다. 여름이면 올리브 열매가 가득한 올리브 나무와 커다란 잔디가 펼쳐져 쉬어가기 좋다.

**Data** **지도** 254p-A
**가는 법** 필레 문에서 4번 버스를 타고 아드리아틱 호텔 하차 후 도보 7분

우린 특별하니까!

## 카바 비치&코파카바나 비치

Cava Beach&Copacabana Beach

구시가지에서 버스를 타고 가야 하는 불편함이 있지만, 개인적으로 가장 추천하는 해변들이다. 바빈쿡Babin Kuk에 위치한 이 두 해변은 한눈에 반할 정도로 고급지다. 하얀 카바나가 해안을 따라 자리하고, 바다 저편으로는 프란요 투즈만 박사 다리가 액자를 걸어놓은 듯 펼쳐져 있다. 주변의 고급 리조트에서 쉬러 나온 유러피언들의 모습도 풍경과 제대로 조화를 이룬다. 두 곳은 도보로 약 5분 거리에 있다. 조용한 비치를 원한다면 코파카바나, 활기찬 분위기를 원한다면 카바 비치를 추천한다. 카바 비치는 젊은 사람들에게 더 인기가 좋다. 이유는 비치에 위치한 코랄 비치 클럽Coral Beach Club 때문이다. 파라솔 대여(15~20유로, 4~10월 영업)나 음식 가격은 비싼 편이지만 분위기를 보면 이 정도는 써도 되겠다 싶은 곳이다.

**Data** 지도 254p-A
**가는 법** 필레 문에서 6번 버스를 타고 바빈쿡 마지막 정거장 하차(두브로브니크 프레지던트 호텔) 후 도보 7분

두브로브니크 대표 비치

## 반예 비치 Banje Beach / Plaža Banje

구시가지에서 가장 가까운 곳에 자리해 인기가 많은 해변이다. 플로체 문에서 도보로 약 10분이면 도착한다. 햇볕이 뜨거운 날 구시가지를 걷다 지치면 바로 해수욕을 하러 가기 좋다. 해변 오른쪽으로 성벽이 눈앞에 펼쳐져 두브로브니크 여행이 실감난다. 여행자들에게 인기가 높은 카약 투어가 이곳에서 출발한다. 패러세일링, 바나나보트 등 각종 수상레저도 할 수 있다. 그래서 반예 비치는 항상 인파로 가득하다. 극성수기라면 옆 사람과 살 맞대고 누워야 할 정도이다. 그래도 접근성이 가장 좋고 활발한 두브로브니크 대표 비치다. 4~10월에는 밤마다 반예 비치 클럽이 오픈한다. 파라솔 10~15유로, 카약 25유로~ 및 해양 스포츠 등을 할 수 있다. 샤워실, 탈의실이 있다. 비치가 조약돌로 되어있으니 아쿠아 슈즈가 있으면 좋다.

**Data** 지도 257p-H **가는 법** 구시가지 플로체 문에서 도보 10분

|Theme|

## 두브로브니크의 인기 1Day 투어

*외국인과 어울려 여행을 하고 싶다면 투어를 추천한다. 취향이 맞는 사람들과 여행을 공유하는 것은 즐거운 추억과 새로운 친구를 만들 수 있는 기회이다. 두브로브니크는 바다를 즐기거나, 근교를 여행하는 다양한 투어가 있다. 투어는 옛 항구, 필레 문, 플로체 문 등 여행자가 주로 지나다니는 거리의 투어 카운터에서 바로 예약이 가능하다.*

### 1. 노를 저어라! 카약 투어

두브로브니크에서 길을 걸으면 가장 많이 들려오는 목소리가 카약 투어다. 카약 투어는 보통 3시간 정도 진행되는데, 그룹 단위로 카약을 타고 나간다. 바다에서 구시가지와 로브리예나츠 요새를 볼 수 있고, 로크룸섬에도 다녀온다. 개인적으로 카약을 대여할 수 있지만, 사람들과 함께 타면 노 젓는 게 훨씬 덜 힘들다는 사실! 업체마다 노선이 조금씩 다르니 확인하고 예약하자. 투어 시간은 3~4시간, 요금은 30~38유로다. Data 카약 투어 www.getyourguide.com

## 2. 두브로브니크에서 떠나는 해외여행! 몬테네그로 투어

동유럽 중에서도 고립된 위치 때문에 여행자의 발길이 적은 몬테네그로. 우리에겐 아직 미지의 나라이다. 하지만 두브로브니크에서는 예외다. 두브로브니크에서 차로 1시간이면 몬테네그로 국경선에 닿는다. 시간이 넉넉하고 렌터카가 있다면 자유여행으로 갔다 와도 좋다. 여행 일정이 빡빡하다면 당일치기 투어를 추천한다. 부드바와 코토르 등 몬테네그로 핵심만 찍고 온다. 패키지 투어 시간은 07:30~18:00, 요금은 55~70유로다. 몬테네그로 여행 정보 396p 참고.

**Data** 몬테네그로 투어 www.getyourguide.com

## 3. 두브로브니크 구시가지 워킹 투어

1시간 30분 동안 걸으며 구시가지를 돌아보는 그룹 투어이다. 구시가지의 오노프리오 분수, 프란체스코와 도미니크 성당, 옛 항구 등 주요 여행지를 방문한다. 책으로는 다 전할 수 없는 두브로브니크의 흥미진진한 이야기를 들을 수 있다. 아쉽게도 한국어 투어는 없다. 영어 듣기가 익숙하다면 도전해 볼 만하다. 미국 드라마 〈왕좌의 게임〉 촬영지 위주로 도는 워킹 투어도 있다. 투어 요금은 20~39유로다. 비수기에는 1일 1회, 성수기에는 오전 9시부터 5~6회 진행된다.

**Data** 구시가지 워킹 투어 www.dubrovnik-walking-tours.com

두브로브니크의 휴양 섬

## 로크룸섬 Lokrum Island

구시가지에서 왼쪽으로 가까이 보이는 섬이 로크룸섬이다. 옛 항구에서 보트를 타면 15분이면 닿는다. 로크룸섬은 작다. 걸어서 30분이면 섬을 가로지를 수 있다. 아담한 섬이지만 이곳저곳에 즐길 거리가 많다. 섬에는 가만히 누워만 있어도 몸이 둥둥 뜨는 사해와 누드비치, 보타닉 가든 올리브 숲, 수도원 등이 있다. 모든 풍경이 자연 그대로인 로크룸섬에서는 게으름 좀 피워야 제맛이다. 파라솔 그늘 아래 누워 뒹굴어야 섬을 제대로 누리는 것이다. 사람을 따르는 공작새와 토끼, 그늘을 만들어주는 커다란 나무, 옷을 훌렁 벗어젖힌 사람들까지, 눈에 보이는 모든 풍경이 자연스럽다. 두브로브니크 구시가지에서 관광으로 하루를 보냈다면 하루쯤은 로크룸섬에서 망중한을 즐겨보자.

**Data** **지도** 254p-F **가는 법** 옛 항구에서 15분(성수기)마다 페리 운행 **운행시간** 09:00~19:00
**소요시간** 15분 **요금** 입장료+왕복 보트 27유로(현금만 가능)

**Tip** 사해를 빼면 대부분 바위에서 바다로 들어가게 되어 있다. 바위가 뾰족하고, 바다는 깊으니 주의해야 한다. 아쿠아 슈즈, 비치 타월, 선크림은 필수 준비물이다. 파라솔 대여는 1인 약 10유로. 이탈리안 음식점으로 1인 20유로 정도 예상하면 된다. 섬 안에서 무료 와이파이가 된다.

EAT

두브로브니크에서 즐기는 아시아 레스토랑

## 아주르 Azur

노천 레스토랑이 다 똑같이 생긴 듯하지만 눈여겨보면 특별히 튀는 집들이 있다. 아주르가 그런 '튀는' 레스토랑 중 한 곳이다. 식사 시간이면 항상 줄을 길게 서 있다. 이 집은 똑같이 생긴 좁은 골목에 위치해 있지만 유난히 분위기가 좋다. 담장을 슬며시 덮은 나뭇가지 아래 놓인 테이블이 사랑스럽다. 아주르는 아시안 푸드를 파는 레스토랑이다. 동남아를 여행하며 흔히 보던 락사, 커리, 타이 샐러드 등이 크로아티아 셰프의 손을 거쳐 크로아티아식 아시아 요리로 탄생했다. 원산지보다 더 맛있는 퓨전 아시아 음식을 맛볼 수 있는 기회다. 가장 인기 많은 요리는 시푸드 락사, 캐슈넛 프라운, 미트볼 커리 등이다. 가격은 1인 20~25유로 정도. 일반 다이닝 레스토랑과 비슷한 수준이지만 양은 좀 적은 편이다. 성수기라면 예약 혹은 웨이팅 번호를 미리 받아두는 것이 좋다.

**Data** 지도 257p-K
가는 법 두브로브니크 대성당에서 도보 1분
주소 Pobijana Ul. 10
전화 (0)20-324-806
운영시간 12:00~22:00
가격 메인 20유로~, 스타터 12.5유로~
홈페이지 www.azurvision.com/dubrovnik

채식의 놀라운 발견!

## 니스타 Nishta

한국에서 채식주의자라고 하면 별난 식성으로 치부해버린다. 하지만 외국은 채식주의자를 위한 레스토랑이 일반화되어 있다. 보통 이런 레스토랑은 일반 여행자들 사이에는 맛집으로 추천되는 경우가 거의 없다. 하지만 니스타는 다르다. 다녀온 모든 사람들의 극찬이 이어지는 두브로브니크의 소문난 맛집이다. 고기나 생선은 물론 달걀과 치즈도 먹지 않는 완전 채식주의자를 위한 음식을 내놓지만 비주얼과 맛이 남다르다. 달콤하게 입맛을 돋우는 완두콩 수프Green Peace, 해초와 견과류가 들어가 오독오독 씹히는 식감이 좋은 라이스 시 퀸Rice Sea Queen, 고기로 만든 크로켓으로 착각하게 만드는 팔라펠Falafel은 상상 이상의 맛을 제공한다. 홈메이드 주스와 티도 빠지지 않는 인기 메뉴다. 가히 채식 메뉴의 놀라운 발견이라 할 수 있다. 먹을수록 건강해지는 기분이 바로 이런 것! 자그레브에도 지점이 있다. 성수기에는 예약 필수.

**Data** **지도** 256p-F
**가는 법** 큰 오노프리오 분수에서 도보 3분
**주소** Prijeko bb
**전화** (0)20-322-088
**운영시간** 11:30~22:00 (일요일 휴무)
**가격** 메인 15유로~, 스타터 6유로~
**홈페이지** www.nishtarestaurant.com

〈꽃보다 누나〉를 기억나게 하는 그곳

## 카페 부자 Cafe Buza

두브로브니크에 가보지 않았어도 카페 부자를 아는 사람은 많다. 크로아티아를 단번에 인기 절정의 여행지로 만든 TV 프로그램 〈꽃보다 누나〉에 나왔던 곳이기 때문. 눈부신 햇살이 쏟아지는 가운데 출연자들이 레몬 맥주를 마시던 바위 절벽 카페이다. 이 때문에 한국인들은 카페 부자에서 레몬 맥주를 마시는 것이 순례 코스처럼 돼버렸다. 부자는 크로아티아어로 '구멍'이란 뜻. 구시가지의 성벽을 따라 걷다 보면 네모난 구멍이 보이는데 그게 카페 부자의 문이다. 카페 부자는 절벽 위에 하얗게 펼쳐진 파라솔과 마린룩을 입은 서버들, 그리고 파란 바다가 어울려 특별한 매력을 뽐낸다. 성벽 투어 중에 보이는 카페 모습도 장관이다. 본래 칵테일과 술을 파는 카페지만 절벽 위에서 뛰어내리며 수영을 즐기는 곳이라 낮부터 인산인해를 이룬다. 수심이 깊어 초보자는 바라만 봐야 하지만, 구경만 해도 짜릿하다. 부자 카페 1호점과 2호점 두 곳을 운영한다. 1호점은 11~3월 운영하지 않는다.

**Data** **지도** 256p-J, 257p-K
**가는 법** 성 이그나티우스 교회에서 도보 1분
**주소** Crijevićeva Ul. 9
**전화** (0)98-361-934
**운영시간** 08:00~22:00
**가격** 맥주 6유로~, 와인 7유로~

유러피언의 굴 맛집

## 카메니체 Kamenice

군둘리치 광장Gundulić's Square에 있는 유럽인들이 좋아하는 굴 맛집이다. 카메니체는 체코의 지방 이름이자 '굴'이란 뜻. 한국에서는 굴이 특별한 음식은 아니지만, 외국인들에게 굴은 개수를 세면서 먹는 고급 해산물 요리 중 하나다. 한국과는 다른 굴을 맛볼 수 있다. 굴 마니아라면 도전해 볼 것! 그 외 문어 샐러드, 파스타, 오징어 튀김 등이 있지만 평범한 편이다.

**Data** **지도** 256p-F **가는 법** 군둘리치 광장에 위치 **주소** Gundulićeva poljana Ul. 8
**전화** (0)20-323-682 **영업시간** 09:00~24:00 **가격** 굴 1개당 2유로~, 문어 샐러드 15유로~

앉아만 있어도 배부른 풍경

## 두브라브카 1836 Dubravka 1836

항상 여행자들이 몰리는 필레 문 옆에 위치한 레스토랑이다. 왼쪽으로는 구시가지의 성벽이, 오른쪽으로는 로브리예나츠 요새가 보인다. 이 정도 전망이면 두브로브니크에서 어디다 내놔도 빠지지 않는다. 두브라브카 1836은 역사가 깊다. 안 먹어도 배부를 것 같은 풍경과 정갈하게 차려내는 음식, 여기에 직원들의 친절함까지 더했다. 별 5개짜리 두브로브니크 맛집 추천으로 아깝지 않다.

**Data** **지도** 256p-E
**가는 법** 필레 문 앞 광장에 위치
**주소** Brsalje 1 Pile Gate
**전화** (0)20-426-319
**영업시간** 08:00~23:00
**가격** 파스타, 리소토 15유로~

오늘의 요리! 숯불에 구운 생선

## 레이디 피피 Lady Pi-Pi

그릴 음식으로 소문이 자자한 레스토랑이다. 하루 종일 밀려드는 손님들로 근처만 가도 숯불에 음식 굽는 냄새가 가득하다. 해산물과 고기류가 있는데, 신선한 시푸드 그릴이 압도적으로 인기가 높다. 생선만 구워져 나오는 농어구이Sea Bass를 추천한다. 2인이라면 시푸드 플래터Seafood Platter도 좋다. 크로아티아 시푸드에 조금 질렸다면 소고기 스테이크도 훌륭한 선택이다.

**Data** **지도** 256p-B **가는 법** 성벽 북문으로 들어가자마자 오른쪽으로 도보 2분 **주소** Antuninska Ul. 21
**전화** (0)20-321-154
**영업시간** 09:00~22:00
**요금** 생선 26유로~, 스타터 10유로~, 음료 2.5유로~

해지는 시간에는 옛 항구로 가세요!

## 로칸다 페스카리야

Lokanda Peskarija

저녁이면 여행자들은 옛 항구로 몰려든다. 대부분 저녁노을을 즐기며 산책하러 나온 사람들이지만 로칸다 페스카리야도 여행자들을 불러 모으는 데 한몫한다. 이 레스토랑은 생선, 굴, 문어, 홍합 등 시푸드 메뉴로 유명하다. 검은색 큰 냄비에 투박하지만 푸짐하게 담아내 입맛을 돋운다. 물론 맛도 좋다. 왁자지껄한 분위기와 바다를 끼고 있는 분위기도 괜찮다. 가볍게 술 한잔 곁들이기도 좋다.

**Data** **지도** 257p-G **가는 법** 옛 항구에 위치
**주소** Na ponti bb **전화** (0)20-324-750
**영업시간** 10:00~23:00
**가격** 시푸드 플래터 40유로~, 홍합 25유로~

저렴해! 푸짐해! 맛있어!

## 피제리아 타바스코

Pizzeria Tabasco

저렴하고 푸짐한데 맛까지 좋은 피자 레스토랑이다. 둘이서 먹어도 넉넉한 사이즈의 피자가 한국 돈으로 만 원 정도. 평소 피자와 치즈의 느끼함을 즐긴다면 피로스케Piroške를 추천한다. 우리가 보던 피자와는 조금 다르게 생겼다. 포 카인드 오브 치즈4 kinds of cheese는 줄줄 흐르는 치즈가 인상적이다. 케이블카 근처에 있다.

**Data** **지도** 257p-C **가는 법** 북문으로 나가 오른쪽 주차장 옆 **주소** Hvarska Ul. 48
**전화** (0)20-429-595 **영업시간** 10:00~23:00, 월요일 휴무 **가격** 피자 13유로~
**홈페이지** www.pizzeriatabasco.hr

작은 골목의 라이브

## 소울 카페 Soul Caffe

구시가지 후미진 골목 안쪽에 있다. 작정을 하고 가지 않으면 찾기 힘든 곳으로 실내 좌석은 거의 없고 막다른 골목을 전용 공간처럼 사용하고 있다. 재즈 연주로 달콤한 분위기라서 연애 세포가 살아나는 공간이다. 칵테일 외 시원한 아이스 아메리카노, 디카페인 등 귀한 아메리카노를 마실 수 있다. 간단한 식사가 가능하다.

**Data** **지도** 256p-F
**가는 법** 성 블라이세 교회에서 도보 2분 **주소** Uska Ul. 5
**전화** (0)95-199-8507
**영업시간** 10:00~18:00
**가격** 케이크 6유로~, 커피 4유로~

케밥과 조각 피자 TO GO!

## 투토 베네 피제리아 & 패스트 푸드 TuttoBene Pizzeria & Fast Food

케밥과 조각 피자를 파는 패스트푸드 레스토랑이다. 두브로브니크는 조각 피자도 다른 지역에 비해 비싼 편. 하지만 저렴한 한 끼로 가장 맛있게 먹을 수 있는 메뉴이다. 비치로 가는 날에는 든든하게 케밥을 테이크아웃 하기도 좋다. 레스토랑 앞은 간단하게 끼니를 때우는 사람들과 피자와 맥주를 들고 거리에서 수다를 떠는 사람들로 항상 붐빈다.

**Data** **지도** 256p-F **가는 법** 성 블레이세 교회에서 도보 2분
**주소** Od Puča Ul. 7 **전화** (0)20-323-353 **영업시간** 10:00~23:00 **가격** 케밥 5.5유로~, 조각 피자 5유로~, 콜라 5유로~ **홈페이지** www.tuttobene-dubrovnik.com

달콤한 인생

## 돌체 비타 Dolce Vita

크로아티아를 여행하다 보면 지역마다 이름을 날리는 아이스크림 가게가 하나씩 있다. 두브로브니크는 돌체 비타가 그렇다. 스트라둔 대로에서 살짝 골목 안쪽으로 들어가 있지만 소문을 듣고 찾아온 사람들의 행렬이 끊이질 않는다. 돌체 비타는 '달콤한 인생'이란 뜻. 이 가게의 아이스크림은 확실히 다른 집보다 부드럽고 맛있다. 계단에 앉아 아이스크림을 먹다 보면 크로아티아에 와 있는 우리 인생이 얼마나 달콤한지 새삼 알게 된다.

**Data** **지도** 256p-F **가는 법** 큰 오노프리오 분수에서 2분 **주소** Nalješkovićeva Ul. 1A
**전화** (0)98-944-9951 **영업시간** 09:00~22:00 **가격** 한 스쿱 2.5유로~

## BUY

드라마속 캐릭터가 기다린다

### 〈왕좌의 게임〉 시티 숍 Game of Thrones City Shop

두브로브니크는 미국 드라마 〈왕좌의 게임〉 촬영지다. 〈왕좌의 게임〉 속 도시 킹스랜딩의 대부분이 두브로브니크에서 촬영되었다. 드라마 팬들에게는 〈왕좌의 게임〉 촬영지를 방문하는 투어가 인기다. 또 〈왕좌의 게임〉 캐릭터 숍은 필수 방문지가 되었다. 드라마 속 캐릭터를 피규어부터 티셔츠, 컵 등 다양한 소품으로 만들어 판매한다. 품질도 좋은 편이다. 종류별로 다 갖고 싶은 지름신을 불러일으킨다. 주인공들의 피규어는 실감나게 만들어 사지 않더라도 구경하는 재미가 있다. 구시가지 안에 여러 곳의 숍이 있다.

**Data** **지도** 257p-G
**가는 법** 북문으로 들어와 직진 후 오른쪽
**주소** Boškovićeva 7
**전화** (0)98-900-6860
**운영시간** 09:00~22:00
**가격** 피규어 30유로~, 머그컵 20유로~
**홈페이지** www.dubrovnikcityshop.com

**Tip** 두브로브니크의 쇼핑 숍은 대부분 스트라둔 대로에 몰려 있다. 그 밖에도 골목 구석구석 사람의 발길이 잦은 곳에는 작은 숍들이 있다. 한국처럼 간판이 크지 않아 거리를 다닐 때 눈여겨봐야 한다. 일반 숍에서는 다른 지역에서도 많이 볼 수 있는 티셔츠, 마그넷, 컵 등 자잘한 기념품을 많이 판다. 예술가가 많은 곳이라 두브로브니크의 모습을 작은 그림으로 담은 기념품은 정말 갖고 싶게 예쁘다. 기념품도 아기자기하고 예뻐서 살만한 게 많다. 다만, 다른 지역에 비하면 비슷한 기념품이 조금 비싼 편이다.

올드타운 안의 재래시장
## 올드타운 마켓 Old Town Market

군둘리치 광장에서 열리는 오픈 마켓이다. 1667년 대지진으로 무너진 주택가를 광장으로 만들었다. 광장 한복판에 크로아티아 유명 시인 이반 군둘리치 동상이 있어 군둘리치 광장이라 불린다. 그린 마켓은 이 광장을 모두 차지한 채 이른 아침에 오픈한다. 이젠 시민보다는 여행자를 위한 것들이 시장을 점령했다. 과일, 기념품, 소금, 올리브 오일 등을 살 수 있다. 오후 2시가 되면 슬슬 문을 닫는다.

**Data** 지도 256p-F
**가는 법** 렉터 궁전 건너편 골목
**주소** Gundulićeva poljana
**운영시간** 07:00~18:00 (일요일 휴무)

메이드 인 크로아티아
## 아쿠아 Aqua

2002년 크로아티아에서 탄생한 성공적인 체인 브랜드. 크로아티아 전역에 49개의 매장이 있다. 특히 바다를 끼고 있는 휴양지 스플리트와 두브로브니크에서 가장 눈에 많이 띈다. 깔끔하고 세련된 마린 룩을 모티브로 의류와 가방, 액세서리 등을 파는 종합 패션 브랜드다. 파리, 밀라노, 비엔나 등 유럽의 큰 박람회에 지속적으로 참가해 유럽으로도 조금씩 그 영역을 넓혀가고 있다. 아드리아해의 선명한 바다와 잘 어울리는 마린 룩, 연인이라면 커플 티, 가족여행이라면 가족 티로 여행 중 관계를 더 돈독하게 만들어줄 완소 아이템을 찾아보자.

**Data** 지도 256p-F
**주소** Zamanjina ul. 1
**전화** (0)20-324-797
**운영시간** 09:00~20:00
**홈페이지** www.aquamaritime.hr

크로아티아의 레드 코랄을 대표하는 주얼리 숍

## 클라라 스톤스 주얼리 Clara Stones Jewellery

거의 작품 수준의 주얼리를 만날 수 있는 레드 코랄 숍이다. 깊은 바다에서 채취하는 레드 코랄은 크로아티아의 특산품이다. 이런 연유로 가는 곳마다 레드 코랄로 된 액세서리를 볼 수 있다. 클라라 스톤스는 유럽 디자인 경연대회에서 대상을 수상할 만큼 경력이 있는 디자인 업체이다. 숍에는 여자라면 혹할 만한 매력적인 것들이 가득하다. 이 가운데는 가격이 헉 소리가 날 만큼 비싼 것도 많다. 캐주얼한 저가 브랜드 숍 코랄 콘셉트 바이 클라라 소네스Coral Concept Store by Clara Sones가 마주보고 있다.

**Data** 지도 256p-F **주소** Nalješkovićeva Ul. 3 **전화** (0)20-321-140
**운영시간** 09:30~13:30, 15:00~19:00(일요일 휴무) **홈페이지** www.clarastones.com

두브로브니크 작가들이 만든 수제 기념품

## 아트 아틀리에 리틀하우스 Art Atelier Little House

작고 귀여운 수제 기념품을 파는 곳이다. 이름처럼 아트 아틀리에를 운영하며 숍을 겸하고 있다. 작은 숍을 꽉 채운 수제 기념품은 아틀리에 사장님, 혹은 두브로브니크 젊은 작가들의 손을 거쳐서 완성된 것들이다. 자석, 작은 액자, 장식품, 액세서리 등 다양한 종류 기념품 하나하나가 특색이 살아 있다. 두브로브니크를 그려 넣은 작은 벽걸이 등은 선물용으로 그만이다.

**Data** 지도 256p-F
**주소** Široka Ul. 5
**전화** (0)95-900-6054
**운영시간** 09:00~23:00
**가격** 기념품 7유로~

### 두브로브니크 숙소 고르는 꿀팁!

두브로브니크 여행을 준비하다 보면 가장 골치 아픈 일이 숙소를 예약하는 일이다. 숙소를 잘못 잡으면 캐리어를 끌고 끝나지 않을 것 같은 계단을 오를 수도 있다. 성수기에는 렌터카 비용보다 비싼 주차료를 내는 일도 생긴다. 차가 있다면 무료 주차장이 있는 호텔로 갈지, 비치의 숙소를 구할지 꼼꼼하게 따져보고 골라보자. 숙박요금은 비수기와 성수기가 2배 정도 차이 난다. 비수기는 호텔 프로모션이 많아 고급 호텔을 저렴하게 이용할 수 있다. 무료 주차장이 있는 호텔은 대부분 비치가 있는 라파드와 바빈쿡, 그루즈(버스터미널)에 있다. 세 곳 모두 구시가지까지 버스로 10~15분 거리. 휴식을 위주로 잡는다면 비치도 좋다. 구시가지 근처의 숙박업소는 대부분 소형 민박이나 호텔이 대부분이다. 이런 곳은 객실이 적어 여행 일정이 정해지면 최대한 빨리 객실을 예약해야 한다.

### 렌터카 여행자라면?

**1.** 두브로브니크가 여행의 마지막이라면 숙소 체크인 후 바로 렌터카를 반납하자.

**2.** 두브로브니크가 여행의 시작이라면 두브로브니크 여행을 마친 후 다른 곳으로 출발할 때 렌터카를 인수하자.

**3.** 두브로브니크가 여행 일정의 중간이라면 버스터미널과 가까운 곳의 무료 주차장이 있는 숙소를 구하자.

### 버스 여행자라면?

**1.** 캐리어가 무겁다면 버스터미널 근처에 숙소를 구하자. 숙박요금도 저렴하고 버스로 15분 안쪽이면 구시가지까지 갈 수 있다.

**2.** 구시가지 근처에서 숙박을 하겠다면 계단이 없는 곳, 계단이 있어도 뷰가 좋은 곳 중 선택하자.

**3.** 필레 문 근처가 버스 이동이 쉽다.

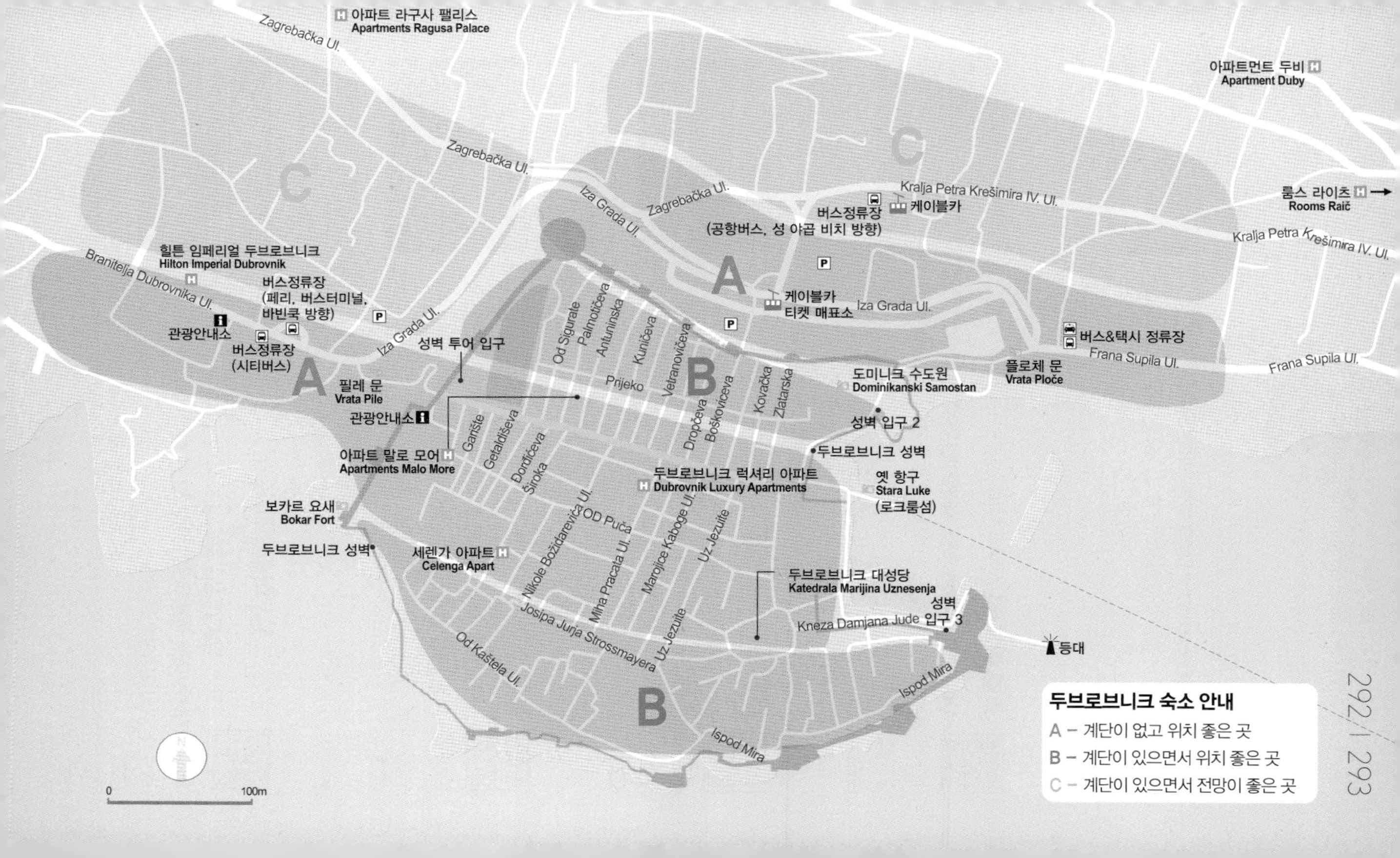

두브로브니크 숙소 안내
A – 계단이 없고 위치 좋은 곳
B – 계단이 있으면서 위치 좋은 곳
C – 계단이 있으면서 전망이 좋은 곳
아파트 라구사 팰리스 Apartments Ragusa Palace
아파트먼트 두비 Apartment Duby
룸스 라이츠 Rooms Raič
Zagrebačka Ul.
Kralja Petra Krešimira IV. Ul.
C
버스정류장 (공항버스, 성 야곱 비치 방향)
케이블카
Iza Grada Ul.
A
케이블카 티켓 매표소
버스&택시 정류장
Frana Supila Ul.
플로체 문 Vrata Ploče
도미니크 수도원 Dominikanski Samostan
성벽 입구 2
두브로브니크 성벽
옛 항구 Stara Luke (로크룸섬)
힐튼 임페리얼 두브로브니크 Hilton Imperial Dubrovnik
Branitelja Dubrovnika Ul.
버스정류장 (페리, 버스터미널, 바빈쿡 방향)
관광안내소
버스정류장 (시티버스)
성벽 투어 입구
필레 문 Vrata Pile
아파트 말로 모어 Apartments Malo More
Od Sigurate
Palmotićeva
Antuninska
Kunićeva
Vetranovićeva
Prijeko
B
Dropčeva
Boškovićeva
Kovačka
Zlatarska
Garište
Getaldićeva
Đorđićeva
Široka
두브로브니크 럭셔리 아파트 Dubrovnik Luxury Apartments
보카르 요새 Bokar Fort
두브로브니크 성벽
세렌가 아파트 Celenga Apart
Nikole Božidarevića Ul.
OD Puča
Miha Pracata Ul.
Marojice Kaboge Ul.
Uz Jezuite
두브로브니크 대성당 Katedrala Marijina Uznesenja
성벽 입구 3
Kneza Damjana Jude
등대
Josipa Jurja Strossmayera
Od Kaštela Ul.
Ispod Mira
0
100m

무료 주차장이 있는

## 인기 호텔 베스트 5

### 두브로브니크 팰리스 Dubrovnik Palace

308개 객실이 있는 5성급 호텔. 라파드에 위치. 뛰어난 바다 전망과 비치가 있다. 객실 와이파이 무료, 조식, 무료 주차, 실내외 수영장 이용 가능.

**Data** **지도** 254p-A **가는 법** 필레 문에서 4번 버스를 타고 종점에서 하차 **주소** Masarykov put 20 **전화** (0)20-300-300 **요금** 슈페리어 바다뷰 150유로~ **홈페이지** www.hoteldubrovnikpalace.com

### 호텔 아드리아 Hotel Adria

116개 객실의 4성급 호텔. 페리터미널 근처 그루즈 위치. 실내외 수영장, 무료 조식, 객실 내 와이파이, 무료 주차 가능 호텔 중 가장 저렴.

**Data** **지도** 254p-B **가는 법** 필레 문에서 버스로 10분 소요 **주소** Radnička Ul. 46 **전화** (0)20-220-500 **요금** 스탠다드룸 65유로~ **홈페이지** www.hotel-adria-dubrovnik.com

### 로열 프린세스 호텔 Royal Princess Hotel

54개 객실이 있는 5성급 호텔. 바빈쿡에 위치. 바다 전망이 좋고 비치에 위치. 4인 가족 객실 보유. 객실 내 와이파이, 무료 조식, 무료 주차, 실내외 수영장 이용 가능.

**Data** **지도** 254p-A **가는 법** 필레 문에서 5, 6번 버스로 15분 소요 **주소** Kardinala Stepinca Ul. **전화** (0)20-440-100 **요금** 디럭스룸 185유로~, 스위트 4인 200유로~ **홈페이지** www.hotelroyalprincess.com

### 호텔 모어 Hotel More

5성급 호텔. 객실 수는 40개. 바빈쿡의 비치에 위치. 5인 패밀리 객실 보유. 객실 내 무료 와이파이, 무료 주차, 무료 조식, 야외 수영장 이용 가능.

**Data** **지도** 254p-A **가는 법** 필레 문에서 5번 버스로 12분 소요
**주소** Kardinala Stepinca Ul. 33 **전화** (0)20-494-200 **요금** 싱글룸 115유로~, 5인 패밀리룸 280유로~
**홈페이지** www.hotel-more.hr

### 호텔 엑셀시어 Hotel Excelsior

158개 객실의 5성급 호텔. 비치에 위치. 도보로 구시가지까지 이동 가능한 대신 객실 요금이 비싼 편. 객실 내 무료 와이파이, 무료 주차, 야외 수영장 이용 가능.

**Data** **지도** 254p-F **가는 법** 구시가지에서 도보 15분 거리의 반예 비치 **주소** Frana Supila 12 **전화** (0)20-300-300 **요금** 디럭스룸 240유로~ **홈페이지** www.adriaticluxuryhotels.com

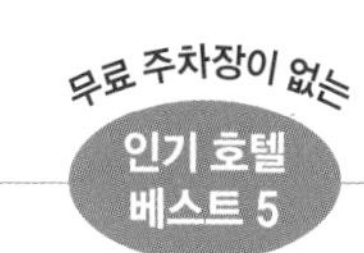

## 프리예코 팰리스 Prijeko Palace

구시가지에 있는 4성급 호텔. 객실 수는 9개. 무료 와이파이, 유료 조식, 유니크하고 멋진 객실, 옥상 테라스.

**Data** **지도** 256p-F **가는 법** 필레 문에서 도보 3분 **주소** Prijeko Ul. 24
**전화** (0)20-321-145 **요금** 더블룸 109유로~
**홈페이지** www.prijekopalace.com

## 그랜드 빌라 아르헨티나 Grand Villa Argentina

5성급 호텔. 131개 객실. 해변에 위치. 구시가지까지 도보 15분 거리. 실내외 수영장, 조식 무료, 유료 주차.

**Data** **지도** 254p-F **가는 법** 구시가지까지 도보 15분
**주소** Frana Supila 14 **전화** (0)20-300-300 **요금** 더블룸 230유로~
**홈페이지** www.adriaticluxuryhotels.com

## 힐튼 임페리얼 두브로브니크 Hilton Imperial Dubrovnik

5성급 호텔. 147개 객실. 로비에서만 무료 와이파이 가능. 필레 문 앞에 있음. 실내 수영장 있음. 조식 유료. 유료 주차.

**Data** **지도** 256p-A **가는 법** 필레 문에서 도보 3분 **주소** Marijana Blažića 2 **전화** (0)20-320-320 **요금** 트윈룸 250유로~ **홈페이지** www.hilton.com

## 벨뷰 호텔 Bellevue Hotel

5성급 호텔. 91개 객실. 구시가지까지 도보 15분 거리. 호텔 앞 버스 이용 시 정거장 2개 거리. 전용 비치 있음. 절벽 위에 있어 전망 좋음. 무료 조식, 무료 와이파이.

**Data** **지도** 254p-B **가는 법** 필레 문에서 도보 15분 **주소** Pera Čingrije 7
**전화** (0)20-300-300 **요금** 더블룸 320유로~ **홈페이지** www.adriaticluxuryhotels.com

## 빌라 두브로브니크 Villa Dubrovnik

56실 규모의 5성급 호텔. 구시가지에서 좀 멀지만 도보로 가능. 허니문 추천 호텔. 실내 풀장, 풀빌라 객실 보유, 조식 유료, 바다 전망에 멋진 테라스 있음. 구시가지까지 밴과 보트 서비스 가능.

**Data** **지도** 254p-F **가는 법** 구시가지에서 도보 20분(셔틀과 보트 이용 가능)
**주소** Vlaha Bukovca 6 **전화** (0)20-500-300 **요금** 슈페리어 390유로~ **홈페이지** www.villa-dubrovnik.hr

구시가지 근처

## 인기 민박 베스트 8

### 셀렌가 아파트
Celenga Apart

구시가지 내부에 있음. 만점 수준의 평점. 찾기 쉬운 위치. 와이파이 가능. 넓은 객실. 계단 없음. 주방 있음.

**Data** **지도** 256p-F **가는 법** 필레 문에서 도보 3분
**주소** Svetog Josipa Ul. 13
**전화** (0)20-362-900 **요금** 150유로~
**홈페이지** www.celengaapartments.com

### 아파트 말로 모어
Apartments Malo More

필레 문까지 도보 2분. 계단 없음. 구시가지 한복판 최고의 위치에 자리. 무료 와이파이. 주방 있음.

**Data** **지도** 256p-F **가는 법** 스트라둔 대로 근처 위치
**주소** Palmoticeva 2 **전화** (0)20-494-210
**요금** 스튜디오 145유로~**홈페이지** www.apartments-malo-more-dubrovnik.booked.kr

### 아파트먼트 두비
Apartment Duby

무료 주차장 있음. 구시가지와 바다 동시 조망. 구시가지에서 도보 13분. 무료 와이파이. 주방 완비. 6인 패밀리 객실 있음. 3박 이상 예약 가능.

**Data** **지도** 257p-D **가는 법** 구시가지에서 도보 10분
**주소** Brgatska 20 **전화** (0)98-285-322
**요금** 3베드룸 150유로~

### 룸 클라리사 팰리스
Rooms Klarisa Palace

구시가지 필레게이트 입구에 위치. 위치가 아주 좋음. 구시가지 뷰 테라스. 깨끗하고 예쁜 객실 주방이 없고 2인 객실만 있음.

**Data** **지도** 257p-K **가는 법** 성벽 투어 입구 앞
**주소** Poljana Paska Milicevica 3
**요금** 2인 180유로~
**홈페이지** www.booking.com

### 아파트 라구사 팰리스
Apartments Ragusa Palace

언덕에 자리해 전망이 좋은 집. 구시가지와 바다 동시 조망. 야외 테라스 있음. 유료 주차(1일 32유로). 5인 패밀리 객실 있음. 주방 완비.

**Data** **지도** 256p-A **가는 법** 케이블카까지 도보 7분 **주소** Zrinsko Frankopanska 14b **전화** (0)98-647-644 **요금** 2베드룸 패밀리 객실 300유로~ **홈페이지** www.apartments-ragusapalace.com

### 룸스 라이츠
Rooms Raič

무료 주차 가능. 플로체 언덕에 위치. 구시가지 조망. 구시가지까지 도보 10분 거리. 무료 와이파이. 주방 완비.

**Data** **지도** 257p-D **가는 법** 플로체 게이트에서 동쪽 언덕으로 도보 10분 **주소** Bruna Busica 24 **전화** (0)98-984-1801 **요금** 더블룸 78유로~ **홈페이지** www.apartments-raic.com

### 두브로브니크 럭셔리 아파트
Dubrovnik Luxury Apartments

구시가지 한복판 스트라둔 대로에 위치. 감각 넘치는 인테리어 실내 장식. 야외 테라스 있음. 무료 와이파이. 주방 완비. 패밀리 객실 있음.

**Data** **지도** 256p-F **가는 법** 스트라둔 대로 근처 위치 **주소** Ul. Miha Pracata 4 **전화** (0)20-321-145 **요금** 3베드룸 550유로~ **홈페이지** www.dubrovnikluxuryapartments.yolasite.com

### 아파트먼트 빌라 앙코라
Apartments Villa Ankora

언덕에 위치해 전망 좋음. 구시가지까지 도보 10분 거리. 무료 주차장 있음. 야외 수영장 있음. 주방 완비.

**Data** **지도** 256p-A **가는 법** 구시가지까지 도보 15분 **주소** Ivana Mažuranića 20 **전화** (0)91-444-3010 **요금** 70유로~ **홈페이지** www.villa-ankora-dubrovnik.com

Croatia By Area

# 03

# 이스트라 지역

## ESTRA AREA

크로아티아 북서쪽에 자리한 이스트라는 아드리아해의 가장 큰 반도다. 대부분 크로아티아 영토지만 북쪽은 슬로베니아와 이탈리아가 살짝 다리를 걸친 채 공유한다. 이스트라는 오랜 기간 베네치아 공국과 오스트리아의 지배를 받았다. 그래서 달마티아보다 중유럽 문화가 더 짙다. 리예카에서 북쪽으로 오파티야, 풀라, 로빈, 포레치를 거쳐 슬로베니아까지 해안을 따라 고급스럽고 조용한 휴양지가 자리했다. 바다를 좋아하는 사람이라면 평생 기억에 남는 순간이 기다리고 있다.

Estra By Area

# 01

## 리예카

### RIJEKA

크로아티아에서 세 번째로 큰 항구도시다. 리예카는 크로아티아어로 '강'이라는 뜻. 15세기부터 합스부르크왕가의 무역항으로 발전한 곳으로 헝가리와 오스트리아의 분위기가 감돈다. 리예카는 제2차 세계대전의 격전지였다. 전쟁 이후 이탈리아가 지배하던 리예카는 온전히 크로아티아의 영토가 되었다. 리예카에는 작게 남겨진 구시가지, 크바르네르만이 내려다보이는 트르사트성, 밤마다 활기찬 매력을 뿜어내는 코르조 거리 등의 볼거리가 있다. 역사를 알고 나면 소중함이 더욱 깊어지는 도시가 리예카다.

Rijeka
# PREVIEW

*리예카는 크로아티아 3대 도시이지만 여행지로서는 수수한 편.*
*도심에 자리한 몇몇 건물과 박물관, 그리고 리예카 전망대로 불리는 트르사트가 볼 만하다.*
*하루면 알차게 돌아볼 수 있다.*

**SEE**

언덕 위에 있는 구시가지와 언덕 아래의 신시가지를 돌아보자. 다른 도시에 비해 역사적인 유적은 적은 편이다. 대신 관광지 느낌도 적어서 진짜 크로아티아인들이 살아가는 모습을 가까이서 볼 수 있다. 최대 볼거리는 도심에서 2km 떨어진 트르사트성이다. 성에 오르면 구시가지와 크바르네르만이 한눈에 들어온다.

**EAT**

리예카는 자그레브처럼 여행자보다는 현지인들이 많은 대도시다. 그래서 맛있고 저렴한 현지인의 맛집을 찾기가 쉽다. 스플리트나 두브로브니크에 비하면 음식 값이 거의 반값이다. 코르조 거리 주변에 여행자를 위한 레스토랑이 많다. 중앙시장 주변에는 현지인들이 가는 저렴한 맛집이 많다.

**SLEEP**

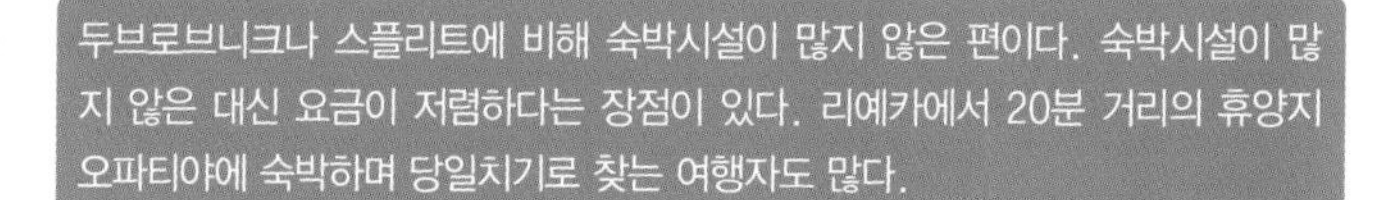

두브로브니크나 스플리트에 비해 숙박시설이 많지 않은 편이다. 숙박시설이 많지 않은 대신 요금이 저렴하다는 장점이 있다. 리예카에서 20분 거리의 휴양지 오파티아에 숙박하며 당일치기로 찾는 여행자도 많다.

Rijeka
# GET AROUND

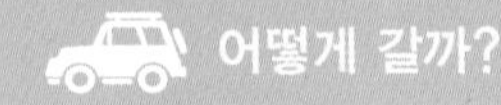

## 어떻게 갈까?

### 1. 렌터카

리예카와 연결된 주요 도시는 자다르, 플리트비체, 자그레브, 오파티야다. 가장 가까운 오파티야까지는 16km(20분) 거리다. 자그레브는 161km(1시간 50분), 플리트비체는 174km(2시간 30분), 가장 먼 자다르는 290km(3시간) 거리다. 여행 일정에 따라 노선은 변할 수 있지만 남쪽에서 올라올 때는 자다르에서 크르크섬을 거쳐 리예카로 들어온다. 내륙에서는 플리트비체에서 들어오는 경우가 많다. 리예카는 주차료가 저렴하다. 도심 복판에 있는 호텔에 묵어도 1일 10유로 안쪽으로 유료 주차장을 이용할 수 있다. 항구나 강에 위치한 공영 주차장을 이용하는 것도 방법이다. 평일은 07:00~21:00(토요일 07:00~14:00)까지 시간당 0.5~1유로. 그 외 밤과 일요일은 무료다.

### 2.버스

로빈, 스플리트 등 크로아티아의 주요 도시를 잇는 국내버스 노선과 슬로베니아 류블랴나, 오스트리아 비엔나, 헝가리 부다페스트와 같은 주변국으로 향하는 국제버스 노선이 많다. 버스터미널은 타운 끝에 있지만 타운 내 어디든 도보로 이동이 가능하다.

**Data** 크로아티아 버스 안내
www.getbybus.com

**Data** 크로아티아 버스 안내
www.buscroatia.com

#### 국내버스 요금 및 소요시간

*자다르↔리예카*

| 목적지 | 운행시간 | 운행 횟수 | 요금 | 소요시간 |
|---|---|---|---|---|
| 자다르 | 첫차 06:00, 막차 22:30 | 1일 10회 이상 | 20~25유로 | 4시간 |
| 리예카 | 첫차 07:30, 막차 23:00 | | | |

*자그레브↔리예카*

| 목적지 | 운행시간 | 운행 횟수 | 요금 | 소요시간 |
|---|---|---|---|---|
| 자그레브 | 첫차 04:00, 막차 22:30 | 1일 15회 이상 | 10~12유로 | 3시간 |
| 리예카 | 첫차 00:30, 막차 22:40 | | | |

*플리트비체↔리예카*

| 목적지 | 운행시간 | 운행 횟수 | 요금 | 소요시간 |
|---|---|---|---|---|
| 플리트비체 | 07:00 | 1일 1회 | 18~20유로 | 8시간 |
| 리예카 | 07:00 | | | |

*오파티야↔리예카*

| 목적지 | 운행시간 | 운행 횟수 | 요금 | 소요시간 |
|---|---|---|---|---|
| 오파티야 | 첫차 03:30, 막차 18:00 | 1일 9회 | 3~5유로 | 25분 |
| 리예카 | 첫차 07:30, 막차 22:50 | | | |

**국제버스 요금 및 소요시간**

*리예카↔류블랴나(슬로베니아)*

| 운행 횟수 | 요금 | 소요시간 |
|---|---|---|
| 1일 1회 | 18~22유로 | 2시간 30분~ |

*리예카 ↔부다페스트(헝가리)*

| 운행 횟수 | 요금 | 소요시간 |
|---|---|---|
| 1일 2회 | 35~40유로 | 7시간 20분 |

*리예카↔비엔나(오스트리아)*

| 운행 횟수 | 요금 | 소요시간 |
|---|---|---|
| 1일 3회 | 40~45유로 | 7시간 20분 |

## 어떻게 다닐까?

크로아티아에서는 리예카가 대도시이지만 그렇게 큰 도시는 아니다. 구시가지와 신시가지, 그리고 항구에 위치한 거리까지 모두 도보로 여행이 가능하다. 신시가지 중심도로 코르조 거리를 끝에서 끝까지 걷는다면 약 15분이 걸린다. 여행자에게는 트르사트 지역만 교통편이 필요하다. 트르사트는 리바 거리에서 2번 버스를 이용하면 된다. 버스 노선도 많아 편리하다.

Rijeka
# ONE FINE DAY

*작은 도시지만 샅샅이 보려면 이른 시간부터 하루를 시작하자.*
*트르사트까지 다 돌아본 후 시간적 여유가 있다면 밤의 코르조 거리를 걸어보는 것도 좋다.*

중앙시장

도보 5분 →

이반 국립극장

도보 5분 →

시티 타워&코르조 거리

↓ 도보 5분

올드 게이트

← 도보 2분

타르사티차

← 도보 5분

성모 승천 성당

↓ 도보 5분

성 비투스 성당

도보 7분 →

해양박물관

도보 2분 →

시립박물관

↓ 도보 5분

현대미술박물관

← 도보 10분

루드르 동정녀 마리아 교회

← 버스 15분

트르사트성모 마리아 성당

↓ 도보 3분

트르사트성

도보 7분 →

트르사트 계단

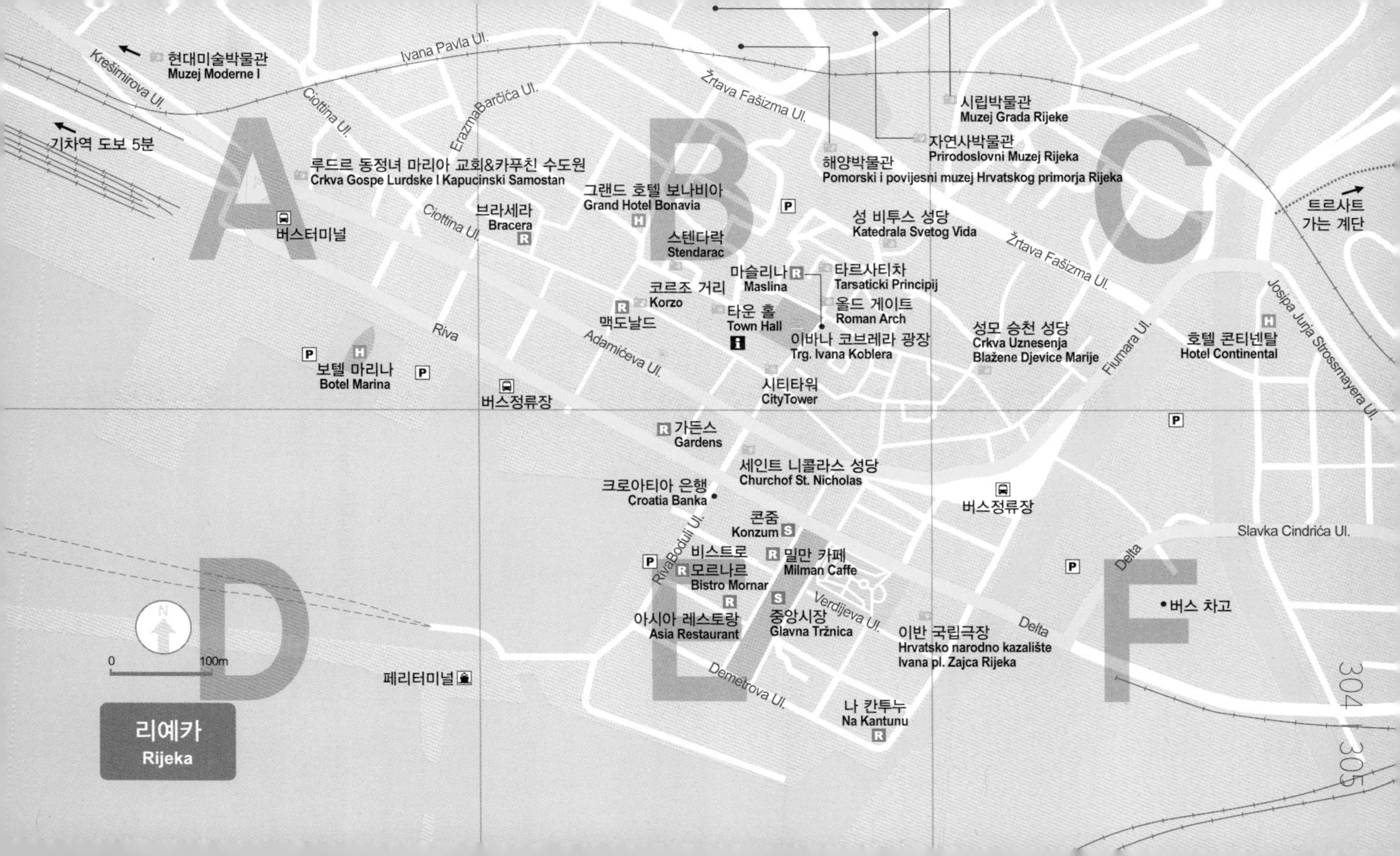
현대미술박물관
Muzej Moderne I
Ivana Pavla Ul.
Krešimirova Ul.
Ciottina Ul.
기차역 도보 5분
ErazmaBarčića Ul.
루드르 동정녀 마리아 교회&카푸친 수도원
Crkva Gospe Lurdske I Kapucinski Samostan
버스터미널
Ciottina Ul.
브라세라
Bracera
그랜드 호텔 보나비아
Grand Hotel Bonavia
스텐다락
Stendarac
Žrtava Fašizma Ul.
시립박물관
Muzej Grada Rijeke
자연사박물관
Prirodoslovni Muzej Rijeka
해양박물관
Pomorski i povijesni muzej Hrvatskog primorja Rijeka
트르사트 가는 계단
성 비투스 성당
Katedrala Svetog Vida
Žrtava Fašizma Ul.
마슬리나
Maslina
타르사티차
Tarsaticki Principij
코르조 거리
Korzo
올드 게이트
Roman Arch
타운 홀
Town Hall
맥도날드
이바나 코브레라 광장
Trg. Ivana Koblera
성모 승천 성당
Crkva Uznesenja
Blažene Djevice Marije
Fiumara Ul.
호텔 콘티넨탈
Hotel Continental
Josipa Jurja Strossmayera Ul.
Riva
Adamićeva Ul.
보텔 마리나
Botel Marina
버스정류장
시티타워
CityTower
가든스
Gardens
세인트 니콜라스 성당
Churchof St. Nicholas
크로아티아 은행
Croatia Banka
버스정류장
Slavka Cindrića Ul.
콘줌
Konzum
RivaBoduli Ul.
비스트로 모르나르
Bistro Mornar
밀만 카페
Milman Caffe
Delta
버스 차고
아시아 레스토랑
Asia Restaurant
중앙시장
Glavna Tržnica
Verdijeva Ul.
이반 국립극장
Hrvatsko narodno kazalište
Ivana pl. Zajca Rijeka
Delta
0
100m
페리터미널
Demetrova Ul.
나 칸투누
Na Kantunu
리예카
Rijeka

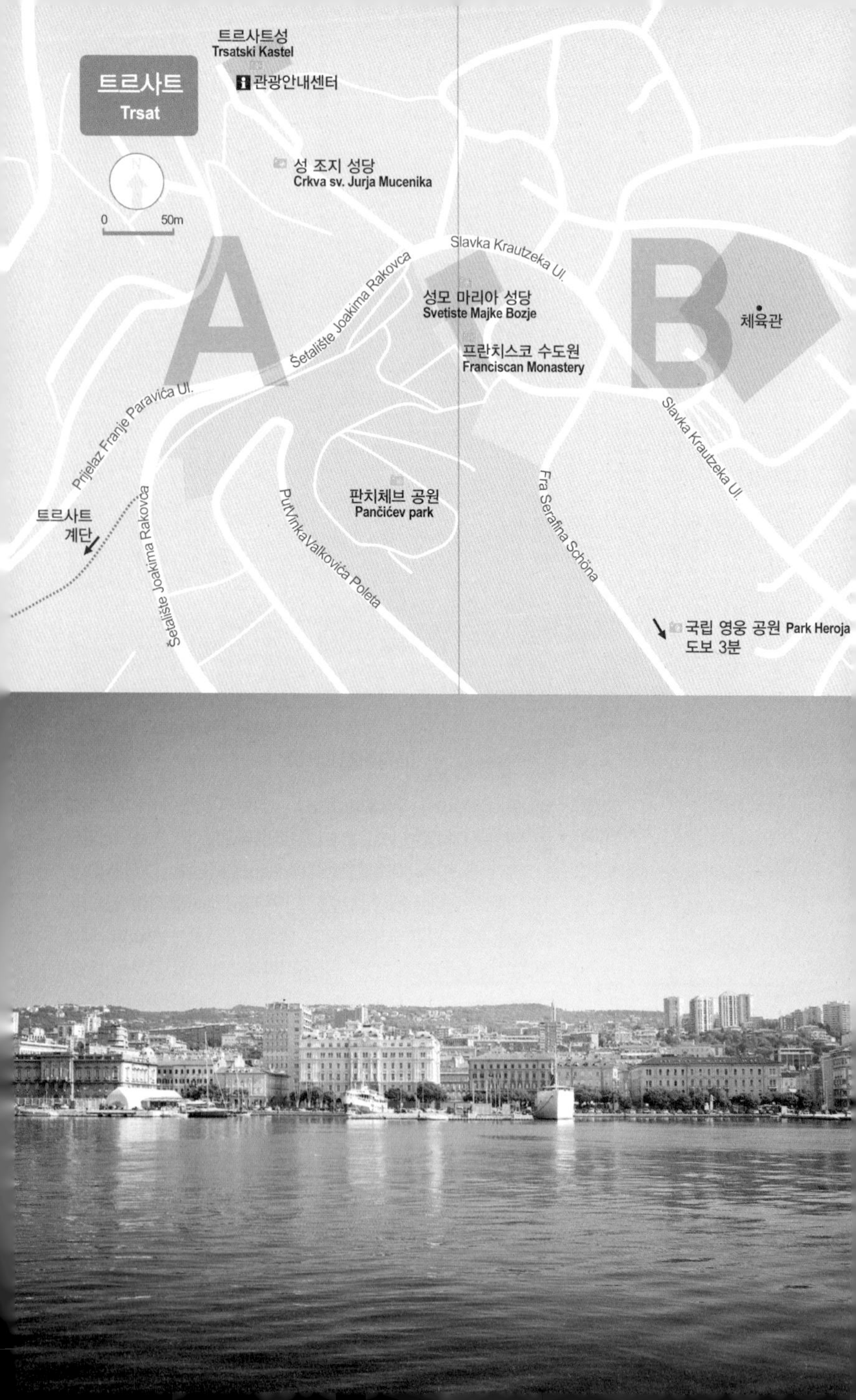
트르사트
Trsat
0
50m
트르사트성
Trsatski Kastel
관광안내센터
성 조지 성당
Crkva sv. Jurja Mucenika
Slavka Krautzeka Ul.
Šetalište Joakima Rakovca
성모 마리아 성당
Svetiste Majke Bozje
프란치스코 수도원
Franciscan Monastery
체육관
Prijelaz Franje Paravića Ul.
트르사트
계단
Šetalište Joakima Rakovca
PutVinkaValkovića Poleta
판치체브 공원
Pančićev park
Fra Serafina Schöna
Slavka Krautzeka Ul.
국립 영웅 공원 Park Heroja
도보 3분
A
B

모두가 거쳐 가는 곳

## 시티 타워&코르조 거리 City Tower / Gradski Toranj&Korzo

리예카 여행의 시작점이다. 여행자들이 다들 거쳐 가는 리예카의 메인 도로가 코르조다. 쉴 새 없이 걷는 여행자들에게 쉬어가라 발목을 잡는 곳이다. 거리에는 다양한 분위기의 노천카페와 레스토랑이 즐비하다. 쇼핑을 위한 숍도 모여 있다. 여행자들로 붐비는 여름에는 거리에서 다양한 축제도 즐길 수 있다. 코르조 거리를 쭉 훑다 보면 노란색 타워가 눈에 들어온다. 구시가지의 입구 시티 타워이다. 이 타워는 중세에 지어진 것으로 바로크 양식의 화려한 게이트가 인상적이다. 1656년 합스부르크 황제가 하사한 게이트로 항아리에 물을 담고 있는 두 개의 머리를 가진 독수리 조각상을 볼 수 있다. 이 조각상은 합스부르크에 대한 리예카의 영원한 충성을 의미한다. 위에 있는 시계는 17세기에 올려졌다.

**Data** **지도** 305p-B **가는 법** 해안도로 리바 거리에서 두 블록 안쪽

리예카 시민들이 가장 사랑하는 성당

## 성모 승천 성당

Church of the Assumption of the Blessed Virgin Mary / Crkva Uznesenja Blažene Djevice Marije

리예카에서 가장 중요하게 여겨지는 성당이다. 지금은 아무리 뜯어봐도 교회 모습이지만 1~4세기 목욕탕을 목적으로 세워진 건물이다. 5~6세기에는 이곳뿐 아니라 리예카의 많은 목욕탕 건물이 교회로 사용되었다고 한다. 성모 승천 성당 남쪽 바닥에는 열을 내기 위한 시설이 설치되어 있어 이곳이 한때 목욕탕이었음을 알려준다. 목욕탕이 성당으로 바뀐 것은 1716~1726년의 일이다. 올란도 가문이 성당 내부만 보수공사를 해 현재의 모습이 되었다. 지금은 현지인들이 가장 성스럽고 중요하게 여기는 성당이 됐다. 교회 옆에 세워진 종탑은 고딕 양식으로 중세부터 잘 보존되어 오고 있다. 한때 종탑이 있는 곳에서 고대 유물들이 발견되자 유물 발굴을 위해 종탑을 파괴하려는 시도가 있었다고 한다. 여기에 지하수의 영향까지 받아 종탑은 지금 약 40cm 정도 기울어져 있다.

**Data** **지도** 305p-C **가는 법** 시티 타워에서 동쪽으로 도보 3분 **주소** Pavla Rittera Vitezovića Ul. 3

리예카를 대표하는 성당

## 성 비투스 성당 St. Vitus Cathedral / Katedrala Svetog Vida

구시가지에 자리한 돔 모양이 예쁜 성당이다. 성당 이름은 리예카 수호성인 성 비투스를 따서 붙였다. 성 비투스 성당은 초기에는 로마네스크 양식으로 건축되었지만 훗날 예수회에서 바로크 양식으로 다시 건축했다. 리예카가 크로아티아 대주교의 중심이 되면서 이 성당은 리예카를 대표하는 성당이 되었다. 1993년부터 2002년까지 발행된 크로아티아 화폐 100쿠나 뒤에 성 비투스 성당이 등장하기도 했다. 민소매 상의와 짧은 팬츠는 출입 불가다. 가운은 무상으로 대여해 준다.

**Data** **지도** 305p-B **가는 법** 성모 승천 성당에서 도보 2분 **주소** Grivica ul. 11
**운영시간** 07:00~12:00, 16:30~18:00 **요금** 무료

구시가지로 향하는 작은 문

## 올드 게이트 Old Gate / Old Roman Arch

시티 타워를 등지고 올라가면 좁은 건물 사이에 돌로 된 게이트가 애처롭게 붙어 있는 모습이 보인다. 올드 게이트다. 로마 황제 클라우디우스 고티쿠스가 승전을 기념해 세운 개선문이라는 설이 있었지만, 로마군 주둔지의 평범한 출입문이라는 사실이 확인되었다. 개선문 같이 근사한 게이트를 상상하고 갔다면 작은 게이트의 모습에 대실망을 할 수도 있다. 그러나 이런 작은 유적도 아끼고 남기려는 크로아티아인들의 노력은 정말 가상하다.

**Data** **지도** 305p-B **가는 법** 시티 타워를 등지고 도보 2분 **주소** Ul. Stara Vrata 3

로마 병사들이 머무르던 곳

## 타르사티차

Principia At Tarsatica / Tarsaticki Principij

올드 게이트를 등지고 구시가지로 들어서면 바로 나타나는 유적지다. 지금은 아무것도 없는 공터처럼 보인다. 그러나 이곳에서 갑옷과 무기, 유리, 항아리 등이 발굴되면서 이곳이 3~4세기 로마군 주둔지였음이 밝혀졌다. 로마시대 정교한 건축술로 석회암을 사용해 만든 벽과 바닥은 부분적으로 포장되어 보존되고 있다.

Data 지도 305p-B 가는 법 올드 게이트에서 도보 2분 주소 Ul. Stara Vrata

귀족 자녀들은 무엇을 하고 놀았을까

## 스텐다락 Stendarac

구시가지에 있는 작은 광장이다. 1700년 이후 귀족 자녀들의 놀이터로 사용되었다. 광장에 세워진 돌기둥으로 만든 깃발대는 1508년 리예카가 베네치아 공국에 점령당했을 때 정치인의 권리를 인정할 것을 주장하며 막스밀리안이 세웠다. 본래 구시청사 앞에 세웠던 것을 이곳으로 옮겨왔다. 깃발대는 성 비투스가 그의 손에 도시를 들고 있는 모습을 형상화하고 있다.

Data 지도 305p-B
가는 법 그랜드 호텔 보나비아 건너편 골목

크로아티아의 예술가를 만나는

## 현대미술박물관

Museum of Modern and Contemporary Art / Muzej Moderne I Suvremene Umjetnosti

1948년 지어진 회화박물관이 시초가 된 곳. 1954년 유고슬라비아 사회주의 연맹에 의해 현대조각과 미술박물관으로 개관했다. 1990년대 이후 유럽에서 활동하고 있는 크로아티아 유명 예술가들의 작품을 전시한다. 크로아티아의 다양한 분야에 걸친 많은 작품들을 만나볼 수 있다.

Data 지도 305p-A
가는 법 리예카 기차역 맞은편
주소 Krešimirova ul. 26c
전화 051-492-611
운영시간 화~금 12:00~19:00, 토·일 12:00~17:00
요금 성인 5유로, 18세 이하 2유로
홈페이지 mmsu.hr

크로아티아 최고의 해양박물관

## 해양박물관 The Maritime and History Museum of Croatian Littoral Rijeka / Pomorski i povijesni muzej Hrvatskog primorja Rijeka

리예카를 여행할 계획이라면 강력하게 추천하는 박물관이다. 해양박물관은 리예카 통치자가 머물던 궁전을 1961년 박물관으로 개조한 것이다. 19세기 말 헝가리 건축가가 지은 이 궁전은 리예카에서 가장 아름다운 건물로 손꼽힌다. 박물관 전시품을 보기 전 아름다운 궁전 건물 자체가 큰 볼거리다. 궁전으로 사용하던 당시의 가구나 소장 미술품도 유명 갤러리 못지않게 근사하다. 리예카는 아드리아해의 전략적 요충지로 항상 주변국들의 경쟁이 치열했던 곳. 이런 연유로 전쟁과 해양, 문화와 역사, 지질학 분야에 걸쳐 다양한 유물이 전해지며, 이 유물을 모아 박물관에 전시하는 것이다. 박물관은 내부가 넓고, 볼거리가 많으므로 시간을 넉넉하게 잡고 돌아보자. 바로 옆에 위치한 시립박물관도 함께 돌아보기 좋다.

**Data** **지도** 305p-B
**가는 법** 그랜드 호텔 보나비아에서 북쪽으로 도보 7분 **주소** Trg. Muzejski 1 **전화** 051-213-578
**운영시간** 월 09:00~16:00, 화~토 09:00~20:00, 일 09:00~13:00
**요금** 성인 3.98유로, 18세 이하 1.99유로 **홈페이지** ppmhp.hr

리예카의 과거를 담아놓은

## 시립박물관

City Museum of Rjeka / Muzej Grada Rijeke

리예카 시에서 운영하는 작은 박물관이다. 수집품이 많은 편은 아니지만 리예카에서는 가장 중요한 문서, 사진, 음악, 회화 등 여러 분야에 걸쳐 전시되어 있다. 또한, 리예카가 성장해온 모습을 사진이나 비디오로 볼 수 있다. 1층은 전시품, 2층은 갤러리 형식으로 가볍게 둘러보기 좋다. 해양박물관과 이웃해 있다.

**Data** **지도** 305p-B **가는 법** 그랜드 호텔 보나비아에서 북쪽으로 도보 7분 **주소** Trg Riccarda Zanelle 1 **전화** 051-336-711
**운영시간** 월~토 10:00~20:00, 일 10:00~15:00
**요금** 성인 2유로, 학생 1유로 **홈페이지** www.muzej-rijeka.hr

아이들과 함께하기 좋아요!

## 자연사박물관 Natural History Museum Rijeka / Prirodoslovni Muzej Rijeka

1876년 리예카에 지어진 첫 박물관이다. 개장 초기에는 시립박물관의 수집품을 물려받았으나 1945년 이후 독자적으로 전시를 하고 있다. 아드리아해의 해양생물, 곤충 및 동식물을 표본으로 소장하고 있다. 작은 박물관이라 아이들과 함께 가기 좋다.

**Data** **지도** 305p-B **가는 법** 마린 박물관에서 도보 5분 **주소** Lorenzov pro. 1 **전화** 051-553-669
**운영시간** 09:00~20:00 **요금** 성인 3유로, 학생 1.5유로 **홈페이지** www.prirodoslovni.com

리예카의 일등 재래시장

## 중앙시장 City Market / Glavna Tržnica

매일 아침 중앙시장 주변 벤치에 앉아 있으면 사람들이 손에 한 꾸러미씩 봉투를 들고 걷는 모습이 보인다. 중앙시장에서 장을 보고 가는 사람들이다. 중앙시장은 아침 햇살만큼이나 사람들의 환한 모습이 인상적인 곳이다. 19세기부터 리예카 최고의 재래시장으로 자리를 잡은 이곳은 과거 어부들이 생선을 팔던 곳이었다. 1914년 새 어시장 저장고가 생기면서 야채와 과일을 파는 청과물 시장으로 바뀌었다. 지금 중앙시장은 여행자들도 싱싱한 야채와 풍성한 제철 과일을 저렴하게 살 수 있는 곳이 됐다. 시장은 오전 7시에 시작해 오후 1시가 넘으면 슬금슬금 문을 닫는다. 시장 주변의 상인과 현지인을 위한 저렴한 빵집과 카페들도 비슷한 시간에 문을 열고 닫는다. 중앙시장에서 잠시 현지인들과 어울려 시간을 보내는 것도 괜찮다.

**Data** 지도 305p-E
가는 법 모델로 궁전 길 건너
주소 Vatroslava Lisinskon Ul.
운영시간 07:00~14:00

리예카 시민들의 아지트

## 이반 국립극장

Croatian National Theatre Ivan pl. Zajc, Rijeka / Hrvatsko narodno kazalište Ivana pl. Zajca Rijeka

리예카를 대표하는 최고의 극장이다. 이 극장은 19세기 후반 리예카에 닥친 불행을 극복하기 위해 지어졌다. 1800년대 리예카는 독재 정부 아래 경제 불황이 닥쳤다. 엎친 데 덮친 격으로 콜레라까지 유행하며 어려운 시간을 보내야 했다. 당시 시민들에게는 정신적 안정을 찾을 만한 엔터테인먼트가 필요했다. 그런 시민들을 위해 당시 시장이었던 시오타가 국립극장을 지었다. '이반'이라는 극장 이름은 크로아티아의 클래식 음악을 유럽에 널리 알린 작곡가 이반 자이치Ivan Zajc의 이름에서 따왔다. 국립극장 앞에 그의 동상도 세워져 있다. 국립극장이 생긴 후 유명 이탈리아의 오페라 공연을 비롯해 많은 공연들이 펼쳐졌고, 시민들은 이 극장에 열광했다. 현재도 이반 국립극장에서는 유명한 공연과 중요한 행사가 열리는 등 리예카 시민들의 문화생활 아지트로서의 역할을 톡톡히 해내고 있다.

**Data** 지도 305p-E
가는 법 중앙시장 옆
주소 Uljarska Ul. 1
홈페이지 www.hnk-zajc.hr

소박하고 예쁜 교회

## 루드르 동정녀 마리아 교회&카푸친 수도원 Church of our lady of Laurdes and the Capuchin Monastery / Crkva Gospe Lurdske I Kapucinski Samostan

크림색과 붉은색의 벽돌로 지어진 네오고딕 양식의 성당이다. 1904년부터 25년에 걸쳐 지어졌다. 건립 초기에는 알려지지 않은 소박한 교회에 불과했다. 그러나 성당에 있는 카푸친 수도원에서 죽어가던 병사가 극적으로 회복하면서 유명세를 타기 시작해 지금은 리예카의 기념비적인 성당이 되었다. 성당 내부의 그림은 리예카 출신 유명 화가 로몰로 베누치Romolo Venucci가 그렸다. 특이한 모양의 교회 외관과 내부의 아름다운 스테인드글라스는 리예카 여행자라면 놓치지 말자.

**Data** **지도** 305p-A **가는 법** 시외버스터미널 건너편 **주소** Kapucinske stube 5

한적하고 고즈넉한 리예카 전망대

## 트르사트 Trsat

가장 멋진 리예카 풍경을 볼 수 있는 곳이다. 트르사트는 리예카 도심에서 약 2km 정도 떨어져 있는 높은 언덕에 위치해 있다. 한여름에는 걸어서 오르기가 조금 벅차지만, 막상 언덕을 오르고 나면 이마에 맺힌 땀방울을 보상하고도 남을 만큼 멋진 풍경이 펼쳐진다. 트르사트성 전망대에 오르면 리예카는 물론 크바르네르 해안 전체가 한눈에 들어온다. 트르사트는 799년에 처음 알려진 마을로 과거에도 리예카 시민들의 산책이나 데이트 장소로 인기가 좋았다. 지금도 도시의 복잡한 모습은 찾아볼 수 없는 조용하고 아담한 마을로 남아 있다. 트르사트에는 트르사트성과 성모 마리아 성당, 공원 등이 있어 반나절 여행지로 적당하다. Data 지도 306p

Tip ***트르사트 찾아가기***

체력이 받쳐준다면 도보로도 다녀올 수 있다. 리예카 도심 북동쪽에서 성모 마리아 성당으로 가는 561개 계단이 있다. 도심에서 트르사트까지는 도보로 30~40분쯤 걸린다. 렌터카로 갈 수도 있다. 가장 좋은 것은 버스를 타고 갔다가 돌아올 때는 계단을 걸어 내려오는 방법이다. 리예카 리바 Riva 거리에서 2번 버스가 트르사트까지 간다. 성모 마리아 성당 하차. 운행시간은 15분.

리예카의 가장 멋진 뷰!

## 트르사트성 Trsat Castle / Trsatski Kastel

트르사트성은 로마인들이 요새로 사용했던 곳이다. 17세기 베니스와 오스만 제국의 침략과 1750년에 있었던 지진으로 많은 피해를 입었다. 그러나 리예카 시민들의 노력으로 더는 허물어지지 않고 오늘날까지 전해지고 있다. 트르사트성을 지키기 위해 애쓴 주인공은 라발 뉴젠트Laval Nugent라는 부호이다. 그는 19세기 성을 사들인 후 재건축해 지금의 모습을 만들었다. 처음 성을 재건축할 당시는 가족의 묘를 조성하는 것이 목적이었지만 지금은 리예카의 유명 관광지가 되었다. 트르사트성은 트르사트에서도 가장 높은 위치에 있어 가리는 것 없이 시야가 탁 트였다. 리예카 시가지는 물론 바다 건너 크르크섬까지 한눈에 펼쳐진다. 트르사트성 앞마당은 현재 레스토랑으로 사용되고 있다. 여름철 저녁이면 로맨틱한 공연도 펼쳐진다.

**Data** **지도** 306p-A
**가는 법** 트르사트성모 마리아 성당에서 도보 2분
**주소** Trsat Castle
**전화** 051-217-714
**운영시간** 10~5월 09:00~17:00, 6~9월 09:00~20:00, 카페 09:00~02:00
**홈페이지** www.visitrijeka.hr

나사렛의 빨간 집이 나타난

## 성모 마리아 성당 Shrine of Our Lady / Svetiste Majke Bozje

트르사트 언덕에 자리한 성당이다. 중세에 지어진 이 성당은 '나사렛의 기적'이 나타난 성소로 알려지면서 유명세를 탔다. 전설에 의하면 1291년 5월 10일 나사렛의 빨간색 집이 이곳에 나타났다고 한다. 성서에 의하면 나사렛의 집은 천사 가브리엘이 성모 마리아에게 수태고지(예수의 탄생을 미리 알리는 것)를 한 곳이다. 나사렛의 집은 반짝이는 별과 함께 매일 붉게 빛난다는 이야기도 전해온다. 또한 이 성당의 신부가 심각한 질병을 앓다가 나사렛의 상자를 보고 완쾌되었다는 전설이 더해지면서 성지순례 방문지가 되었다. 교황 마틴 5세는 15세기에 이곳의 명성을 서면을 통해 인정했다. 교회 안쪽에 있는 '자비의 어머니' 그림은 성당의 명성에 중요한 역할을 하고 있다.

**Data** **지도** 306p-B **가는 법** 리예카 리바 거리에서 2번 버스로 약 15분 **주소** Trg. Frankopanski

561개의 계단이 이어지는

## 트르사트 계단 Trsat Stairs / Stube Petra Kruzica

리예카의 강에서 트르사트성모 마리아 성당으로 올라가는 계단이다. 이 계단은 모두 561개다. 1531년 처음으로 계단을 만들 때는 가장 가파른 부분에만 128개의 계단을 설치했다고 한다. 트르사트성모 마리아 성당이 인기 많은 성지순례지가 되면서 타운에서부터 트르사트까지 편하게 갈 수 있도록 561개의 계단을 만들었다. 여름 땡볕에는 조금 힘들지만, 계단을 오르면서 보이는 풍경과 점점 작아지는 도심의 집들을 구경하는 재미가 있다.

**Data** **지도** 306p-A **가는 법** 계단은 리예카 동쪽 미르트비 카날Mrtvi Kanal부터 시작된다.

허름하지만 뷰는 좋아

## 성 조지 성당 The Church of St. George, the Martyr / Crkva sv. Jurja Mucenika

트르사트성 입구에 있는 허름한 성당이다. 이 성당은 1630~1662년 니콜라 즈린스키에 의해 지어졌다. 1906년 성 피터와 성 바울 동상이 건립되고, 주민들의 기부로 종이 설치되었다. 지금은 초라한 모습이지만 과거에는 현지인들이 애착했던 성당이다. 트르사트성에 뒤지지 않을 만큼 전망이 뛰어나다.

**Data** **지도** 306p-A **가는 법** 트르사트 요새 입구에 위치

|Theme|

## 리예카에서 떠나는 크르크섬 당일 여행

크르크Krk는 리예카와 연결된 섬이다. 제주도의 약 1/4 정도 크기로 크로아티아에서 가장 깨끗한 섬으로 알려져 있다. 리예카 국제공항도 이 섬에 있다. 크르크섬은 리예카와 다리로 연결되어 있다. 1980년에 지어진 이 다리는 세계에서 가장 긴 콘크리트 다리로, 섬에 들어갈 때 통행료(약 5유로)를 받는다. 크르크섬에는 아드리아해 연안의 도시 가운데 역사가 가장 길다는 크르크 구시가지가 있다. 리예카에서 약 40km 거리인 크르크 구시가지에는 광장과 성당, 성곽, 해변 등의 유적지와 여행지가 있다. 섬 동쪽에는 해안 절벽에 들어앉은 아름다운 작은 마을 브르브니크Vrbnik가 있다. 크로크는 리예카에서 당일 여행으로 갔다 올 수 있다. 렌터카는 물론 버스를 이용해서 여행할 수도 있다. 크로크 구시가지에서 자그레브와 리예카를 포함해 크로아티아의 여러 도시를 연결하는 버스편이 있다.

© 크로아티아 관광청_Ivo-Biocina

EAT

초저렴한 제대로 된 화덕 요리

## 브라세라 Bracera

코르조 거리에 위치한 피자집이다. 골목 안쪽에 빈티지한 그린 색 테이블과 오래된 사진으로 멋지게 인테리어해 눈에 확 띈다. 리예카의 스타급 화가 보조 라도치케Vojo Radoičićrk가 2010년 오픈해 리예카 시민들에게 입소문이 났다. 제대로 된 나폴리 피자를 선보이겠다고 사용하는 장작 화덕 덕분에 굽는 메뉴는 대부분 맛이 좋다. 가격도 저렴하다. 작은 피자 한 판에 한국 돈으로 8,000원. 앉아서 먹기가 미안할 정도이다. 나폴리 피자의 기본 메뉴인 마르게리타와 풍기 피자가 가장 인기가 많다. 닭 날개 바비큐와 크로아티아 전통 고기구이 체밥치치도 추천한다.

**Data** 지도 305p-B
**가는 법** 코르조 거리 시티 타워에서 도보 4분
**주소** Kružna Ul. 10
**전화** (0)51-322-498
**영업시간** 10:00~23:00
**가격** 피자 체밥치치 9유로~, 맥주 4.5유로~
**홈페이지** www.pizzeria-bracera.com.hr

비밀 레시피를 가진 파스타

## 비스트로 모르나르 Bistro Mornar

몇 발짝만 가면 항구의 방파제와 맞닿는 위치에 자리한 레스토랑. 리예카를 상징하는 함선과 빨간 체크무늬 테이블보가 사랑스럽게 어우러졌다. 실내 인테리어 때문에 지나가는 여자들은 꼭 한번 힐끔거린다. 이곳은 파스타와 리소토, 샐러드 등 가볍고 쉬운 메뉴들을 맛볼 수 있는 캐주얼 레스토랑이다. 바로 옆에 위치한 피시 마켓 덕분에 요리에 들어가는 해산물을 가장 빠르게 공수한다. 어디서나 먹어봤을 시푸드 파스타는 최고의 메뉴다. 해산물이 가득한 것은 물론 여러 곡물과 토마토를 섞은 비밀 소스를 사용해 최상의 맛을 낸다. 해 질 무렵이면 선셋을 볼 수 있는 야외 좌석이 인기가 좋다.

**Data** **지도** 305p-E
**가는 법** 리바 거리 방파제 쪽에 위치
**주소** Riva Boduli Ul. 5A
**전화** (0)51-312-222
**운영시간** 08:00~23:00
**가격** 시푸드 8유로~, 음료 1.5유로~
**홈페이지** www.facebook.com/bistromornar

완벽한 크로아티아식 시푸드

## 나 칸투누 Na Kantunu

리예카 시민들의 외식 장소로 사랑받는 레스토랑이다. 잘 보이지 않는 작은 간판도 성에 차지 않고 항구의 끄트머리, 좀 외진 곳에 위치해 있지만 주말이면 항상 좌석이 없다. 항구 뷰가 보이는 야외석과 실내석이 있다. 나 칸투누에서는 크로아티아식 정통 레시피로 요리되는 훌륭한 시푸드 요리를 맛볼 수 있다. 다만 한국과는 다른 해산물 이름 때문에 주문할 때 조금 당황할 수도 있다. 하지만 레스토랑 안쪽에 신선한 해산물이 보기 좋게 진열되어 있으니 걱정은 하지 않아도 괜찮다. 둘러보며 원하는 해산물을 서버에게 알려주면 훨씬 주문하기가 수월해진다. 음식의 맛은 크로아티아 현지인 집에서 먹는 딱 그 맛이다. 생선, 오징어, 문어가 들어간 해산물 스튜, 아드리아해 연안에서 낚아 올린 작은 물고기 헤이크Hake 튀김, 올리브 오일에 구운 생선구이 등 뭘 먹어도 나무랄 데가 없다. 저녁 식사로 와인이나 맥주를 곁들이면 여행지에서 완벽한 하루를 완성할 수 있다. 여행자가 적은 리예카 여행의 가장 좋은 점이 바로 현지인들의 진짜 맛집을 저렴하게 만날 수 있다는 것! 기억해 두면 좋다.

**Data** **지도** 305p-E
**가는 법** 이반 국립극장 뒤편, 도보 5분 **주소** Demetrova 2
**전화** (0)51-313-271
**운영시간** 10:00~23:00 (일요일 휴무)
**가격** 시푸드 9유로~, 에피타이저 5유로~

밤에 가면 더 좋은 곳

## 가든스 Gardens

오전에는 브런치, 오후에는 디저트, 저녁에는 라이브를 즐기러 사람들이 줄기차게 찾는 곳이다. 식사 시간이면 넓은 실내와 테라스가 모두 즐거운 표정의 사람들로 꽉 찬다. 분위기도 좋지만, 스테이크와 여러 가지 디저트가 유명하다. 스테이크는 소고기, 연어, 참치 등이 있다. 입에서 살살 녹는 연어 스테이크를 추천한다. 낮보다는 저녁시간이 더 분위기가 좋다. 식사 후 디저트를 먹거나 와인 한잔 가볍게 하기 괜찮다.

**Data** **지도** 305p-E **가는 법** 시티 타워에서 도보 3분, 리바 거리에 위치 **주소** Riva 6 **전화** (0)51-311-026 **운영시간** 08:00~24:00 **가격** 스테이크 18유로~ **홈페이지** www.restaurant-gardens.com

현지인들의 카페인 충전소

## 밀만 카페 Milman Caffe

중앙시장에 위치한 허름한 커피집이다. 의자도 없이 테이블만 있는 이 카페에서는 1유로 하는 커피를 판다. 시장 상인이나 현지인들이 카페인을 보충하기 위해 찾는다. 잔 커피만 파는 게 아니라 로스팅한 원두도 판다. 이것 또한 상상을 초월하는 저렴한 가격이다. 아라비카 원두가 100g에 1유로다. 커피를 즐긴다면 원두를 저렴하게 구입하기 좋은 곳이다. 참고로 밀만은 크로아티아에서 품질 좋은 커피와 머신을 유통하는 브랜드다.

**Data** **지도** 305p-E **가는 법** 중앙시장에 위치 **주소** Vatroslava Lisinskog Ul. 4B **전화** (0)51-313-274 **운영시간** 07:00~14:00(일요일 휴무) **가격** 커피 1유로~, 원두 100g 1유로~ **홈페이지** www.milman.hr

좋은 위치, 맛있는 음식 최고의 선택!

## 마슬리나 Maslina

클락 타워와 올드 게이트 사이에 있어 여행자라면 누구나 한 번은 지나는 곳에 있다. 지중해 요리가 주 메뉴로 우리에게도 친숙한 유럽식 요리를 맛볼 수 있다. 퀄리티 좋은 식재료를 사용해 음식 수준이 높은 편. 소고기를 이용한 카르파초나 스테이크가 시그니처 메뉴지만, 그날그날 공수해오는 신선한 해산물 메뉴를 더 추천한다. 리예카는 어시장이 유명하니까! 맛도 위치도 좋은 리예카 맛집이다.

**Data** **지도** 305p-B **가는 법** 이바나 코브레라 광장에 위치 **주소** Trg Ivana Koblera bb **전화** (0)51-563-563 **운영시간** 11:00~23:00(일요일 휴무) **가격** 에피타이저 6유로~, 메인 8유로~

## 그랜드 호텔 보나비아
Grand Hotel Bonavia

리예카 중심에 있는 4성급 대형 호텔. 리예카에서 열리는 큰 이벤트가 펼쳐지는 곳이다. 객실은 121실. 유료 주차장 있음. 무료 조식. 무료 와이파이.

**Data** **지도** 305p-B **가는 법** 현대미술관 앞에 위치
**주소** Dolac 4 **전화** (0)51-357-100 **요금** 더블룸 130유로~ **홈페이지** www.bonavia.hr/en

## 보텔 마리나 Botel Marina

바다 위에 떠 있는 큰 배를 개조해 만든 호텔. 보텔은 '보트 호텔'의 줄임말. 색다른 공간에서 숙박하는 재미가 있다. 객실 타입은 싱글룸부터 패밀리룸까지 고루 있다. 무료 조식. 무료 와이파이. 유료 주차.

**Data** **지도** 305p-A **가는 법** 리바 거리 항구에 위치
**주소** Adamicev gat **전화** (0)51-410-162
**요금** 1인 싱글룸 65유로~, 3인 패밀리룸 140유로~
**홈페이지** www.botel-marina.com

## 호텔 콘티넨탈 Hotel Continental

1888년에 문을 연 전통 있는 3성급 호텔. 여러 번 리노베이션을 했지만, 객실 인테리어는 조금 올드한 느낌. 도심에서 도보 10여 분 거리의 트르사트성으로 올라가는 계단 옆에 있다. 객실 수는 138개. 무료 조식, 무료 와이파이 가능. 유료 주차.

**Data** **지도** 305p-C **가는 법** 트르사트 계단 옆에 위치
**주소** Šetalište Andrije Kačića Miošića 1
**전화** (0)51-372-008 **요금** 트윈룸 98유로~
**홈페이지** www.intercontinental.com

Estra By Area

# 02

# 오파티야

## OPATIJA

오스트리아 귀족들의 휴양지로 세상에 알려진 오파티야. 당시 비엔나의 한 귀족이 해안에 아름다운 별장 '빌라 안지올리나'를 짓자 이를 시샘한 귀족들이 앞다투어 별장을 짓기 시작했다. 그 후 밀려드는 귀족들을 위한 아드리아해의 첫 호텔이 이곳에 등장한다. 오파티야는 그렇게 200년 가까이 유럽 최고의 휴양지로 인기를 누렸다. 지금은 나이 지긋한 노부부의 평화로운 모습이 자주 눈에 띈다. 언젠가 더 시간이 흘러 그들처럼 나이가 지긋하게 들었을 때 꼭 다시 찾아오겠노라고 약속하게 된다.

© 크로아티아 관광청_Renco-Kosinozic

Opatija
# PREVIEW

*왁자지껄한 휴양도시를 생각했다면 실망할 수도 있다.*
*연령대가 조금 높은 여행자들의 휴양지로 조용한 도시이다. 볼 것보다는 쉴 곳이 많다.*
*적당히 걷고, 많이 쉬고, 잘 먹는 게 오파티야를 잘 즐기는 방법!*

**SEE**

반나절이면 비치를 시작으로 봐야 할 것들을 다 보고 제자리로 돌아올 수 있다. 파스텔톤의 거리 풍경은 유럽의 오래된 시골마을의 느낌이다. 귀족들의 별장을 제외하면 공원과 교회 등 작은 마을만큼이나 볼 것들도 소박하다. 동네 구경을 마치고 나면 남는 건 바다뿐. 근처 해안도로를 드라이브하거나 리예카로 당일치기 여행을 다녀오기도 좋다.

**EAT**

많은 레스토랑이 가격에 비해 음식이 고급스러운 편이다. 연령대가 높은 여행자들이 많은 곳인지라 건강식 위주의 미식을 즐길 수 있다는 건 큰 장점. 조용하고 작은 동네치고는 골목마다 꽤 괜찮은 맛집이 있다. 여행이 끝난 후 여행지보다 맛집이 머릿속에 강하게 남는 도시가 될 수도!

**SLEEP**

인기 휴양지인 스플리트나 두브로브니크의 빽빽하게 들어찬 숙소에 비한다면 이곳은 천국이다. 저렴한 비용에 더 멋진 호텔에서 머물 수 있다. 아름다운 비치를 따라 그림 같은 부티크 호텔들이 늘어섰다. 너무 많아 어디를 갈까 고민해야 할 정도. 저렴하게 지내려면 민박도 추천한다.

Opatija

# GET AROUND

## 어떻게 갈까?

### 1. 렌터카

리예카에서 13km(약 20분) 풀라까지는 100km(1시간 30분) 거리다. 풀라와 오파티야를 오가는 66번 해안도로는 환상의 드라이브 코스로 소문났다. 타운 안쪽 메인 비치와 가까운 호텔은 유료 주차장이 있다. 구시가지 내 거리 주차장은 시간당 1~2유로이다.

### 2. 버스

수도 자그레브와 리예카, 풀라는 매일 여러 차례 버스가 운행한다. 그 외 로빈이나 포레치 등 이스트라 지역의 도시로 1일 2~3회 버스편이 있다. 시즌마다 운행시간과 횟수가 달라지므로 사이트에서 미리 확인해 보는 게 좋다. 버스터미널은 타운 안에 있어 어디라도 도보로 이동 가능하다.

**Data 크로아티아 버스 안내**
www.getbybus.com

**Data 크로아티아 버스 안내**
www.buscroatia.com

**오파티야까지 버스 요금 및 소요시간**

*리예카↔오파티야*

| 목적지 | 운행시간 | 운행 횟수 | 요금 | 소요시간 |
|---|---|---|---|---|
| 리예카 | 첫차 03:30, 막차 22:50 | 1일 9회 | 3~5유로 | 25분 |
| 오파티야 | 첫차 07:30, 막차 18:00 | | | |

*풀라↔오파티야*

| 목적지 | 운행시간 | 운행 횟수 | 요금 | 소요시간 |
|---|---|---|---|---|
| 풀라 | 첫차 03:50, 막차 18:20 | 1일 10회 | 13~15유로 | 2시간 |
| 오파티야 | 첫차 05:15, 막차 20:00 | | | |

*자그레브↔오파티야*

| 목적지 | 운행시간 | 운행 횟수 | 요금 | 소요시간 |
|---|---|---|---|---|
| 자그레브 | 첫차 07:15, 막차 18:50 | 1일 6회 이상 | 17~20유로 | 3시간 |
| 오파티야 | 첫차 00:30, 막차 15:00 | | | |

## 어떻게 다닐까?

걸어서 속속들이 관광지를 다 둘러볼 수 있다. 길도 단순한 편이라 해안도로를 따라 쭉 산책을 하다 보면 웬만한 관광지는 다 만날 수 있다.

Opatija
# ONE FINE DAY

*오파티야에서는 걸음을 천천히 느긋하게 걸어보자.*
*여유롭게 돌아도 반나절이면 주요 관광지는 다 돌아볼 수 있다.*
*어떻게 바다를 즐기고 휴식을 취할지가 더 중요한 휴양지이다.*

비치 산책

도보 10분

소녀와 갈매기상

도보 1분

유라이 스포러 아트 파빌리온

도보 1분

성 제임스 공원

도보 1분

성 제임스 성당

도보 5분

크바르네 호텔

도보 5분

빌라 안지올리나

도보 5분

섬머 스테이지

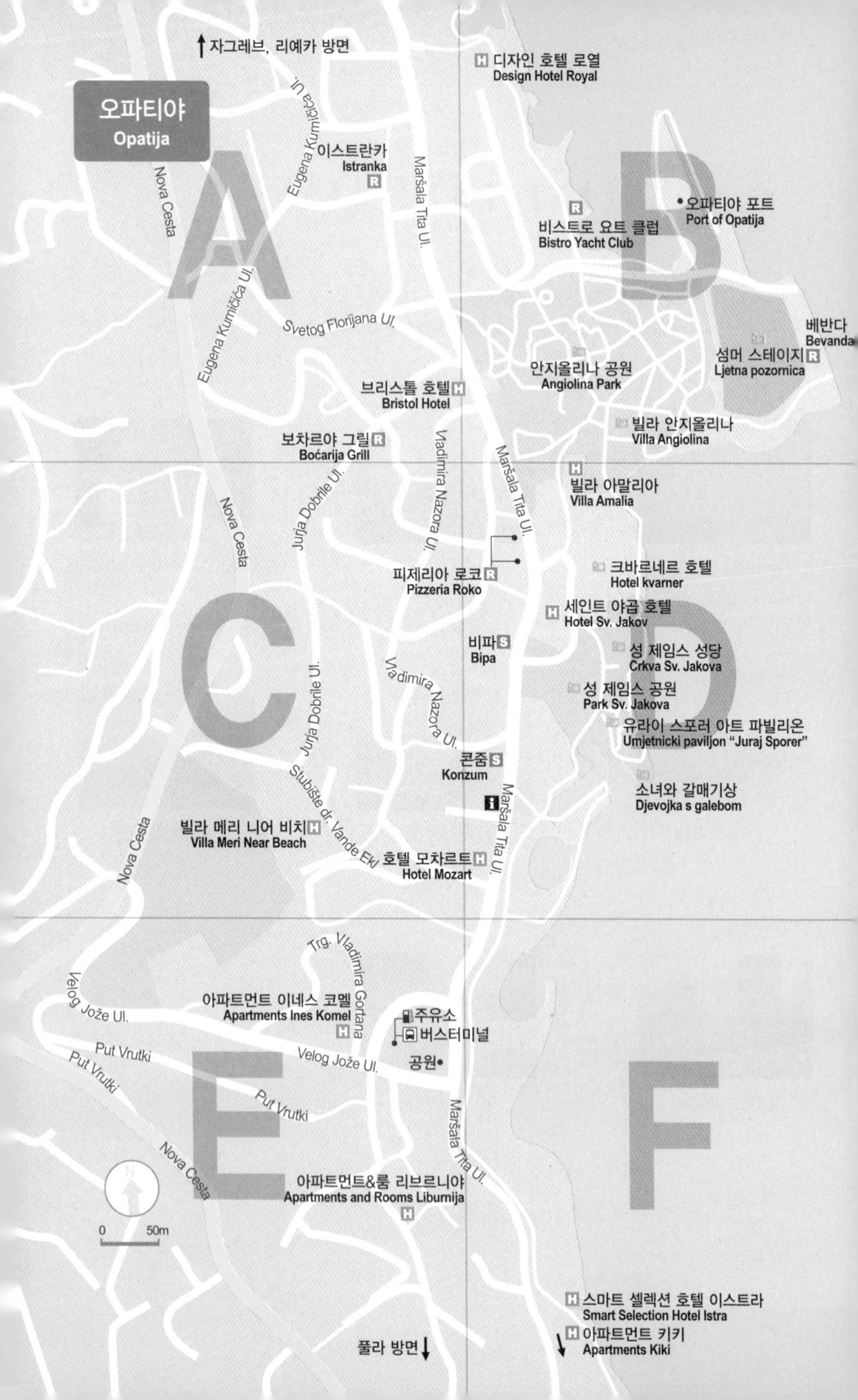

오파티야
Opatija
자그레브, 리예카 방면
디자인 호텔 로열
Design Hotel Royal
Eugena Kumičića Ul.
이스트란카
Istranka
Maršala Tita Ul.
Nova Cesta
오파티야 포트
Port of Opatija
비스트로 요트 클럽
Bistro Yacht Club
Svetog Florijana Ul.
베반다
Bevanda
섬머 스테이지
Ljetna pozornica
안지올리나 공원
Angiolina Park
브리스톨 호텔
Bristol Hotel
빌라 안지올리나
Villa Angiolina
보차르야 그릴
Boćarija Grill
Vladimira Nazora Ul.
빌라 아말리아
Villa Amalia
Jurja Dobrile Ul.
크바르네르 호텔
Hotel kvarner
피제리아 로코
Pizzeria Roko
세인트 야곱 호텔
Hotel Sv. Jakov
비파
Bipa
성 제임스 성당
Crkva Sv. Jakova
성 제임스 공원
Park Sv. Jakova
유라이 스포러 아트 파빌리온
Umjetnicki paviljon “Juraj Sporer”
콘줌
Konzum
소녀와 갈매기상
Djevojka s galebom
Stubište dr. Vande Ekl
빌라 메리 니어 비치
Villa Meri Near Beach
호텔 모차르트
Hotel Mozart
Trg. Vladimira Gortana
Velog Jože Ul.
아파트먼트 이네스 코멜
Apartments Ines Komel
주유소
버스터미널
공원
Put Vrutki
아파트먼트&룸 리브르니야
Apartments and Rooms Liburnija
0
50m
스마트 셀렉션 호텔 이스트라
Smart Selection Hotel Istra
아파트먼트 키키
Apartments Kiki
풀라 방면

SEE

오파티아 인증샷 1번지

## 소녀와 갈매기상 Maiden with Seagull / Djevojka s galebom

오파티아의 상징이 된 바다 위의 조각상이다. 얼마나 많은 사람들이 이 동상을 배경으로 사진을 찍었는지를 알 수 있는 포토존이 설치되어 있다. 동상이 있던 자리는 본래 오파티아 앞바다에서 비극적으로 목숨을 잃은 시민의 영혼을 기리기 위해 세운 성모의 동상이 있었다. 그러나 좋지 않은 날씨와 갈매기의 배설물로 동상이 금방 손상됐다. 이에 동상을 복원한 후 성 야곱 성당 앞으로 옮겼다. 동상이 있던 자리에는 1956년 소녀와 갈매기상을 세웠다. 많은 사람들은 이 소녀가 누구인지 궁금해 했지만 조각가인 즈본코는 55년간 동상의 모델에 대해 함구하였다. 훗날 소녀의 모델은 이웃 옐레나 부인이라는 사실이 알려졌다. 오파티아와 특별한 연관은 없어 보이지만 이미 60년 넘게 한자리에서 오파티아의 여행자를 맞이하고 있는 명물 중의 명물이다. 오파티아에서 꼭 해야 할 일이 있다면 그것은 바로 이 동상과 함께 여행 기념사진을 남기는 것!

**Data** **지도** 330p-D **가는 법** 성 제임스 성당 앞 바닷가 **주소** Ul. Maršala Tita 113, 51410, Opatija

아드리아의 가장 오래된 호텔

## 크바르네르 호텔 Hotel kvarner

오파티야는 오스트리아 귀족들에 의해 형성된 휴양지다. 빌라 안지올리나가 들어선 후 유럽인들이 이곳으로 여행을 오기 시작했고, 당시 그들을 위해 지어진 호텔이 바로 크바르네르 호텔이다. 이 호텔은 아드리아해 동쪽 해안에서 가장 먼저 지어진 것이다. 호텔이 지어진 초창기는 치료를 위한 온천 요양지로 사용되었다. 지금까지 다양한 이벤트가 열리는 호텔로 운영되고 있다. 우아한 노란 빛깔의 호텔 건물은 눈부신 바다와 맞물려 오파티야의 분위기를 더욱 고급스럽게 만든다. 오파티야 여행 중 한 번씩 구경 삼아 들르게 되지만, 기회가 된다면 이 역사적인 호텔에서 하룻밤을 보내는 것도 괜찮다.

**Data** **지도** 330p-D
**가는 법** 성 제임스 성당에서 해변을 따라 도보 5분
**주소** Pava Tomašića Ul. 2

오파티야의 오늘을 있게 한 별장

## 빌라 안지올리나 Villa Angiolina&Park

오파티야가 관광지로 주목을 받는 데 큰 몫을 한 곳이다. 빌라 안지올리나는 리예카 출신의 귀족 르기니오 스카르파가 자신의 아내의 이름을 따서 지은 별장으로 정원에 남미, 동양, 호주 등에서 가져온 진귀한 식물을 심었다. 이에 감동받은 지역의 귀족들이 따라서 멋진 건축물을 짓기 시작하면서 오파티야가 세상에 알려지게 되었다. 오파티야가 유명세를 타자 크로아티아 총독과 오스트리아 황후 같은 유명 인사들도 이곳을 다녀갔다. 빌라 안지올리나는 지금 관광박물관으로 사용되고 있으며 공원에 있어 산책하기 좋다.

**Data** **지도** 330p-B
**가는 법** 크바르네 호텔에서 도보 3분
**주소** Park Angiolina 1
**전화** 051-603-636
**운영시간** 5~9월 10:00~20:00, 10~4월 10:00~18:00
**요금** 2.7유로
**홈페이지** www.hrmt.hr/en

유명 인사들로 채워진 담벼락

## 섬머 스테이지 The Summer Stage/Ljetna pozornica

원래 다목적 휴양 리조트 들어설 자리에 세운 야외극장이다. 1차 세계대전 이후 오파티야를 비롯한 이스트라 지역이 이탈리아의 치하에 들어갈 때 극장으로 만들어졌다. 이곳은 1920년 조성되었지만 지금의 형태로 다시 디자인된 것은 1957년 건축가 니반 세그비치에 의해서다. 중앙무대는 2,500여 명이 앉을 수 있도록 설계되었다. 지금도 여름 페스티벌을 비롯해 많은 공연과 영화가 상영되고 있다. 2016년에는 성악가 조수미의 여름밤 축제 갈라 쇼도 열렸다. 이곳의 또 다른 볼거리인 극장의 담벼락에는 오파티야에서 태어나거나 오파티야를 방문한 유명 인사들의 그림이 그려져 있으니 놓치지 말 것!

**Data** 지도 330p-B
가는 법 빌라 안지올리나에서 도보 3분 거리의 리도 비치에 위치
주소 Zert Ul. 8

페이스트리 제과점의 변신

## 유라이 스포러 아트 파빌리온

Juraj Sporer Arts Pavilion / Umjetnicki paviljon "Juraj Sporer"

크로아티아 작가들의 작은 전시회가 열리는 갤러리다. 1900년에 지어진 이 갤러리는 처음 30년 동안은 페이스트리를 파는 제과점이었다. 그 후 갤러리로 바뀌어 오파티야의 각종 행사와 전시회를 하는 장소로 사용되고 있다. 갤러리 이름은 오파티야를 휴양지로 이끈 유라이 스포러Juraj Sporer의 이름을 따서 지은 것이다. 전시회가 있을 때만 오픈하니 미리 확인하자.

**Data** 지도 330p-D
가는 법 소녀와 갈매기상 바로 뒤쪽
주소 Park Angiolina 1
전화 051-603-636
운영시간 5~9월 10:00~20:00, 10~4월 10:00~18:00
요금 3유로
홈페이지 www.hrmt.hr/en

작고 예쁜 공원

## 성 제임스 공원 Park St. James's / Park Sv. Jakova

오파티야의 고풍스러운 건물에 둘러싸인 작은 공원이다. 예쁘게 정돈된 잔디와 크로아티아 토종식물, 주변 경관이 더해져 크로아티아에서 최고의 예쁜 공원으로 여러 번 선정되기도 했다. 공원에는 조각가 한스 라트카우스키Hans Ratkausky가 만든 작품이 있다. 이 작품은 그리스 신화에서 해와 달을 관리하는 신 헬리오와 셀레나를 조각한 분수다. 사진작가들이 이 작품을 찍으러 공원을 찾고 있어 더 유명해졌다. 산책을 하다 조용하게 쉬어 가기 좋다.

**Data** 지도 330p-D
가는 법 소녀와 갈매기상 바로 뒤쪽
주소 Park Angiolina 1

소박하고 멋진 풍경

## 성 제임스 성당 St. James's Church / Crkva Sv. Jakova

성 제임스 공원과 함께 자리한 작은 성당. 1420년 베네딕트회에 의해 세워졌는데, 완공 후 세 차례에 걸쳐 재건축과 복원이 이루어져 지금은 처음 모습이 거의 남아 있지 않다. 건축된 초기에는 각종 행사장으로 쓰였으며, 19세기에는 오파티야의 첫 학교로 사용되기도 했다. 소박한 성당이지만 바다 앞에서 근사한 풍경을 연출한다.

**Data** 지도 330p-D 가는 법 성 제임스 공원 옆 주소 Park Angiolina 1

EAT

100년을 이어온 오파티야 맛집

## 피제리아 로코 Pizzeria Roko

오파티야 메인 거리에 위치한 100년 된 맛집. 1921년부터 영업을 시작했다. 오파티야에서 맛집을 추천 해달라면 누구나 가장 먼저 이 집을 꼽는다. 처음에는 '피제리아 로코'라는 이름의 작은 레스토랑으로 시작했는데, 지금은 로코와 벨로체 바이 로코 Veloce by Roco 두 개의 레스토랑으로 확장되었다. 두 레스토랑이 나란히 있는데 테이크아웃을 하고 싶다면 벨로체 바이 로코에 포장 메뉴가 많다. 피제리아 로코에는 수제 피자와 파스타 외 다양한 요리 메뉴가 있다. 시푸드가 올라간 파스타나 건강하게 즐길 수 있는 연어 샐러드, 허브향이 가득한 치킨 버거 등 메뉴도 좋고 가격도 만족스럽다.

**Data** 지도 330p-D
**가는 법** 빌라 안지올리나 공원 건너편
**주소** Maršala Tita Ul. 114
**전화** (0)51-711-500
**운영시간** 11:00~23:00
**가격** 피자 9유로~, 메인 11유로~

이스트라 요리의 정통 레시피

## 이스트란카 Istranka

'미식'이 무엇인지 아는 사람만 물어물어 찾아오는 맛집이다. 좋은 재료로 만드는 정통 이스트라 가정식 요리를 맛볼 수 있다. 가격과 맛 모두 감동적이다. 조용한 골목이지만 매번 식사 시간이면 손님들로 가득 찬다. 소금과 올리브유에 레몬즙을 살짝 뿌려 먹는 멸치회Carpacio of Anchovies, 대구를 으깨어 만든 소스에 비벼 먹는 일종의 파스타Cod Fish with Posutice 등이 추천 메뉴다. 누들은 직접 만드는데 쫀득한 식감이 어느 곳과도 비교가 안 된다. 근사한 영어를 구사하는 서버의 친절함이 더해져 두고두고 기억에 남는다.

**Data** 지도 330p-A
가는 법 빌라 안지올리나에서 도보 3분
주소 Bože Milanovića Ul. 2
전화 (0)51-271-835
운영시간 12:00~23:00 (월요일 휴무)
가격 스타터 5유로~, 메인 8유로~

전망 좋은 곳에서 분위기 있게

## 비스트로 요트 클럽 Bistro Yacht Club

요트가 가득한 항구에 있다. 음식 플레이팅과 맛, 그리고 풍경까지 근사한 곳이다. 분위기 좋은 곳에서 다이닝을 즐기고 싶어 하는 여행자에게 추천한다. 메인 요리는 대부분 새우와 생선 등 시푸드다. 와인을 즐기는 곳이라 햄과 치즈 샐러드 같은 안주거리도 인기 메뉴다. 이스트라 지역에서 생산된 고급 와인을 즐길 수 있어 저녁 식사 후 시간을 보내는 것도 좋은 방법이다.

**Data** **지도** 330p-B
**주소** Zert ul. 1
**전화** 51-272-345
**운영시간** 10:00~01:00
**가격** 가격 메인 30유로~, 스타터 13유로~
**홈페이지** www.yacht-club-opatija.com

눈부신 절경이 함께하는 럭셔리 레스토랑

## 베반다 Bevanda

2013년에 지어진 고급 부티크 호텔 베반다 안에 위치한 레스토랑이다. 베반다Bevanda는 이탈리아어로 '먹고 마시다'라는 뜻. 호텔 베반다는 환상적인 뷰와 수영장, 바다, 파라솔이 있는 비치 클럽이 있어 먹고 놀기에 부족함이 없다. 다이닝은 비싼 편이지만, 음식이 먹기 아까울 정도로 예술작품처럼 나온다. 금액이 부담스럽다면 붙어 있는 리도 비치 바Lido Beach Bar를 추천한다. 이곳은 간단한 샌드위치나 피자를 판다. 파라솔 아래 뒹굴거리는 것만으로도 좋은 공간이다. 눈부신 절경이 함께하니 돈 쓰는 맛을 아는 여행자는 돈 쓰는 재미가 있고, 주머니가 가벼운 여행자는 구경하는 것만으로 행복한 곳이다. 비치는 무료입장이 가능하다.

**Data** **지도** 330p-B
**가는 법** 야외극장 옆에 위치
**주소** Zert Ul. 8
**전화** (0)51-493-888
**운영시간** 화~토 08:00~01:00, 일 09:30~11:30, 월 08:00~24:00
**가격** 스타터 15유로~, 메인 25유로~, 스낵 10유로~
**홈페이지** www.lidobeachopatija.com

메인 비치에 위치한 호텔은 객실료가 10만 원대 초중반으로 대부분 비슷하다. 다만 극성수기인 7~8월에는 두 배 이상 비싸지고, 객실 구하기도 하늘의 별 따기! 최대한 일찍 예약하는 게 최선이다. 비수기인 10~5월에는 운영하지 않는 곳도 있다. 호텔은 대부분 유료 주차장을 보유하고 있다.

## 비치 앞에 있는 호텔 베스트 4

### 호텔 모차르트 Hotel Mozart

메인 비치 바로 앞에 있는 5성급 호텔. 객실 수는 29실. 무료 와이파이, 무료 조식, 유료 주차장(1일 12유로). 주차장은 작은 편. 1박 2식 패키지 있음.

**Data** **지도** 330p-D **가는 법** 소녀와 갈매기상에서 도보 5분 **주소** Maršala Tita Ul. 138
**전화** (0)51-718-260 **요금** 싱글룸 120유로~, 더블룸 145유로~ **홈페이지** www.hotel-mozart.hr

### 디자인 호텔 로열 Design Hotel Royal

전용 비치가 있는 4성급 호텔. 넓은 객실과 세련된 인테리어가 돋보임. 객실 수는 54실. 무료 와이파이, 무료 조식, 유료 주차장(1일 13유로).

**Data** **지도** 330p-B **가는 법** 안지올 리나 파크에서 도보 4분 **주소** Ul. Viktora cara Emina 10
**전화** 51-444-200 **요금** 싱글룸 150유로~, 더블룸 211유로~ **홈페이지** www.hotelroyalopatija.com

### 스마트 셀렉션 호텔 이스트라 Smart Selection Hotel Istra

조용한 위치에 자리한 4성급 호텔. 숙박료는 저렴한 편. 객실 수는 130실. 무료 와이파이, 무료 조식, 실내외 수영장, 유료 주차장(1일 10유로).

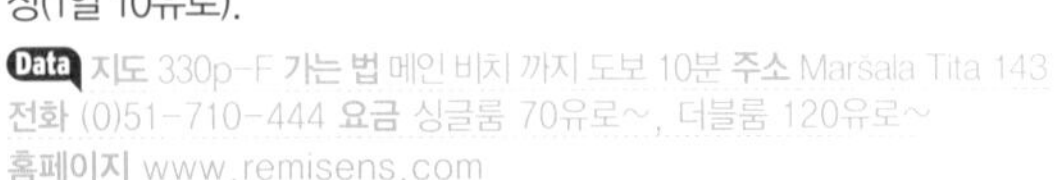

**Data** **지도** 330p-F **가는 법** 메인 비치 까지 도보 10분 **주소** Maršala Tita 143
**전화** (0)51-710-444 **요금** 싱글룸 70유로~, 더블룸 120유로~
**홈페이지** www.remisens.com

### 빌라 아말리아 Villa Amalia

비치 앞에 있는 4성급 호텔. 인테리어가 세련되고 전망이 좋음. 객실 수는 22개. 무료 와이파이, 실내외 수영장, 무료 조식, 유료 주차장 운영. 스파 가능. 10~4월 운영 안 함.

**Data** **지도** 330p-D **가는 법** 소녀와 갈매기상에서 도보 5분 **주소** Pava Tomašića Ul. 2/2
**전화** (0)51-710-444 **요금** 트윈룸 135유로~, 스위트룸 185유로~ **홈페이지** www.remisens.com

저렴한

## 아파트먼트 베스트 4

### 아파트먼트 키키
Apartments Kiki

메인 비치까지 도보 20분 거리. 2~6인 객실 보유. 바다 전망. 정원과 테라스 있음. 주방 완비, 무료 주차, 무료 와이파이.

**Data** **지도** 330p-F **가는 법** 메인 비치에서 해변을 따라 도보 20분 **주소** Antona Raspora 12
**전화** 91-556-6177
**요금** 1베드룸 75유로~, 2베드룸 130유로~
**홈페이지** www.apartmentskiki.com

### 빌라 메리 니어 비치
Villa Meri Near Beach

타운 중앙에 위치. 세련된 객실 인테리어와 바다 전망 테라스.  주방 완비. 2베드 패밀리룸만 보유. 무료 주차. 무료 와이파이.

**Data** **지도** 330p-C
**가는 법** 메인 비치에서 도보 3분
**주소** Stubiste Dr. Vande Ekl 3
**전화** +44-7874-008-079
**요금** 패밀리룸 250유로~

### 아파트먼트&룸 리부르니아
Apartments and Rooms Liburnija

메인 비치에서 도보 2분 거리의 좋은 위치. 근처에 버스터미널과 슈퍼마켓 있음. 주방 완비, 무료 와이파이, 유료 주차장(1일 12유로).

**Data** **지도** 330p-E **가는 법** 메인 비치에서 도보 5분 **주소** Joakima Rakovca 7
**전화** 51-271-109 **요금** 더블룸 58유로~, 패밀리 4인실 100유로~
**홈페이지** www.apartmaniliburnija.hr

### 아파트먼트 이네스 코멜
Apartments Ines Komel

객실이 넓은 아파트먼트. 발코니와 테라스 있음. 2~4인실 보유. 주방 완비. 무료 주차, 무료 와이파이.

**Data** **지도** 330p-E
**가는 법** 메인 비치에서 도보 3분
**주소** Trg. Vladimira Gortana 3
**전화** 91-523-6550
**요금** 1베드룸 50유로~, 4인 패밀리 객실 60유로

Estra By Area

# 03

# 풀라

## PULA

고대 로마 제국이 만든 열 번째 도시 풀라. 중유럽과 지중해의 문화가 뒤섞인 이스트라에서도 이탈리아 문화, 음식, 역사가 가장 깊이 배인 도시다. 고대부터 이어져 온 풀라의 거리에 서면 여기가 로마인가 하는 착각이 든다. 풀라를 여행한 사람들은 계절마다 다른 풀라를 이야기한다. 겨울의 풀라를 찾은 사람들은거리 곳곳에 조금은 쓸쓸하게 남겨진 로마를, 여름의 풀라를 추억하는 사람들은 태양보다 더 뜨거운 젊음의 열기를 기억한다. 풀라는 여름이면 유럽 곳곳의 젊은이들이 뮤직 페스티벌을 즐기러 속속들이 모여드는 곳이다. 풀라로 여행을 오는 이유는 다양하다. 누군가는 그곳에 남겨진 로마 제국을 탐험하러, 누군가는 손때가 덜 묻은 자연을 즐기러, 또 누군가는 젊음의 열정을 불사르기 위해 온다.

Pula

# PREVIEW

*풀라에는 로마가 남긴 방대한 유적과 더불어 베네치아 공국의 오랜 통치로 이탈리아의 문화가 가장 깊이 배어 있다. 방대한 고대 유적과 빛나는 바다, 그리고 다양한 문화가 뒤섞여 여행하는 재미가 있다.*

**SEE**

작은 구시가지는 둥근 거미줄의 모습으로 로마시대 유적이 점점이 흩어져 있다. 로마의 콜로세움과 꼭 닮은 아레나 원형극장, 로마황제를 기념한 아우구스투스 신전, 세르지의 개선문 등 골목마다 로마의 향기가 흐른다. 거기다 풀라만의 특별한 볼거리 라이팅 자이언트와 몇 곳의 갤러리를 포함하면 하루가 꽉 차고 넘친다.

**EAT**

베네치아 공국이 풀라에 남기고 간 위대한 유산은 음식이다. 크로아티아에서 이탈리아 음식이 가장 흔하며 가장 맛있는 곳이다. 이탈리아에 비해 훨씬 저렴하기까지 하다. 같은 음식과 같은 문화를 이탈리아 바로 건너 풀라에서 즐기다 보면 왠지 은밀한 행복감이 밀려온다. 물론 이스트라식 해산물도 맘껏 즐길 수 있다.

**SLEEP**

구시가지 안쪽과 근처의 숙소는 대부분 민박과 호스텔이다. 여름철 관광 혹은 페스티벌로 오는 사람들이 짧게 묵어가는 곳들이다. 뮤직 페스티벌을 찾는 유럽 여행자들은 주로 호스텔을 많이 이용한다. 구시가지 근처에 무료 주차장을 가진 숙소가 많다. 휴양을 오는 여행자라면 비치 근처의 호텔이나 리조트, 민박 등을 선택한다.

Pula

# GET AROUND

## 어떻게 갈까?

### 1. 렌터카

휴양지인 로빈과 오파티아의 중간 일정으로 추천한다. 로빈은 35km(40분), 오파티아는 100km(1시간 30분) 거리다. 구시가지에 무료·유료 주차장이 많고 자리도 여유롭다. 주차요금은 시간당 1~2유로이다.

### 2. 버스

이스트라 지역의 도시들과 자그레브로 향하는 버스 노선이 많아 이동이 편리하다. 비엔나, 부다페스트, 베네치아 등에서 오는 국제버스 노선도 많다. 유럽에서 뮤직 페스티벌을 즐기러 오는 여행자들은 국제버스를 주로 이용한다. 풀라 버스터미널은 구시가지에서 1km 가량 떨어져 있다. 도보로 20분 거리. 짐이 무겁다면 걷기 힘들 수도 있다. 버스터미널에서 아레나 원형극장까지는 도보 12분, 도심까지는 도보 20분 정도 소요된다. 시내버스는 8, 2a, 9, 3a번이 운행하고 있으니 목적지를 확인하고 탑승하자.

**Data 크로아티아 버스 안내**
www.getbybus.com

**Data 크로아티아 버스 안내**
www.buscroatia.com

**국내버스 요금 및 소요시간**

*풀라↔오파티아*

| 목적지 | 운행시간 | 운행 횟수 | 요금 | 소요시간 |
|---|---|---|---|---|
| 풀라 | 첫차 03:50, 막차 18:20 | 1일 10회 | 13~15유로 | 2시간 |
| 오파티아 | 첫차 05:15, 막차 20:00 | | | |

*풀라↔로빈*

| 목적지 | 운행시간 | 운행 횟수 | 요금 | 소요시간 |
|---|---|---|---|---|
| 풀라 | 첫차 06:45, 막차 19:55 | 1일 20회 이상 | 6~8유로 | 40분 |
| 로빈 | 첫차 05:15, 막차 21:05 | | | |

**풀라↔자그레브**

| 목적지 | 운행시간 | 운행 횟수 | 요금 | 소요시간 |
|---|---|---|---|---|
| 풀라 | 첫차 00:30, 막차 16:00 | 1일 20회 이상 | 25~28유로 | 4시간 30분 |
| 자그레브 | 첫차 04:00, 막차 17:45 (리예카와 오파티야 거쳐서 운행) | | | |

**국제버스 요금 및 소요시간**

| 도시 | 운행 횟수 | 요금 | 소요시간 |
|---|---|---|---|
| 비엔나(오스트리아) | 1일 2회 | 50~60유로 | 10시간 |
| 부다페스트(헝가리) | 1일 2회 | 50~60유로 | 11시간 |
| 류블랴나(슬로베니아) | 1일 3회 | 25~30유로 | 4시간 30분 |
| 베네치아(이탈리아) | 1일 2회 | 27~32유로 | 6시간 |

## 어떻게 다닐까?

구시가지 안쪽과 근처는 도보로 이동 가능하다. 남쪽에 위치한 비치는 4~6km 거리라 도보는 무리다. 차로는 10~15분 걸린다. 렌터카가 없다면 제한적이지만 버스 이용도 가능하다. 버스를 이용해 비치로 갈 경우 돌아오는 막차 시간을 확인하자. 1번 버스는 스토야Stoja, 2a, 3a번 버스는 베르데라Verudela 방면으로 운행한다. 요금은 1.5유로, 1시간 내 환승 가능하다.

***풀라 카드** Pula Card

풀라의 여행지를 돌아볼 때 풀라 카드를 구입하면 효율적이다. 풀라 카드는 아레나 원형극장, 제로 스트라세, 이스트라 역사해양박물관, 아우구스투스 신전, 이스트라 현대미술박물관, 뮤지엄 갤러리 '신성한 마음' 등 6곳을 이용할 수 있는 입장권 통합카드이다. 6곳 입장이 가능한 풀라 카드는 약 13유로다. 적어도 4곳 이상은 둘러봐야 본전을 뽑으니 계획을 잘 세워 구입하자. 관광안내소와 제로 스트라세 지하터널 입구에서 구입할 수 있다.

**Data 관광안내소**

**가는 법** 쌍둥이 게이트 옆에 위치 **주소** Carrarina Ul. 3 **전화** (0)52-211-566
**운영시간** 6월 15일~9월 15일 10:00~22:00

Pula
# ONE FINE DAY

*풀라는 관광만 즐기는 일정으로 찾는 것도 좋다. 휴양은 이웃한 휴양지 오파티아나 로빈에서 하면 된다. 여행지만 돌아본다면 꽉 찬 하루면 충분하다.*

그린 마켓

도보 7분

세르지의 개선문

도보 7분

성 마리아 포르모사 예배당

도보 3분

아우구스투스 신전

도보 1분

시청

도보 5분

모자이크

도보 5분

프란치스코 수도원과 교회

도보 7분

이스트라 역사해양박물관

도보 10분

아레나 원형극장

도보 7분

라이팅 자이언트

도보 1분

성모 승천 성당

도보 3분

이스트라 현대미술박물관

풀라
Pula
0
100m
A
B
C
D
E
F
베니스(이탈리아)
페리터미널
버스터미널
라이팅 자이언트
Rasvjeta Giants
성모 승천 성당
Katedrala Uznesenja
Blažene Djevice Marije
풀라 포트
Port of Pula
리바 거리
Riva
이스트라
현대미술박물관
Muzej Suvremene
Umjetnosti Istre
아레나 원형극장
Arena-Amphitheater
티토브 공원
Titov Park
암피시어터 호텔
Hotel Amfiteatar
아레나 풀라 아파트먼트
Arena Pula Apartment
몬비달 레지던스
Monvidal Residence
비스트로 드바 페랄라
Bistro Dva Ferala
피제리아 주피터
Pizzeria Jupiter
프란치스코
수도원과 교회
Crkva i Samostan
Sv. Franje
제로 스트라세 지하터널
Podzemlja Galerije Zerostrasse
시청
Town Hall
아우구스투스 신전
Augustov hram
포럼
Forum
이스트라
역사해양박물관
Povijesne i
Pomorski Muzej Istre
쌍둥이 게이트
Twin
헤라클라스 게이트
Gate of Hercules
D&A 센터 아파트먼트
D&A Center Apartments
모자이크
Podni Mozaik
"kazna Dirka"
뮤지엄 갤러리 '신성한 마음'
Muzej Galerija Sveta Srca
부티크 호스텔 조이스
Boutique Hostel Joyce
세르지의 개선문
Triumphal Arch of the Sergi
성 마리아 포르모사 예배당
Kapela Svete Marije Formoze
그린 마켓
Green Market
칸티나
Kantina
미모자 올드 타운 풀라 아파트먼트
Mimoza Old Town Pula Apartments
Flavijevska Ul.
Scalierova Ul.
Alfreda Stiglicha Ul.
Joakima Rakovca Ul.
Stankovićeva Ul.
Rimske centurijacije Ul.
Vukovarska Ul.
Kandlerova Ul.
Castropola Ul.
Dobricheva Ul.
Sergijevaca Ul.
Flaciusova Ul.
Dobrilina Ul.

로마의 콜로세움? 풀라의 아레나!

## 아레나 원형극장 Arena-Amphitheater / Arena-Amphitheater

아레나 원형극장은 풀라의 상징적인 관광지다. 풀라 여행의 시작과 끝을 장식하는 곳으로 압도적인 존재감이 있다. 사진을 찍어놓으면 여기가 로마인지 풀라인지 구분이 안 갈 정도로 로마의 콜로세움과 닮았다. 아레나 원형극장은 타원형으로 가장 긴축의 지름이 130m, 짧은 축은 100m다. 로마 콜로세움의 절반 규모로 약 2만 명을 수용한다. 1세기경 로마 콜로세움과 같은 시기에 건축되었다. 아레나라 부르는 중앙의 평지에서 잔혹한 검투 경기가 벌어졌다. 아레나 지하에는 이스트라 지역의 포도와 올리브 재배 관련 전시물과 아레나 재건축 당시 쓰였던 기계를 볼 수 있다. 현재 아레나 원형극장은 여름 페스티벌 공연장으로 사용된다. 7~9월 유럽에서도 규모 있는 인기 음악 페스티벌이 이곳에서 열린다. 역사적인 장소에서 열리는 음악축제라 유럽의 젊은이들이 많이 참가한다. 음악에 관심이 있다면 축제기간 뜨거운 풀라를 경험해 보자.

**Data** **지도** 345p-B **가는 법** 풀라 버스터미널에서 도보 10분 **주소** Flavijevska ul., 52100, Pula
**전화** (0)52-219-028 **운영시간** 11~2월 10:00~17:00, 3·4·10월 09:00~18:00, 5~9월 09:00~19:00
**요금** 10유로 **홈페이지** www.pulainfo.hr

**Tip** ***풀라의 축제***

**풀라 영화제** Pula Film Festival 7월 중순, www.pulafilmfestival.hr
**풀라 시스플래시 페스티벌** Pula Seasplash Festival 7월 말, www.seasplash-festival.com
**풀라 디멘션스 페스티벌** Pula Dimensions Festival 8월 말, www.dimensionsfestival.com
**풀라 아웃룩 페스티벌** Pula Outlook Festival 9월 초, www.outlookfestival.com

구시가지를 감싸고 있는 3개의 문

## 세르지 개선문 Gate / Vrata

풀라는 2~3세기경 로마 제국 시절에 건설된 고대 도시이다. 당시에는 도시 전체가 높은 성벽으로 둘러싸여 있었다. 이 성벽에는 10개의 게이트가 있어 도시로 진입할 수 있었다. 그러나 세월이 흐르면서 성벽과 게이트가 낡고 쓸모가 없어지자 19세기 초반 3개의 게이트만 남기고 성벽과 게이트를 모두 무너뜨렸다. 남은 3개의 게이트는 메인 게이트인 세르지의 개선문Triumphal Arch of the Sergi, 두 개의 아치가 붙어 있는 쌍둥이 게이트Twin Gate, 헤라클라스의 머리가 새겨진 헤라클라스 게이트Gate of Hercules다. 그중 세르지의 개선문은 가장 많은 여행자들이 오가는 게이트로 구시가지의 입구 역할을 한다. 게이트 앞 광장에서는 항상 활기찬 행사가 열린다.

**Data** **지도** 345p-E **가는 법** 구시가지 입구에 세르지 개선문이 있다. 이 게이트를 바라보고 우측으로 걸으면 헤라클라스, 쌍둥이 게이트가 차례로 나온다 **주소** Flanatička ul. 2, 52100, Pula

광장 옆 시청

## 포럼과 시청 Forum&Town Hall / Komunalna palača u Puli

아우구스투스 신전과 시청이 모여 있는 포럼(광장)은 로마시대 공공장소의 중심 역할을 하던 곳이다. 크로아티아에서는 광장이 도시의 중심이고, 그 근처에 시청이나 성당 등 주요한 건물들이 모여 있다. 풀라 역시 중앙 포럼에 도시에서 가장 신성시 여기는 신전과 시청이 세워져 있다. 13세기에 세워진 시청 건물은 아우구스투스 신전의 일부였다.

**Data** **지도** 345p-D
**가는 법** 구시가지 메인 광장에 위치
**주소** Forum 1, 52100, Pula

밤마다 풀라를 비추는 1,600가지 빛깔

## 라이팅 자이언트 Lighting Giants / Rasvjeta Giants

낮 시간 풀라의 바다는 커다란 크레인이 열심히 일을 하고 있다. 많은 선박이 드나들며 실제 사용되는 크레인인데, 밤이면 이 크레인들이 또 다른 모습으로 변신을 한다. 풀라의 새로운 명물로 떠오른 라이팅 자이언트가 그것! 세계적으로 유명한 빛 디자이너 딘스키라의 힘을 빌려 매일 밤 1,600가지의 조화로운 빛을 발한다. 이 불빛이 밤이면 여행자를 불러 모은다. 라이트 쇼는 선셋부터 시작해 여름에는 자정까지, 봄가을과 겨울은 10시까지 펼쳐진다. 구시가지 근처 마리나가 있는 리바 거리가 감상 포인트다.

**Data** **지도** 345p-A **가는 법** 리바 거리에서 관람 **운영시간** 여름 일몰 ~24:00, 겨울 일몰 ~22:00

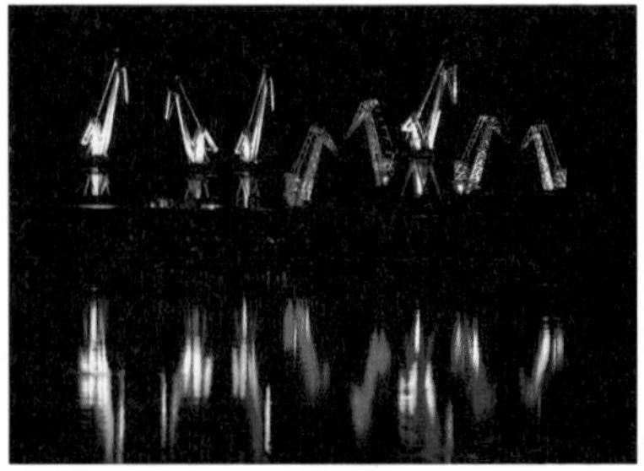

박물관으로 변한 로마 신전

## 아우구스투스 신전 Temple of Augustus / Augustov hram

로마 신전의 전형적인 양식을 띠고 있다. 이 신전은 기원전 2세기부터 기원 후 14년에 걸쳐 로마의 신과 황제 아우구스투스를 위해 건축되었다. 신전은 이교도의 지배가 끝난 후에는 교회로, 그 후에는 곡물창고로, 19세기 초에는 석고상 박물관으로 시대가 흐르며 여러 가지의 기능을 했다. 1944년 폭탄 테러로 완전히 붕괴되었는데 그 후 재건축됐다. 지금은 고대 석고상과 청동기 동상을 전시하고 있다.

**Data** **지도** 345p-D
**가는 법** 시청 옆 건물
**주소** Forum b.b
**전화** (0)52-351-300
**운영시간** 월~금 09:00~21:00, 토~일 10:00~15:00
**요금** 성인 2유로, 학생 1유로

풀라의 대성당

## 성모 승천 성당 Cathedral of the Assumption of the Blessed Virgin Mary / Katedrala uznesenja Blažene Djevice Marije

풀라에서 가장 오래된 성당이다. 기독교인들이 박해를 받던 4세기 초반에 건축되었다. 1242년의 화재와 그 후 몇 번의 파괴로 인한 재건축으로 초창기 모습은 거의 상실했다. 성당 뒷벽 아랫부분만 처음 지어졌던 당시 모습을 유지하고 있다. 본당의 창문은 초기 기독교 시대 형태로 복원됐다. 17세기 후반 교회 옆에 종탑이 세워졌다. 성당의 한쪽에 리바 거리와 작은 공원이 있어 잠시 쉬어 가기 좋다.

**Data** **지도** 345p-B **가는 법** 리바 거리에 위치 **주소** Trg. Svetog Tome 2 **전화** (0)52-222-538

돌로 쌓아 올린 교회

## 성 마리아 포르모사 예배당

Chapel of St. Maria Formosa / Kapela Svete Marije Formoze

6세기에 지어진 베네딕트 수도원의 일부다. 수도원과 교회 두 개의 건축물이 있었는데, 16세기 수도원은 철거가 되고 예배당만 남았다. 바닥과 벽은 모자이크로 장식되어 있다. 이 중에 몇 가지는 이스트라 고고학박물관으로 옮겨졌다. 예배당의 건축 방법과 보존 상태, 그리고 크기 덕분에 건축학적으로 가치가 높다는 평가를 받는다.

**Data** **지도** 345p-E **가는 법** 세르지의 개선문에서 도보 3분 **주소** Flaciusova Ul.

더운 여름 이용하면 더 좋은 곳

## 제로 스트라세 지하터널 The Underground Galleries Zerostrasse / Podzemlja Galerije Zerostrasse

오스트리아 왕국 지배 시절 만들어진 지하터널이다. 풀라 시내에는 총 50km에 달하는 지하터널이 그물처럼 뻗어 있다. 5만 명을 수용할 수 있는 이 거대한 지하터널은 방공호로 사용되었다. 지금은 X자 모양으로 도시를 가로지르는 900m의 길이만 관광지로 공개되고 있다. 지하터널 안에는 와인 숍과 작은 갤러리가 있다. 온도가 항상 20도 이하라 더운 여름날에는 시원한 이동통로가 된다. 6월 15일부터 9월 15일까지만 개장한다.

**Data** **지도** 345p-E
**가는 법** 쌍둥이 게이트 옆에 위치 **주소** Carrarina Ul. 3
**전화** (0)52-211-566 **운영시간** 7~8월 10:00~22:00, 그 외 10:00~20:00 **요금** 성인 6유로, 5~16세 3유로

지중해의 전통 건축미를 살린

## 프란치스코 수도원과 교회

Church and Monastery of St. Francis / Crkva i samostan Sv. Franje

13~14세기에 지어진 교회다. 과거에는 곡식으로 제물을 바치던 곳이 오늘날에는 수도원과 교회로 사용되고 있다. 단순하고 작은 교회지만 지중해의 전통 건축미를 보여준다. 후기 로마네스크와 고딕 양식으로 건축되었다. 수도원과 교회 사이에 예쁘게 가꾸어진 회랑이 있다. 회랑의 벽면에는 석조가 여러 점 전시되어 있다. 일부분이지만 견고하게 깎은 조각품에서 그 시절 장인들의 실력을 느낄 수 있다.

**Data** **지도** 345p-E **가는 법** 해양박물관에서 도보 5분 **주소** Uspon Svetog Franje Asiškog 9
**전화** (0)52-222-919 **운영시간** 09:00~18:00 **요금** 1유로
**홈페이지** www.biskupija-porecko-pulska.hr

로마 신화를 담은

## 모자이크 Floor mosaic "The Punishment of Dirce" / Podni mozaik "kazna Dirka"

제2차 세계대전 이후 성 마리아 포르모사 예배당 근처에서는 모자이크로 장식된 로마 건물이 여러 차례 발견되었다. 그중에서 지금까지 잘 보존되어 오는 곳을 개방하고 있다. 이 모자이크는 현재 지어진 집보다 약 2m 낮은 곳에 있으며 관광객들로부터 보호하기 위해 철창을 쳐놓았다. 골목 안쪽에 있고, 철창에 둘러싸여 있어 보는 감동은 좀 떨어지는 편. 그러나 이 모자이크는 '디르체Dirce의 처벌'에 관한 로마 신화를 담고 있어 의미가 크다. 신화 속에서 암피온과 제토스가 자신의 어머니를 잔혹하게 괴롭히자 이에 분노한 디르체가 보복한다는 이야기다.

**Data** **지도** 345p-E
**가는 법** 세르지의 개선문에서 구시가지로 도보 3분
**주소** Sergijevaca Ul. 18

멋진 풍경, 근사한 전시품

## 이스트라 역사해양박물관

Istorical and Maritime Museum of Istria / Povijesne i Pomorski Muzej Istre

풀라에서 가장 높은 언덕을 차지하고 있는 요새가 박물관으로 탈바꿈했다. 1961년에 개관한 역사해양박물관은 중세부터 현재에 이르는 전시품을 볼 수 있다. 크로아티아뿐 아니라 세계적인 유산도 보존하고 있다. 크로아티아 역사는 전쟁과 뗄 수 없는 관계라 전시품 중에서도 군사에 관련된 것들이 주요 볼거리다. 박물관은 여러 섹션으로 나뉘어 있다. 흥미롭게 전시품을 배치해놓아 지루하지 않다. 박물관의 정원에서는 풀라 시내를 조망할 수 있어 풍경까지 멋진 박물관이다.

**Data** 지도 345p-E
가는 법 구시가지 중심의 언덕 위
주소 Gradinski uspon 6
전화 (0)52-211-566
운영시간 4~9월 08:00~21:00, 10~3월 09:00~17:00
요금 성인 6유로, 5~16세 3유로
홈페이지 www.ppmi.hr

풀라의 예술과 문화를 만나는 곳

## 이스트라 현대미술박물관

Museum of Contemporary Art of Istria / Muzej Suvremene Umjetnosti Istre

박물관의 약자를 따서 MSU라 부르고 있다. 20세기 중반부터 최근까지의 예술품을 만날 수 있다. 사진과 그림 외에 비디오 아트나 환경 예술 등과 관련된 작품이 전시되어 있어 종합예술 전시장으로 통한다. 시기에 따라 예술품이 지속적으로 바뀌는데 보통 3~4가지 컬렉션으로 전시된다. 풀라뿐 아니라 크로아티아 출신 예술가들이 만든 참신하고 기발한 소재의 작품을 만날 수 있다.

**Data** 지도 345p-B
가는 법 리바 거리에서 도보 2분
주소 Sv. Ivana 1
전화 (0)52-351-541
운영시간 4~9월 10:00~20:00, 10~3월 10:00~19:00 (월·공휴일 휴무) 요금 2.7유로
홈페이지 www.msu-istre.hr

상상을 뛰어넘는 종합예술 전시장
## 뮤지엄 갤러리 '신성한 마음'
Museum Gallery Sacred Hearts / Muzej Galerija Sveta Srca

도시가 내려다보이는 카스텔Kastel 언덕에 위치한 갤러리다. '신성한 마음'은 밖에서 건물만 보면 일반 교회처럼 보인다. 이 건물은 1908년 바로크 양식으로 지어졌다. 2차 세계대전 이전까지 교회로 사용되다가 한동안 고고학박물관으로 사용되었다. 그 후 1994년 재건축을 하며 지금의 갤러리 모습을 갖추었다. 크로아티아 예술가들의 상상을 뛰어넘는 특별한 전시가 자주 열린다. 5~8월만 오픈한다.

**Data** 지도 345p-E
가는 법 프란치스코 수도원에서 도보 3분
주소 De Villeov uspon 8
전화 (0)52-351-300
운영시간 5~6월 09:00~21:00, 7~8월 09:00~23:00
홈페이지 www.ami-pula.hr

풀라에도 있다!
## 그린 마켓 Green Market

풀라의 중심가를 차지한 마켓. 오픈한 지 100년이 훌쩍 넘었다. 그린 마켓은 1902년부터 한결같이 풀라의 아침을 열고 있다. 풀라 시민들의 만남의 장소이기도 하다. 야외는 과일과 야채, 오일, 와인 등을 파는 시장이다. 중앙의 커다란 건물에서는 육류와 해산물을 판다. 크로아티아 어느 도시에나 있는 시장이지만 이곳은 더 쾌적하고 여유롭다. 산책과 쇼핑을 겸하기 좋은 장소다. 따뜻한 햇살과 싱싱한 과일로 여행 중에 비타민을 충전해 보자.

**Data** 지도 345p-E
가는 법 나로드니 광장에 위치
주소 Trg. Narodni 9
전화 (0)52-218-122
운영시간 07:00~14:00

|Theme|

## 풀라의 바닷가

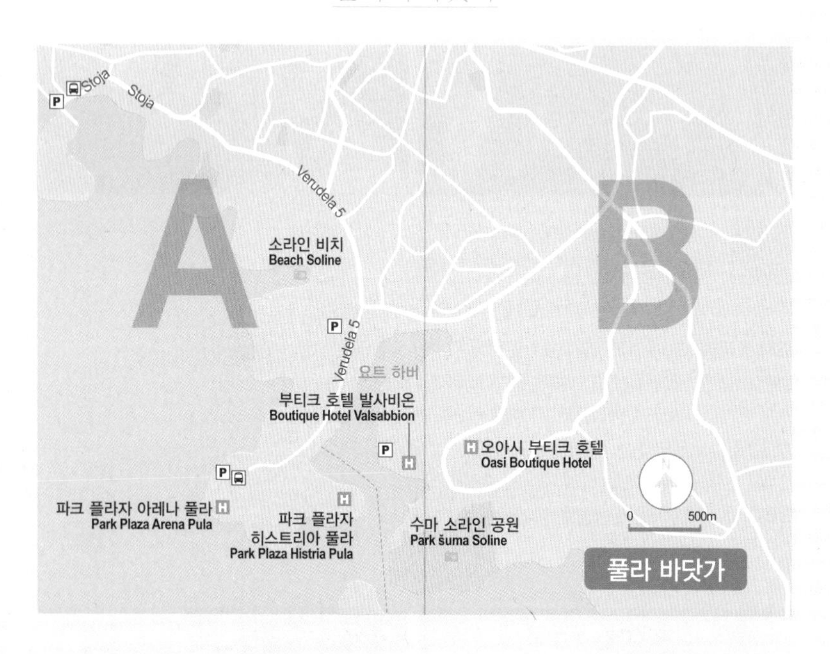


풀라는 다른 지역보다 때 묻지 않은 자연을 가지고 있다. 근처에 위치한 로빈과 오파티야, 포레치가 워낙 유명한 휴양지라 풀라의 바다는 상대적으로 조용하다. 풀라의 남부는 짧은 굴곡을 따라 해안선이 펼쳐져 있다. 그 사이에는 요트 선착장과 넓은 공원이 자리한다. 풀라의 바닷가는 극성수기라도 한적하다. 조용하게 나만의 시간을 가질 수 있다. 대부분 바위로 된 절벽지대이고, 바다의 수심이 깊지만 그것 때문에 더 근사한 풍경이 연출된다. 해안을 따라 곳곳에 캠핑장과 호텔, 민박도 많다. 시간이 넉넉하지 않다면 렌터카를 타고 잠시 들러 기념사진을 찍고 가자. 크로아티아의 해변은 가는 곳마다 절경이다.

**Data** 가는 법 시티의 남쪽, 렌터카로 10분 소요

EAT

이스트라와 지중해 요리의 만남

## 칸티나 Kantina

전통 이스트라 요리와 지중해 요리가 만났다. 2015년 문을 열었는데 식성 까다로운 사람들에게 금방 소문이 났다. 풀라 시민들이 특별한 날 외식을 하는 인기 최고의 레스토랑으로 등극했다. 고급 재료를 사용한 음식을 저렴하게 맛볼 수 있어 인기를 더한다. 메인 요리를 주문하면 홈메이드 리코타 치즈가 제공된다. 상큼한 블루베리 소스와 함께 나와 식전 입맛을 한껏 돋운다. 이스트라 지역 특산물인 송로버섯이 올라간 스테이크, 신선한 해산물 요리가 인기 메뉴. 로켓 샐러드에 아드리아해에서 갓 잡아 올린 생선회가 올라간 피시 카르파초는 꼭 맛보자. 한국과는 다른 크로아티아 스타일 회를 맛볼 수 있다.

**Data** 지도 345p-E
**가는 법** 구시가지 밖 세르지의 개선문에서 도보 5분
**주소** Flanatička 16
**전화** (0)52-214-054
**운영시간** 07:00~23:00 (일요일 휴무)
**가격** 메인14유로~, 칵테일 10유로~
**홈페이지** www.kantinapula.com

풀라의 일등 피자집

## 피제리아 주피터 Pizzeria Jupiter

로마 최고의 신 주피터에서 이름을 따온 피자집이다. 풀라에서는 '피자의 신'으로 통한다. 트립 어드바이저에서도 풀라의 모든 레스토랑 중 5위를 차지할 만큼 인기가 높다. 이 집 피자 맛의 비밀은 바삭하고 쫄깃하게 구워 나오는 도우에 있다. 여기에 커다란 피자와 푸짐하게 올라간 토핑까지 뭐 하나 빠지는 게 없다. 초콜릿이 들어간 누텔라 피자, 계란이 들어간 주피터 피자, 이스트라에서 생산된 채소로 만든 이스트리아나 피자 등 고유한 레시피를 가진 피자도 많다. 뇨키 종류도 맛이 좋다. 한 번 방문으로는 절대 성에 차지 않는다.

**Data** 지도 345p-B
**가는 법** 아레나 원형극장에서 도보 3분, 구시가지 안
**주소** Castropola ul. 42
**전화** (0)52-214-333
**운영시간** 11:00~23:00, 일 14:00~23:00
**가격** 피자 8유로~, 샐러드 5유로~
**홈페이지** www.pizzeriajupiter.com

맛도 마음도 푸짐해지는 곳

## 비스트로 드바 페랄라 Bistro Dva Ferala

아담하고 오래된 레스토랑이다. 새로운 레스토랑이 우후죽순처럼 생겨나는 거리에서 40년간 자리를 지키고 있다. 이 집은 딱 시골 할머니가 해주는 느낌의 투박한 음식이 나온다. 나이 지긋한 할머니와 할아버지, 그리고 딸이 운영한다. 편안한 미소와 친절한 말투 덕분에 음식이 더 맛있게 느껴진다. 고기와 해산물을 재료로 하는 음식의 종류는 평범한 편. 육식주의자를 위한 체밥치치와 버거는 프렌치프라이가 곁들여져 아주 푸짐하다. 파스타 등 이탈리안 메뉴도 있다. 추천 메뉴는 고소하고 쫀득한 라비올리다.

**Data** 지도 345p-B
가는 법 구시가지 내 대성당 앞에 위치
주소 Kandlerova Ul. 32
전화 (0)52-223-365
운영시간 06:00~24:00
가격 파스타 12유로~, 스타터 7유로~, 체밥치치 13유로~

## 구시가지 근처에 있는 숙소 베스트 5

### 몬비달 레지던스
Monvidal Residence

전망 좋은 테라스가 있는 아파트먼트. 2~6인 객실 보유. 작은 풀장과 피트니스 센터 있음. 무료 주차, 무료 와이파이, 주방 완비.

**Data** **지도** 345p-C **가는 법** 아레나 원형극장에서 도보 8분 **주소** Humska 2 **전화** (0)95-197-6178 **요금** 더블룸 105유로~ **홈페이지** www.residencemonvidal.com

### 부티크 호스텔 조이스
Boutique Hostel Joyce

구시가지 입구에 있는 호스텔. 자전거 대여 서비스를 해준다. 2~3인 객실 보유. 무료 와이파이, 유료 주차장(1일 15유로).

**Data** **지도** 345p-E **가는 법** 세르지의 개선문에서 도보 1분 **주소** Trg Portarata **전화** (0)99-324-2224 **요금** 더블룸 85유로~, 트리플룸 105유로~ **홈페이지** www.boutiquehostel-joyce.com

### D&A 센터 아파트먼트
D&A Center Apartments

구시가지 내에 위치한 아파트먼트. 2~3인 객실 보유. 무료 와이파이, 주방 완비, 유료 주차장(1일 15유로).

**Data** **지도** 345p-E **가는 법** 세르지의 개선문에서 도보 3분 **주소** Giardini 3 **전화** 99-489-6000 **요금** 스튜디오 75유로~ **홈페이지** www.dacenterapartments.com

### 아레나 풀라 아파트먼트 Arena Pula Apartment

테라스 전망이 좋은 아파트먼트. 2~5인 객실 보유. 무료 주차, 무료 와이파이, 주방 완비.

**Data** **지도** 345p-C **가는 법** 아레나 원형극장에서 도보 2분 **주소** Teslina 46 **요금** 2인실 90유로~, 5인실 135유로~

### 미모자 올드 타운 풀라 아파트먼트
Mimoza Old Town Pula Apartments

2인실 패밀리 객실 보유. 테라스 있음. 무료 주차, 무료 와이파이, 주방 완비, 바비큐 시설.

**Data** **지도** 345p-F **가는 법** 세르지의 개선문에서 도보 10분 **주소** Vukovarska Ul. 13 **전화** (0)98-170-0086 **요금** 1베드룸 75유로~, 패밀리룸 115유로~

### 파크 플라자 아레나 풀라
Park Plaza Arena Pula

해변에 자리한 3성급 호텔. 객실은 187실. 2~4인 객실 보유. 2015년 리노베이션해 세련된 객실 인테리어. 자전거 대여 서비스. 야외 풀장, 무료 조식, 무료 주차, 무료 와이파이.

**Data** **지도** 354p-A **가는 법** 구시가지에서 차로 10분
**주소** Verudella 31 **전화** (0)52-375-000
**요금** 더블룸 170유로~, 2베드룸 280유로~
**홈페이지** www.parkplaza.com

### 파크 플라자 히스트리아 풀라 Park Plaza Histria Pula

해변에 위치한 4성급 호텔. 객실은 368실. 1~2인 객실 보유. 실내 수영장과 테라스 있음. 무료 조식, 무료 주차, 무료 와이파이.

**Data** **지도** 354p-A
**가는 법** 구시가지에서 차로 10분
**주소** Verudela 17 **전화** (0)52-590-000
**요금** 싱글룸 95유로~, 더블룸 127유로
**홈페이지** www.parkplaza.com

### 오아시 부티크 호텔
Oasi Boutique Hotel

4성급의 작은 호텔. 객실은 10실. 2~6인 객실 보유. 테라스와 야외 수영장 있음. 무료 주차, 무료 와이파이.

**Data** **지도** 354p-B **가는 법** 구시가지에서 차로 12분
**주소** Pješčana uvala X/12a **전화** 99-399-3533
**요금** 더블룸 130유로~
**홈페이지** www.oasi.hr

### 부티크 호텔 발사비온
Boutique Hotel Valsabbion

근사한 정원이 있는 3성급 호텔. 객실은 10실. 2인 객실 보유. 테라스와 세련된 객실 인테리어. 무료 주차, 무료 와이파이.

**Data** **지도** 354p-A **가는 법** 구시가지에서 차로 10분
**주소** Pješčana Uvala IX/26
**전화** 99-212-3585 **요금** 더블룸 150유로~
**홈페이지** www.valsabbion.hr/hotel

Estra By Area

# 04

# 로빈

## ROVINJ

세상에서 가장 로맨틱한 도시 로빈. 크로아티아 여행 중 꼭 가야 하는 한 곳을 찍어야 한다면 열이면 열 모두 입을 모아 로빈이라고 말한다. 동그란 반도 안에 차곡차곡 블록을 쌓아놓은 듯한 주홍빛 지붕과 언덕 위 하늘을 찌를 듯 높고 새하얀 종탑. 작은 골목을 헤매면 언제나 끝은 바다에 닿고, 예상하지 못한 곳에서 우연히 마음에 쏙 드는 카페를 만나는 곳, 로빈. 이곳에서는 보이는 것마다 거짓말 같은 풍경에 감성지수가 폭발한다. 그래서 로빈을 다녀온 사람에게 크로아티아 최고의 도시는 변함없이 로빈이다.

Rovinj

# PREVIEW

*로빈은 도시보다는 동네라는 말이 더 잘 어울린다. 본래 작은 수로가 섬과 본토를 나누고 있던 것을 메워 하나로 만들었다. 그중 반도 부분이 구시가지가 되었다. 작은 동네라서 큰 볼거리나 관광지는 많지 않다. 하지만 로빈에 일단 발을 들이면 시간이 많이 필요하다. 소소한 볼거리가 많아 한 걸음 떼기가 힘들다. 여행 중이라는 사실을 잊은 채 모든 짐을 내려놓을지도 모르니 주의할 것!*

**SEE**

로빈의 가장 큰 볼거리이자 이 도시를 근사하게 만들어준 유페미아 성당과 성당을 오르는 아름다운 돌길 그리시아는 모든 여행자가 지나가는 곳이다. 구시가지를 빙 두른 곳에서 만나는 바다 또한 로빈의 절경 중 절경이다. 작은 골목의 소소한 풍경과 해가 넘어가는 시간의 선셋 감상도 빼먹지 말자.

**EAT**

이스트라 지역의 절정인 로빈은 경치만 절정이 아니다. 이스트라 지역의 가장 맛있는 음식 집결지다. 세계적으로 품질을 인정받는 송로버섯의 생산지이고, 신선하고 품질 좋은 올리브 오일도 입맛을 사로잡는다. 가지각색의 해산물은 물론 그에 맞는 와인으로 식탁이 항상 풍성하다.

**SLEEP**

이스트라 지역에서 가장 인기 있는 여행지라 여름이면 이 작은 도시가 휴양객들로 차고 넘친다. 대신 그만큼 숙소도 많다. 차가 들어갈 수 없는 구시가지 안쪽으로는 작지만 럭셔리한 호텔이나 민박이 수두룩하다. 가능하다면 구시가지에서 가장 가까운 곳으로 숙소를 잡는 게 좋다. 하지만 렌터카가 있다면 무료 주차가 가능한 숙소를 구하자.

Rovinj
# GET AROUND

### 1. 렌터카
렌터카로 여행한다면 북쪽 포레치에서 로빈을 거쳐 풀라로 가거나 혹은 그 반대 방향으로 일정을 잡아 여행하는 게 좋다. 로빈까지는 포레치에서 35km(40분), 풀라에서 36km(40분) 거리다. 7월 중순~8월 중순 극성수기에는 차가 많이 모여서 주차가 조금 불편하다. 그 외 다른 계절은 조금 한가하다. 구시가지 안쪽은 차가 들어갈 수 없는 거리다. 구시가지 근처 도로에 유료 주차장이 많다. 휴가철에는 도심에서 차가 많이 밀린다. 구시가지에서 도보로 약 15분 거리에 무료 주차장도 있다. 구시가지 근처 선착장과 길거리 주차장의 주차료는 1시간에 1~2유로이다.

### 2. 버스
버스터미널은 구시가지가 시작되는 지점, 도심 중간에 있다. 어디로든 걸어가기 좋은 위치이다. 구시가지가 작아 구시가지 바깥쪽도 대부분 도보로 이동이 가능하다.

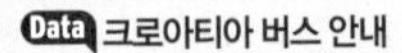

www.getbybus.com / www.buscroatia.com

#### 국내버스 요금 및 소요시간

*로빈↔자그레브*

| 목적지 | 운행시간 | 운행 횟수 | 요금 | 소요시간 |
|---|---|---|---|---|
| 자그레브 | 첫차 04:40, 막차 16:00 | 1일 10회 | 45~55유로 | 4시간 30분~6시간 |
| 로빈 | 첫차 00:30, 막차 16:00 | | | |

*로빈↔풀라*

| 목적지 | 운행시간 | 운행 횟수 | 요금 | 소요시간 |
|---|---|---|---|---|
| 풀라 | 첫차 06:45, 막차 19:55 | 1일 20회 이상 | 6~8유로 | 40분 |
| 로빈 | 첫차 05:15, 막차 21:05 | | | |

*로빈↔포레치*

| 목적지 | 운행시간 | 운행 횟수 | 요금 | 소요시간 |
|---|---|---|---|---|
| 포레치 | 첫차 05:50, 막차 20:20 | 1일 5회 | 5~7유로 | 40분 |
| 로빈 | 첫차 11:10, 막차 21:20 | | | |

**국제버스 요금 및 소요시간**

| 도시 | 운행 횟수 | 요금 | 소요시간 |
|---|---|---|---|
| 비엔나(오스트리아) | 1일 1회 | 45~65유로 | 9시간 30분 |
| 부다페스트(헝가리) | 1일 1회 | 50~60유로 | 11시간 |
| 류블랴나(슬로베니아) | 1일 2회 | 20~25유로 | 4시간 30분 |
| 베네치아(이탈리아) | 1일 1회 | 20~25유로 | 4시간 30분 |

**3. 페리**

로빈 구시가지 안쪽에 작은 페리터미널이 있다. 포레치나 풀라, 그리고 근교 섬으로 향하는 국내선 페리와 이탈리아 베니스로 향하는 국제선이 있다. 여름 성수기에는 베니스행 페리 이용률이 높은 편이다. 베니스행 페리는 보통 1일 1회 운항하며 4시간 45분 걸린다. 요금은 1인 75~120유로다. 성수기와 비수기의 차가 워낙 커서 페리 운항시간이 자주 변경되니 미리미리 검색해 놓자. 티켓은 인터넷으로도 예약이 가능하다.

Data 크로아티아 페리 안내
www.directferries.co.uk /

Data 크로아티아 페리 안내
www.aferry.com

## 어떻게 다닐까?

구시가지 내로는 차량 진입이 금지다. 도보로만 여행이 가능하다. 구시가지와 근처 공원, 해변은 모두 도보로 이동이 가능하다. 구시가지의 반도만 걸으면 1시간 정도 걸린다. 도시의 가장 남쪽에 위치한 골든 케이프 포레스트 파크도 도보로 20분 거리다.

Rovinj

# ONE FINE DAY

*로빈의 볼거리는 많지 않지만, 발걸음이 느려지는 곳이다.*
*걷다가 만나는 풍경에 이끌려 다음 목적지를 잊게 되는 경우도 다반사이다.*
*목적 없이 걸어도 좋다. 발 닿는 모든 곳이 로빈이니까.*

그린 마켓

도보 2분 →

로빈 헤리티지 박물관

도보 1분 →

그리시아 거리

↓ 도보 7분

성 유페미아 성당

← 도보 5분

해변 산책

← 도보 7분

바타나의 집 에코 뮤지엄

↓ 도보 1분

티타 광장

도보 7분 →

프란치스코 수도원

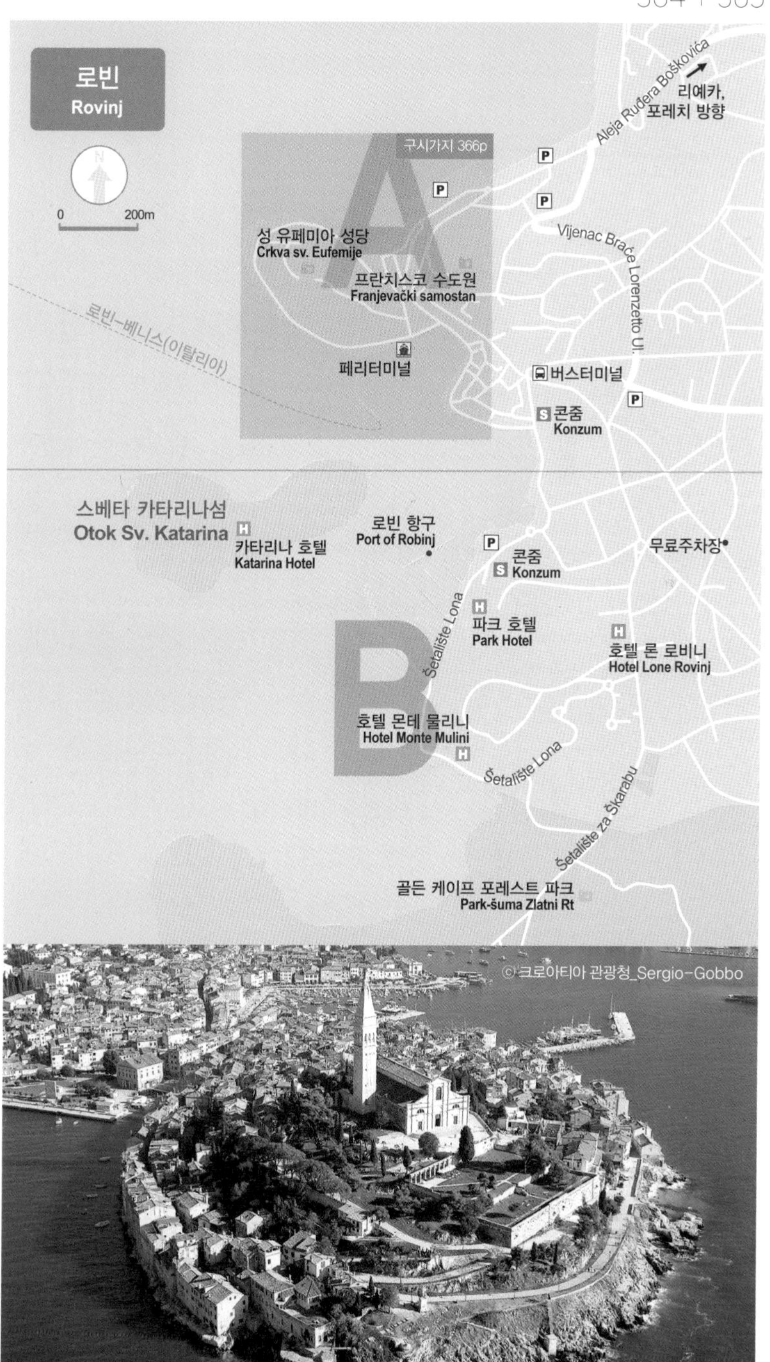

로빈
Rovinj
0
200m
구시가지 366p
A
성 유페미아 성당
Crkva sv. Eufemije
프란치스코 수도원
Franjevački samostan
로빈-베니스(이탈리아)
페리터미널
Aleja Ruđera Boškovića
리예카, 포레치 방향
Vijenac Braće Lorenzetto Ul.
버스터미널
콘줌
Konzum
스베타 카타리나섬
Otok Sv. Katarina
카타리나 호텔
Katarina Hotel
로빈 항구
Port of Robinj
콘줌
Konzum
무료주차장
Šetalište Lona
파크 호텔
Park Hotel
호텔 론 로비니
Hotel Lone Rovinj
B
호텔 몬테 물리니
Hotel Monte Mulini
Šetalište Lona
Šetalište za Škarabu
골든 케이프 포레스트 파크
Park-šuma Zlatni Rt

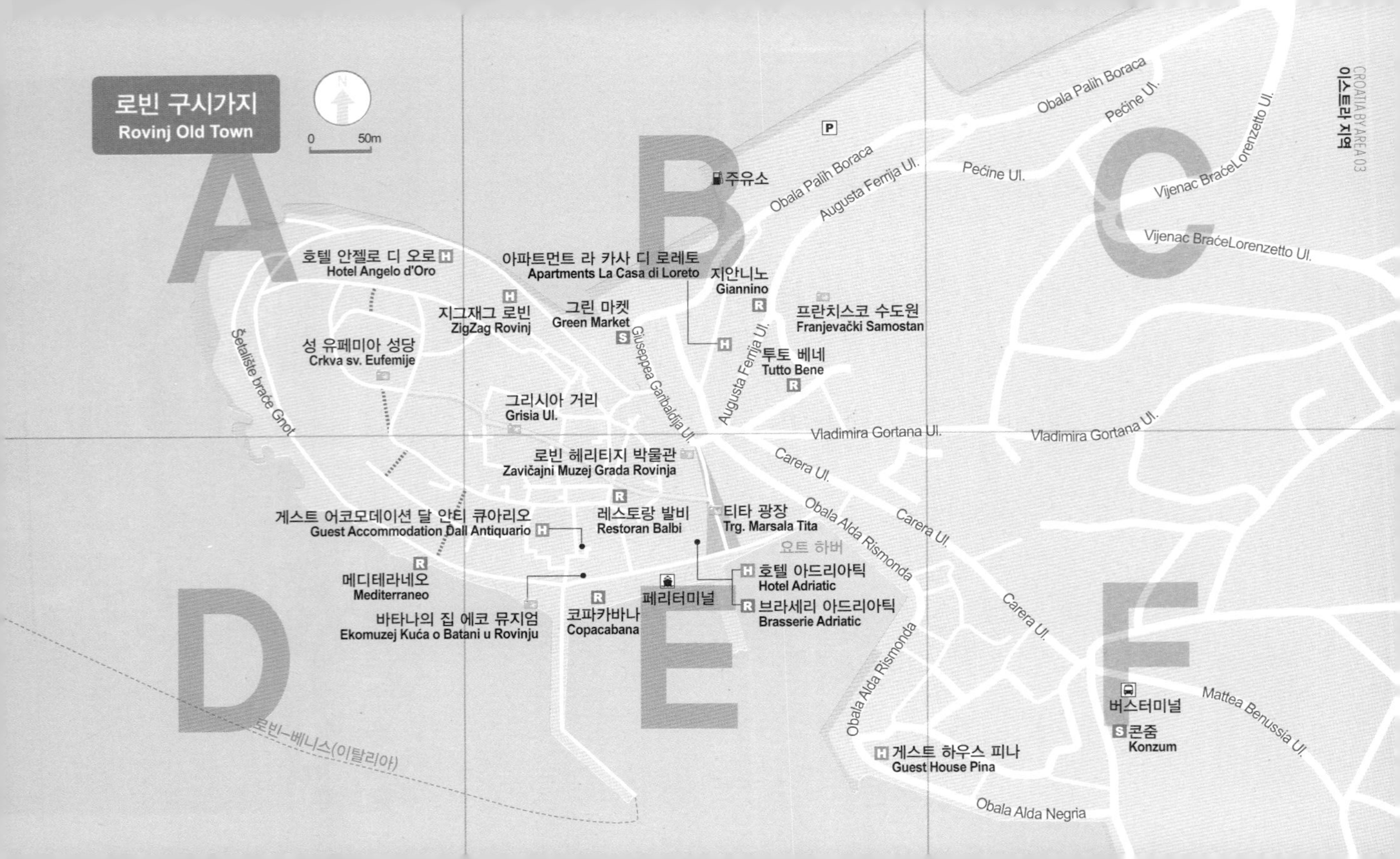
로빈 구시가지
Rovinj Old Town
0
50m
A
B
C
D
E
F
P
주유소
Obala Palih Boraca
Pećine Ul.
Augusta Ferrija Ul.
Vijenac BraćeLorenzetto Ul.
호텔 안젤로 디 오로
Hotel Angelo d'Oro
아파트먼트 라 카사 디 로레토
Apartments La Casa di Loreto
지안니노
Giannino
지그재그 로빈
ZigZag Rovinj
그린 마켓
Green Market
프란치스코 수도원
Franjevački Samostan
성 유페미아 성당
Crkva sv. Eufemije
투토 베네
Tutto Bene
Giuseppea Garibaldija Ul.
Šetalište braće Gnot
그리시아 거리
Grisia Ul.
Vladimira Gortana Ul.
로빈 헤리티지 박물관
Zavičajni Muzej Grada Rovinja
Carera Ul.
티타 광장
Trg. Marsala Tita
레스토랑 발비
Restoran Balbi
게스트 어코모데이션 달 안티 큐아리오
Guest Accommodation Dall Antiquario
Obala Alda Rismonda
오트 하버
메디테라네오
Mediterraneo
호텔 아드리아틱
Hotel Adriatic
페리터미널
브라세리 아드리아틱
Brasserie Adriatic
바타나의 집 에코 뮤지엄
Ekomuzej Kuća o Batani u Rovinju
코파카바나
Copacabana
버스터미널
콘줌
Konzum
Mattea Benussia Ul.
게스트 하우스 피나
Guest House Pina
Obala Alda Negria
로빈-베니스(이탈리아)

로빈을 사랑하게 되는 이유

## 성 유페미아 성당 Church of St. Euphemia / Crkva sv. Eufemije

로빈이 여행자의 마음을 사로잡는 이유는 성 유페미아 성당 탓이다. 구시가지 중심 언덕 위에 자리한 이 우윳빛 성당이 없는 로빈은 상상조차 할 수 없다. 1736년 바로크 양식으로 건축된 성당은 로빈을 대표하는 명소이다. 성당의 내부는 외관만큼이나 우아하고 고급스럽다. 성 조지, 성 마르크가 조각된 중앙 제단과 시민들이 보물처럼 간직하고 있는 성 유페미아의 석관과 제단을 볼 수 있다. 13~18세기 베네치아 공국이 지배하던 로빈은 구시가지를 비롯해 많은 것이 베네치아를 닮았다. 성당 옆의 종탑도 베네치아 성 마르코 성당의 종탑을 그대로 만들어놓았다. 60m 높이의 종탑을 오르면 로빈과 아드리아해의 모습이 드라마틱하게 펼쳐진다. 해 질 무렵의 성당은 구시가지 밖의 선착장에서 볼 때 더 아름답다. 아무리 봐도 눈을 뗄 수 없는 로빈은 성 유페미아 성당의 마법에 걸린 듯하다.

**Data** 지도 366p-A
가는 법 그리시아 도로 끝
주소 Trg. Sv. Eufemije
전화 (0)52-815-615
운영시간 09:00~18:00
(예배시간 Close)
요금 종탑 4유로
홈페이지 www.inforovinj.com

감성으로 채워진 거리

## 그리시아 거리 Grisia Ul.

구시가지 입구부터 성 유페미아 성당을 가로지르는 언덕길이다. 이 길을 걸으면 왠지 그림을 그려야 할 것만 같다. 사진보다는 색이 옅게 깔린 풍경화가 더 잘 어울리는 골목이다. 그래서일까? 언젠가부터 로빈에는 예술가들이 모여들기 시작했다. 지금까지 로빈에 거주하며 작품 활동을 하는 작가는 30여 명에 달한다. 파스텔 톤의 그리시아 거리는 로빈의 그런 예술적 감각을 엿볼 수 있는 곳이다. 걷기만 해도 감성이 한껏 솟아난다. 거리의 작은 숍들은 갤러리를 보는 느낌이다. 작은 기념품은 지갑을 술술 열게 만든다. 매년 8월의 일요일은 그리시아 거리가 더욱 특별해진다. 1967년부터 거리 축제 로빈 아트 리퍼블리카Rovinj Art Republika가 열리기 때문이다. 로빈의 작가들이 주최하는 거리의 작은 전시회이다. 이때는 로빈의 그림 같은 거리가 진짜 그림으로 가득 채워진다.

**Data** **지도** 366p-B **가는 법** 구시가지 초입부터 성 유페미아 성당까지의 길

로빈의 메인 광장

## 티타 광장 M. Tita Square / Trg Maršala Tita

시계탑과 작은 분수가 있는 티타 광장은 로빈의 메인 광장이다. 파스텔 톤의 건물이 항구 주변에 쪼르륵 모여 있고 노천카페들이 자리해 있다. 활기찬 분위기로 가볍게 차 한잔 마시며 시간을 보내기 좋은 곳이다. 광장 한쪽에 자리한 시계탑은 1950년에 건축되었다. 한쪽 벽면은 베네치아 스타일, 또 다른 면은 오스트리아 스타일로 꾸며졌는데, 광장에서 가장 돋보인다.

**Data** **지도** 366p-E **가는 법** 구시가지 초입 해안에 위치

로빈의 전통 문화를 엿볼 수 있는 곳

## 바타나 에코 뮤지엄 Batana Eco-Museum

여름이면 밀려드는 여행자들에게 점령당하는 휴양지 로빈의 주업은 어업이다. 로빈의 전통 어업 보트를 바타나Batana라고 부른다. 이곳은 실제 목조 바타나와 함께 수세기에 걸쳐 발전해 온 바타나의 역사를 볼 수 있는 곳이다. 또한 오랜 시간 자신들의 생활 터전을 보호해가며 지속해온 어촌의 생활 단상을 보여준다. 국제적으로 표창을 받은 박물관으로 로빈 시민들에게는 자부심이 깃든 공간이다.

**Data** **지도** 366p-E
**가는 법** 구시가지 페리터미널 앞 **주소** Obala Pina Budicina 2 **전화** (0)52-812-593
**운영시간** 3~4월·10월~11월 10:00~16:00, 5월·9월 10::00~13:00, 18:00~21:00, 6~8월 10:00~13:00, 19:00~21:00(12~2월, 매주 월요일 휴무)
**요금** 성인 3.5유로, 학생 2.7유로 **홈페이지** www.batana.org

거장들의 작품 전시회

## 로빈 헤리티지 박물관

Rovinj Heritage Museum / Zavičajni Muzej Grada Rovinja

멀리서도 핑크빛 건물이 눈길을 사로잡는 헤리티지 박물관. 17~18세기 바로크 양식으로 건축된 궁전이 1954년 박물관으로 개관했다. 건물의 1~2층만 박물관으로 개방하고 있지만 50년간 피카소, 샤갈, 마르코 리치 등 거장들의 작품 전시를 해오고 있다. 1층은 지속적으로 전시품이 바뀌고, 2층은 15~19세기 이탈리아와 크로아티아의 고전 회화와 조각품 등이 전시되어 있다.

**Data** **지도** 366p–E **가는 법** 티타 광장에서 도보 2분 **주소** Trg. Marsala Tita 11 **전화** (0)52–816–720
**운영시간** 화~토 10:00~13:00(일·월 휴무 / 전시회가 있을 때만 오픈) **요금** 4유로(전시에 따라 달라짐)
**홈페이지** www.muzej–rovinj.hr

종교 예술품에 관심이 많다면 들러보세요!

## 프란치스코 수도원 Franciscan monastery / Franjevački samostan

1696년 건축을 시작해 1710년 완공된 수도원이다. 1802년 화재로 인해 건물의 북쪽이 손상을 입었으나 교인들의 기부로 바로 재건되었다. 수도원 안에는 15세기부터 20세기에 이르는 250점의 예술작품들이 전시되어 있다. 대부분의 작품은 다른 지역의 프란치스코 수도원에서 기부를 받은 것이다. 종교와 자연을 주제로 하는 유물로 지난 수세기 동안의 종교 생활을 보여주는 의미 깊은 작품들이다. 같이 위치한 교회도 내부가 아름답다. 찾는 사람이 많지 않아 조용하게 감상하기 좋다.

**Data** **지도** 366p–B **가는 법** 티타 광장에서 도보 4분 **주소** De Amicis 36 **전화** (0)52–830–390
**운영시간** 10:00~18:00 **요금** 1.5유로 **홈페이지** www.inforovinj.com

모두에게 힐링!

## 골든 케이프 포레스트 파크 Golden Cape Forest Park / Park- šuma Zlatni Rt

구시가지에서 도보로 약 20분이면 도착하는 로빈의 자연 명소이다. 150년이 훌쩍 넘은 공원으로 소나무와 사이프러스 나무가 빽빽하게 들어선 숲과 해변이 있다. 공원을 걸어서 모두 돌아보려면 하루를 몽땅 투자해도 다 못 볼 정도로 크다. 여름에 방문했다면 비치타월과 도시락을 챙겨들고 한나절 머물 것을 추천한다. 차가 다니지 않아 몸도 머리도 맑아지는 청정 자연을 즐길 수 있다. 론 베이Lone Bay, 골든 케이프Golden Cape 등 몇 곳의 비치가 있고, 몇 곳의 카페도 있다. 자갈과 바위로 이루어진 해변이라 발을 조심해야 한다. 아쿠아 슈즈를 챙겨가자.

**Data** **지도** 367p-B **가는 법** 구시가지에서 남쪽으로 도보 20분 **주소** Park- šuma Zlatni Rt

어제 딴 과일 오늘 살 수 있는 곳

## 그린 마켓 Green Market

로빈의 근교에서 유기농으로 재배된 과일 채소류가 가득한 시장이다. 다른 마켓에 비해 저렴하지는 않다. 대신 유기농으로 소량 생산되는 제품이 대부분이라 믿고 살 수 있는 곳이다. 상인들이 직접 재배를 하고 있어서 가장 맛있게 여물었을 때 수확해서 다음날 바로 시장에서 파는 시스템이다. 어느 시장보다 신선한 제품을 만날 수 있다. 이스트라의 특산품인 송로버섯과 아스파라거스가 가장 인기가 많다. 한국에서 비싼 블루베리나 체리 등 철 따라 나는 과일을 저렴하게 살 수 있다. 이른 아침부터 개장해 여름에는 늦은 오후까지 연다. 겨울에는 점심시간이 지나면 문을 닫기 시작한다.

**Data** **지도** 366p-B **가는 법** 로빈 헤리티지 박물관에서 도보 2분 **주소** Giuseppea Garibaldija Ul.
**운영시간** 07:00~15:00

|Theme|

## 로빈에서 즐기는 바다!

### 구시가지 안에서 즐기는 바다!

구시가지의 골목을 조금만 걷다 보면 골목의 끝은 항상 바다다. 바닷가에 닿으면 눈이 번쩍 뜨이는 풍경이 기다리고 있다. 거친 절벽 위에 생각지도 못했던 카페를 만날 수 있다. 바위 위에서 햇볕에 온몸을 내맡긴 사람들과 바다를 힘차게 가르는 카약도 볼 수 있다. 또 수건 한 장을 덮고 젖은 풀빵처럼 하루 종일 비치에 늘어져서 평화를 만끽하는 사람들도 있다. 이처럼 로빈은 가까운 곳에 즐길 수 있는 바다가 있어 더욱 좋다.

### 저렴하게 이용하는 데이 트립

구시가지의 페리 선착장 부근에 몇 곳의 투어 데스크가 있다. 이곳에서는 여러 가지 데이 트립을 볼 수 있는데, 모두 보트를 타고 바다로 나가는 투어다. 인터넷으로 미리 예약할 필요는 없다. 당일, 혹은 전날 직접 데스크에서 예약하면 된다. 투어비도 대부분 20유로로 한 끼 밥값 정도다. 편하고, 저렴하게 로빈의 바다를 즐길 수 있다. 투어는 약 2km 떨어진 레드 아일랜드Red Island에 다녀오는 투어, 스노클링 포인트 몇 곳을 다녀오는 스위밍 투어, 바닥이 투명한 보트를 타고 앞바다를 돌아보는 글라스 보트 투어 등이 있다. 이 가운데 가장 추천하는 투어는 선셋 돌고래 투어다. 해가 지는 시간에 보트를 타고 나가 선셋과 돌고래를 보는 투어다. 매일 저녁이면 로빈 앞바다로 돌고래 떼가 몰려와 투어 중 돌고래를 만날 확률이 99%다. 바다에서 보는 로빈의 모습도 환상적이다. 투어 진행시간 90분, 투어비 20유로. 가성비 최고의 투어라 할 수 있다.

**Data** 익스커션 델핀 www.excursion-delfin.com

상상을 뛰어넘는 레스토랑
## 투토 베네 Tutto Bene

거리에 늘어선 레스토랑의 비슷한 메뉴가 조금 지겨워졌다면 투토 베네를 추천한다. 육해공이 다 모인 레스토랑으로 언뜻 보면 메뉴에 별 차이가 없어 보이지만 독창적인 비주얼과 맛을 선사한다. 모든 식자재는 크로아티아산 유기농 고급 재료를 사용한다. 눈으로도, 입으로도 고급스러운 맛을 한껏 느낄 수 있다. 리코타 치즈와 아스파라거스가 채워진 홈메이드 라비올리, 와인과 올리브 오일로 맛을 낸 소고기 육회 랜드 카르파초Land Carpaccio, 크리미한 감자소스 위에 얹어진 돼지고기와 치즈가 환상의 조합을 이루는 스모크드 포크Smoked Pork가 추천 메뉴다. 이 밖에도 우리의 상상을 뛰어넘는 메뉴가 가득하다. 과일이나 와인을 이용해 직접 개발한 소스를 사용하는데, 재료 본연의 맛을 느낄 수 있도록 최소한의 소스만 사용한다. 무엇을 먹든 감동적인 맛이다. 여기에 아름다운 플레이팅과 친절한 서비스까지 무엇 하나 흠잡을 것이 없다. 저녁시간만 영업한다.

**Data** 지도 366p-B
가는 법 로빈 헤리티지 박물관에서 도보 2분
주소 E. de Amicisa Via E. de Amicis 16
전화 (0)95-852-4383
운영시간 10:00~24:00
가격 스타터 14유로~, 리소토 16유로~, 음료 5유로~

크로아티아의 100대 맛집

## 지안니노 Giannino

1972년에 생긴 해산물 레스토랑이다. 직접 주방에서 요리하는 아버지에게 가업을 물려받아 2대째 같은 자리에서 같은 음식을 팔고 있다. 역사가 오랜 만큼 맛도 깊고, 시민들의 사랑도 듬뿍 받는다. 지안니노의 요리 철학은 매일 아침 로빈에서 갓 잡아 올린 해산물을 사용하는 것과 음식에 로빈의 낭만을 담는 것이다. 이런 철학이 있어 유럽과 크로아티아의 다양한 요리경연대회에서 수상했다. 1998년부터 지속적으로 크로아티아 100대 레스토랑에 선정되고 있다. 음식은 흔한 생선구이를 시작으로 크로아티아의 전통 빵인 폴렌타가 섞인 오징어 요리Squid in Padella with polenta, 날생선과 익힌 문어 샐러드 등이 섞여 나오는 섬 쿡 앤 섬 로우Some Cooked and Some Raw 등이 있다. 이 밖에도 지안니노만의 고유한 메뉴가 가득하다. 가격은 1인 30~50유로 정도로 조금 비싼 편이지만 입맛 까다로운 미식가들이라면 꼭 가봐야 하는 레스토랑이다. 이스트라, 달마티아, 이탈리아까지 약 80종의 와인 리스트를 가지고 있다.

**Data** **지도** 366p-B
**가는 법** 로빈 헤리티지 박물관에서 도보 3분
**주소** Augusta Ferrija 38
**전화** (0)52-813-402
**운영시간** 매일 18:00~23:00 토·일 12:00~14:00에도 오픈 (화요일 휴무)
**가격** 스타터 15유로~, 메인 25유로~
**홈페이지** www.restoran-giannino.com

이탈리안 전통 수제 파스타!

## 레스토랑 발비 Restoran Balbi

여행자들에게 꾸준히 사랑받아온 집. 로빈의 많은 레스토랑 중 지난 해 트립어드바이저에서 엑설런트 레스토랑 상을 받고 꾸준히 상위권에 랭크되어 있다. 사람이 몰리는 점심, 저녁시간에는 무조건 기다림을 불사해야 한다. 해산물과 이탈리안 음식을 파는 레스토랑으로 수제 파스타가 인기 메뉴다. 짧고 통통한 면이 쫀득하면서 씹는 식감이 좋다. 먹을수록 묘하게 중독성이 있어 먹고 나면 또 생각나는 파스타다. 오렌지 즙을 살짝 뿌려 먹는 홍합 요리도 맛있다. 그리시아 거리에 있어 오가며 들르기 좋고, 찾기 쉽다.

**Data** 지도 366p-E
가는 법 그리시아 거리에 위치
주소 R. Devescovija
전화 (0)52-817-200
운영시간 08:00~24:00
가격 스타터 10유로~, 파스타 15유로~, 조식 뷔페 19유로~

티토 광장, 풍경 좋은 곳

## 브라세리 아드리아틱 Brasserie Adriatic

호텔 아드리아틱에 위치한 레스토랑이다. 아침에는 우아한 조식 레스토랑, 저녁에는 근사한 다이닝 공간으로 탈바꿈한다. 티토 광장에 위치해 바다와 구시가지, 두 가지의 풍경을 모두 즐길 수 있다. 매끼 먹는 이탈리안 음식과 해산물에 싫증이 났다면 오전에는 브런치 메뉴를 추천한다. 일리 커피와 함께 여러 가지 빵, 계란, 베이컨, 과일 등 잉글리시 브렉퍼스트를 푸짐하게 즐길 수 있다. 로빈의 유명 호텔 조식이라 맛도 좋다. 한적한 시간에 커피를 즐기기도 좋은 카페다.

**Data** 지도 366p-E
가는 법 티토 광장에 위치
주소 Obala Pina Budicina 16
전화 52-803-520
운영시간 07:00~23:00
가격 조식 17~25유로, 디너 26유로~

아기자기 즐거운 공간

## 메디테라네오 Mediterraneo

티토 광장에서 비치를 따라 구시가지를 조금만 걸어 오르면 몇 곳의 비치 바가 나온다. 바위 위에 세워진 비치 바들은 어딜 갈까 한참 망설여야 할 정도로 저마다의 매력이 넘친다. 풍경도, 바의 인테리어도 다 멋지고 좋다. 다만, 햇볕을 피할 곳이 없다는 치명적인 단점이 있다. 그래서 선셋 시간부터 손님이 차는 경우가 대부분이다. 만약 낮에 비치 바를 간다면 메디테라네오를 추천한다. 알록달록한 테이블과 상큼한 칵테일이 잘 어울리는 비치 바다. 햇볕을 피할 수 있는 캐노피가 있어 낮 시간 가장 많은 사람들이 모여든다.

**Data** **지도** 366p-D
**가는 법** 티토 광장에서 해변 도로를 따라 도보 5분
**주소** Sv. Križa 24
**전화** (0)91-532-8357
**운영시간** 11:00~24:00
**가격** 맥주, 칵테일 10유로~

로빈은 도시의 규모에 비해 구시가지 안팎으로 많은 호텔과 민박이 있다. 경쟁이 치열한 덕분에 구시가지 안쪽까지도 무료 주차장을 제공하는 숙소가 많다. 구시가지 안쪽의 숙소는 무료 주차장이 대부분 숙소에서 조금 떨어진 곳에 있다. 도착 전 주차장과 호텔의 위치를 각각 확인해 두어야 한다. 성수기(7~8월)와 비수기는 숙박요금이 두 배 이상 차이 난다.

## 인기 민박 베스트 3

### 아파트먼트 라 카사 디 로레토 Apartments La Casa di Loreto

구시가지까지 도보 2분의 민박. 2인실 객실과 주방 완비. 구시가지 밖 주차장 무료 주차. 무료 와이파이.

**Data** **지도** 366p-B **가는 법** 그린 마켓 근처에 위치
**주소** Driovier 21 **전화** (0)91-514-8597
**요금** 더블룸 98유로~, 1베드룸 128유로~ **홈페이지** www.lacasadiloreto.com

### 게스트 하우스 피나 Guest House Pina

도시 중심 비치 근처에 위치. 유료 주차장 보유(1일 13유로). 2인 객실. 주방 완비. 무료 와이파이.

**Data** **지도** 366p-E
**가는 법** 티토 광장에서 도보 5분
**주소** Trg brodogradilišta 4 **전화** 91-916-5852
**요금** 요금 2인실 100유로~

### 게스트 어코모데이션 달 안티 큐아리오 Guest Accommodation Dall Antiquario

티토 광장 근처에 있는 민박. 주차장이 먼 곳에 있음. 수하물 픽업 서비스 제공. 2인 객실. 주방 완비. 무료 주차, 무료 와이파이.

**Data** **지도** 366p-E **가는 법** 구시가지 페리 선착장에 위치
**주소** Poljana Sv. Benedikta 7 **전화** (0)91-787-8902
**요금** 스튜디오 125유로~ **홈페이지** www.dallantiquario.com

인기 호텔 베스트 4

## 호텔 몬테 물리니
Hotel Monte Mulini

골든 케이프 포레스트 파크 근처 비치에 위치한 5성급 호텔. 객실은 109실. 2~4인 객실 보유. 실내외 수영장 있음. 조식 포함. 무료 주차, 무료 와이파이.

**Data** **지도** 367p-B **가는 법** 골든 케이프 포레스트 파크에서 구시가지 쪽으로 도보 2분
**주소** A. Smareglia 3 **전화** 52-808-000
**요금** 더블룸 200유로~, 4인 패밀리 객실 367유로~
**홈페이지** www.maistra.com

## 호텔 안젤로 디 오로
Hotel Angelo d'Oro

구시가지 내에 있는 4성급 호텔. 멋진 정원과 카페에서 비치 전망. 객실은 23실. 유료 주차장 있음(1일 7유로), 조식 포함, 무료 와이파이.

**Data** **지도** 366p-A **가는 법** 그린 마켓에서 도보 2분
**주소** Ul. Vladimira Švalbe 40
**전화** (0)52-853-920 **요금** 스탠다드룸 120유로~
**홈페이지** www.angelodoro.com

## 호텔 아드리아틱
Hotel Adriatic

구시가지에 있는 4성급 호텔. 마이스트라 호텔 체인으로 도보 20분 거리의 론Lone 호텔 시설 이용 가능. 객실은 18실. 2~4인 객실 보유. 조식 포함. 무료 주차, 무료 와이파이.

**Data** **지도** 366p-E **가는 법** 티토 광장에 위치
**주소** Obala Pina Budicina 16
**전화** (0)52-800-250 **요금** 2인실 240유로~
**홈페이지** www.adriatic.rovinj.hotels-istria.net

## 호텔 론 로비니
Hotel Lone Rovinj

비치 앞에 위치한 5성급 호텔. 객실은 248실. 2~4인 객실 보유. 2개의 실내외 수영장 있음. 조식 포함. 무료 주차, 무료 와이파이.

**Data** **지도** 367p-B **가는 법** 구시가지에서 골든 케이프 포레스트 파크 쪽으로 도보 20분 **주소** Ul. Luje Adamovića 31 **전화** (0)52-800-250 **요금** 2인실 180유로~ **홈페이지** www.maistra.com/hotel-lone-rovinj

Estra By Area

# 05

# 포레치

## POREČ

이스트라 지역에서 로빈과 어깨를 나란히 하고 있는 소도시이자 휴양도시. 멀리서 바라보면 스카이라인이 멋지고, 들어가서 보면 로마 제국의 느낌이 강하다. 아직도 포레치의 이탈리아 이름인 파렌쪼Parenzo라는 말이 빈번히 사용되는, 역사의 향기가 진한 도시이다. 격자거리를 메운 빛바랜 건물, 반짝거리는 대리석 바닥, 이천 년 역사의 흐름이 자연스럽게 묻어난다. 화려하지 않아 더 정이 가고, 소박함에 더 오래 머물고 싶은 곳이다.

Poreč
# PREVIEW

*바다 위 작은 섬이 떠 있는 듯한 포레치는 이스트라 지역 가장 북쪽의 작고 소박한 휴양도시이다. 휴양도, 관광도 모두 한적하고 여유롭게 할 수 있다. 긴 세월 닳고 닳아 반짝거리는 대리석 바닥은 포레치를 더욱 고풍스럽게 만들어준다. 멋지고 세련된 중년 남자의 느낌이 드는 도시. 조용한 산책이 잘 어울린다.*

**SEE**

유네스코에 등재된 유프라시안 대성당은 포레치를 대표하는 문화유산이다. 포레치의 시내 투어는 이 성당 때문이라 해도 과언이 아닐 정도. 비잔틴 미술 최고 걸작이라 불리는 모자이크를 놓치지 말자. 성당과 이어진 포레치 구시가지의 메인 도로인 데쿠마누스 길을 따라 역사적인 건물들이 늘어선 구시가지를 산책하자.

**EAT**

작은 구시가지지만 골목골목 앉고 싶은 레스토랑이 포진해 있다. 14세기에 지어진 요새를 개조한 레스토랑, 18세기 왕족의 저택을 개조한 박물관 겸 카페 등 앉아 있기만 해도 의미 있는 레스토랑도 많은 편. 오고 가는 여행자들을 구경하는 재미가 있는 자유 광장에 위치한 노천카페에서 시간을 보내는 것도 좋다.

**SLEEP**

구시가지 안으로는 몇 곳의 호텔, 몇 곳의 민박 등 손가락에 꼽을 만큼의 숙소가 있다. 구시가지보다는 휴양객들이 해변의 숙소를 선호하는 편. 구시가지를 도보로도 다닐 수 있고, 비치를 끼고 있는 북쪽의 발라마르 자그레브 호텔Balamar Zagreb Hotel, 피칼 호텔Pical Hotel 등이 인기 있다. 그 외의 숙소는 구시가지의 북쪽과 남쪽 비치를 따라 다양하게 분포되어 있다.

Poreč

# GET AROUND

### 1. 렌터카

이스트라 지역이자 크로아티아의 북쪽 끝이다. 남쪽으로는 로빈이, 북쪽으로는 슬로베니아가 인접해 있다. 로빈에서는 40km로 약 40분, 슬로베니아 지역으로는 50km로 약 1시간이 걸린다. 구시가지만 둘러본다면 꼭 숙박을 할 필요는 없다. 차가 구시가지 안으로는 못 들어가지만 근처에 세워둘 저렴한 주차장이 많다. 구시가지에서 도보로 10분 거리의 북쪽 비치 쪽은 6~9월은 시간당 시간당 0.5유로이다. 존 3같은 경우 동절기에는 무료 주차장이 많다. 주차장에 주차 후 구시가지를 도보로 둘러보기 편하다.

### 2. 버스

국내 버스 노선으로는 로빈과 자그레브, 풀라행 버스가 자주 있다. 국제 버스 노선으로는 슬로베니아, 비엔나, 부다페스트로 가는 버스가 하루 1~2편씩 운행한다. 다른 지역에 비해 버스 노선이 많지는 않은 편이다. 티켓은 터미널에서도 구매가 가능하지만, 버스 배차 간격이 큰 편이니 인터넷으로 미리 예약하는 게 좋다. 짐은 추가요금 1유로를 받는다.

**Data 버스 안내** www.getbybus.com / www.buscroatia.com

#### 국내버스 요금 및 소요시간

*포레치↔로빈*

| 목적지 | 운행시간 | 운행 횟수 | 요금 | 소요시간 |
|---|---|---|---|---|
| 로빈 | 첫차 11:10, 막차 21:20 | 1일 5회 | 5~7유로 | 40분 |
| 포레치 | 첫차 05:50, 막차 20:20 | | | |

*포레치↔자그레브*

| 목적지 | 운행시간 | 운행 횟수 | 요금 | 소요시간 |
|---|---|---|---|---|
| 포레치 | 첫차 00:30, 막차 17:30 | 1일 10회 | 26~30유로 | 4~5시간 |
| 자그레브 | 첫차 06:30, 막차 20:50 | | | |

### 국제버스 요금 및 소요시간

*포레치↔류블랴나(슬로베니아)*

| 목적지 | 운행시간 | 운행 횟수 | 요금 | 소요시간 |
|---|---|---|---|---|
| 포레치 | 첫차 07:10, 막차 16:10 | 1일 2회 | 22~25유로 | 3시간 50분 |
| 류블랴나 | 첫차 06:30, 막차 10:20 | | | |

*포레치↔피란(슬로베니아)*

| 목적지 | 운행시간 | 운행 횟수 | 요금 | 소요시간 |
|---|---|---|---|---|
| 포레치 | 첫차 12:58 | 1일 1회 | 8~10유로 | 1시간 |
| 피란 | 첫차 07:40 | | | |

### 3. 페리

이탈리아의 베니스로 하루 한 편 페리가 운항되고 있다.

**Data 크로아티아 페리 안내**
www.croatiaferries.com/venice-porec-ferry.htm

### 포레치-베니스 페리 요금 및 소요시간

*포레치↔베니스*

| 목적지 | 운항시간 | 운항 횟수 | 요금 | 소요시간 |
|---|---|---|---|---|
| 포레치 | 매일 17:15 출발 | 1일 1회 | 80유로 | 2시간 45분 |
| 베니스 | 매일 08:00 출발 | | | |

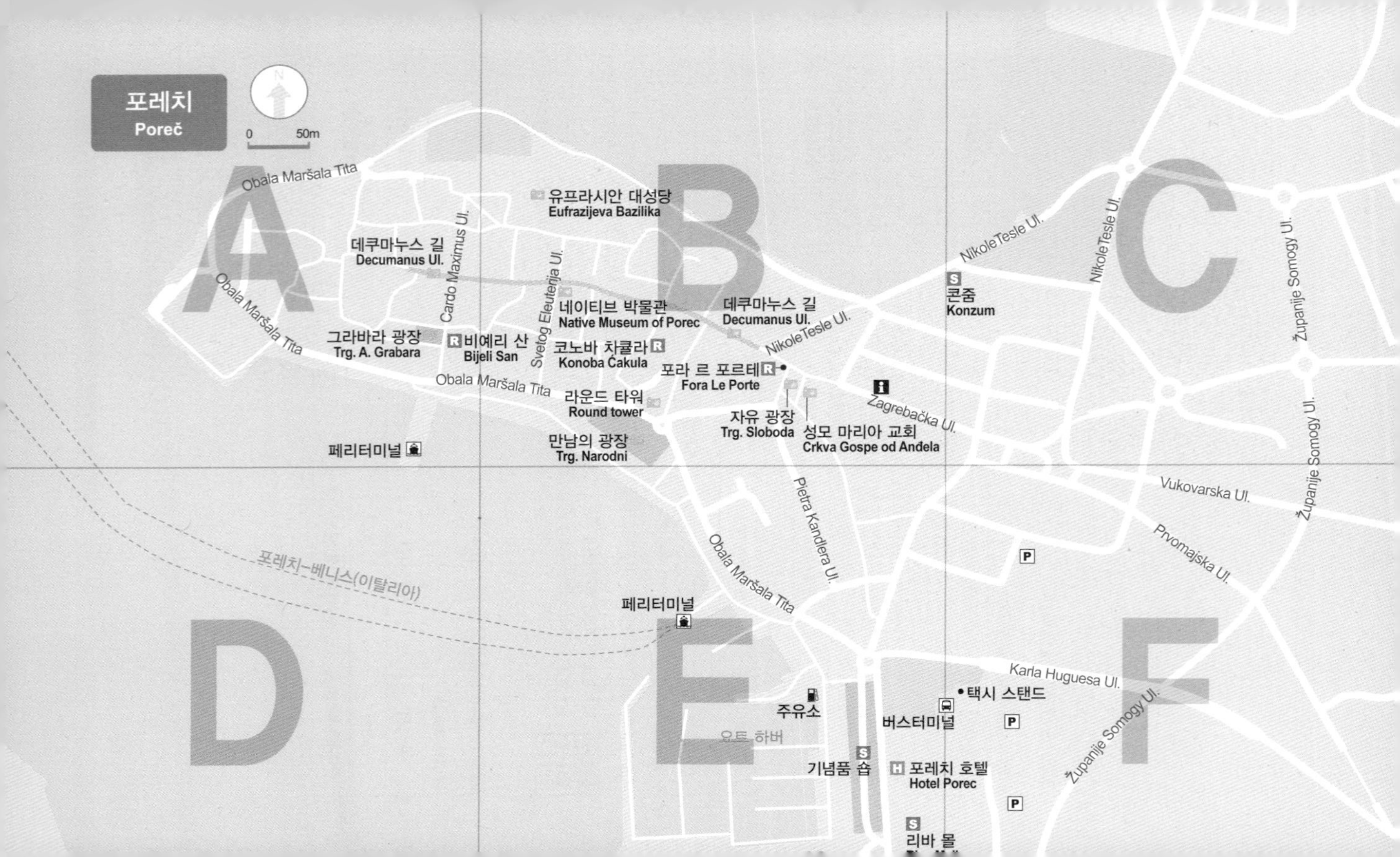
포레치
Poreč
0
50m
A
B
C
D
E
F
Obala Maršala Tita
유프라시안 대성당
Eufrazijeva Bazilika
데쿠마누스 길
Decumanus Ul.
Cardo Maximus Ul.
Svetog Eleuterija Ul.
네이티브 박물관
Native Museum of Porec
데쿠마누스 길
Decumanus Ul.
Nikole Tesle Ul.
코노바 차큘라
Konoba Čakula
그라바라 광장
Trg. A. Grabara
비예리 산
Bijeli San
포라 르 포르테
Fora Le Porte
라운드 타워
Round tower
자유 광장
Trg. Sloboda
성모 마리아 교회
Crkva Gospe od Anđela
만남의 광장
Trg. Narodni
페리터미널
Zagrebačka Ul.
콘줌
Konzum
Županije Somogy Ul.
Vukovarska Ul.
Prvomajska Ul.
Pietra Kandlera Ul.
포레치-베니스(이탈리아)
페리터미널
Karla Huguesa Ul.
택시 스탠드
주유소
버스터미널
요트 하버
기념품 숍
포레치 호텔
Hotel Porec
리바 몰

## | 포레치 여행 포인트 셋! |

포레치는 고대 로마제국에 생겨난 역사가 오래된 도시이다. 관광보다는 휴양으로 많이 찾는 곳이라 타운에는 그다지 길게 머무르지 않는다. 다른 도시에 비해 여행자가 덜 붐비는 곳으로 휴양도 관광도 한가롭게 할 수 있다. 구시가지는 규모가 작아 도보로 구석구석 다닐 수 있다. 구시가지의 중심이 되는 자유 광장Liberty square, Trg. Sloboda에서 데쿠마누스 길Decumanus Ul.을 걸으며 비잔틴 건축미가 가득한 골목을 돌아보자. 태양이 반사되어 반짝거리는 대리석 바닥, 허름해 보이는 건물들은 모두 고대 시대부터 이어져온 역사를 기억하는 것들이다. 포레치의 가장 큰 볼거리는 유네스코 세계문화유산인 유프라시안 대성당이다. 포레치에 발을 디뎠다면 꼭 가보아야 하는 곳! 여름에 여행을 한다면 2016년부터 새로이 시작된 오픈 에어 축제Open Air Festival도 즐길 수 있다. 다른 도시들과 여름 축제 기간이 겹치지 않게 9월 초~10월 초에 진행되고 있다. 구시가지는 매일 다른 주제의 음악, 콘서트, 영화 등 무료 공연으로 한 달 일정이 꽉 채워져 있다. 낯선 여행지이지만 소박한 모습에 마음이 녹녹해지는 곳이다. 겨울 시즌이면 호텔이나 레스토랑이 문을 닫거나, 하루를 일찍 마감하는 숍들이 많다.

## 1. 포레치의 찬란한 유산 유프라시안 대성당

Euphrasian Basilica / Eufrazijeva Bazilika

포레치의 가장 큰 문화유산이다. 1997년 유네스코 세계문화유산으로 지정된 성당으로 6세기 비잔틴 건축양식의 절대미를 보여준다. 여느 성당에 비해 세밀하고 화려하게 장식된 금빛 모자이크는 비잔틴 미술 최고 걸작이라는 찬사를 받고 있다. 모자이크는 예배당 중앙, 둥글게 설계된 천장에 장식되어 있다. 성모 마리아와 아기 예수가 천상의 자리에 있는 것을 묘사하고 있다. 초기 서부 크리스트 바실리카에서는 유일하게 남아 있는 묘사이기 때문에 더욱 특별하다. 화려한 모자이크 천장에 비해 나머지 건물은 치장을 최소화한 소박한 모습이다. 고고학 유물과 세례장, 종탑이 함께 위치해 있다.

**Data** **지도** 384p-B **가는 법** 자유 광장에서 구시가지 안쪽 도보 7분 **주소** Eufrazijeva ul. 22
**전화** (0)52-451-784 **운영시간** 운영시간 7월~8월 09:00~21:00, 9월~6월 09:00~18:00(일요일 휴무)
**요금** 5유로

## 2. 포레치 구시가지의 중심가 자유 광장 Liberty Square / Trg. Sloboda

포레치의 가장 큰 광장이자 중심이다. 바로크 양식으로 지어진 노란빛 성모 마리아 교회Crkva Gospe od Anđela와 레스토랑, 바, 기념품 숍들이 모여 있다. 포레치 시민들이 만남의 장소로 사용하는 곳. 여름 축제, 크리스마스 등 특별한 날이면 다양한 이벤트가 열리는 장소이다.

Data 지도 384p-B

## 3. 수정같이 맑은 포레치의 바다

휴양을 왔다면 구시가지의 북쪽으로 올라가자. 구시가지에서 도보로 약 10분이면 비치에 도착한다. 호텔이 여러 곳 있어 여름이면 휴양객들이 모여 느긋한 휴가를 즐긴다. 수정같이 맑은 바다에 발도 담그고, 바다 위에 떠 있는 듯한 구시가지의 모습도 눈에 담아보자.

## EAT

들어는 봤나? 문어 버거!

### 포라 르 포르테 Fora Le Porte

광장의 가장 좋은 자리를 차지한 레스토랑이다. 포레치를 여행하는 사람이라면 누구나 한 번쯤은 지나쳤을 위치. 대낮부터 맥주와 와인을 홀짝거리는 손님이 대부분이다. 메뉴는 출출할 때 간식으로 먹는 스낵, 와인에 어울리는 햄치즈, 파스타류. 식사보다는 술이 주를 이루는 집이지만 생각 외로 맛도 좋고 음식이 예쁘게 나온다. 이곳에서만 맛볼 수 있는 문어 버거. 부드럽게 익힌 문어가 두둑이 들어갔다. 크로아티아의 대표 메뉴인 문어 샐러드를 능가하는 비주얼과 맛이다. 포레치 여행 중이라면 강추하는 이색 메뉴.

**Data** 지도 384p-B
**가는 법** 자유 광장에 위치
**주소** Trg. Sloboda 2
**전화** 91-434-0004
**운영시간** 08:30~24:00
**가격** 버거 8유로~, 맥주 3유로~

손맛 좋은 셰프의 레스토랑

## 코노바 차쿨라 Konoba Ćakula

오래된 마을 조용한 거리에 위치한 이스트라 전통 레스토랑. 소박한 가정식 메뉴를 전통 방식으로 요리하는 레스토랑이다. 손맛 좋은 셰프가 바로바로 만들어 내오는 수제 파스타와 뇨키, 라비올리와 해산물을 맛볼 수 있다. 이스트라에서 생산되는 송로버섯이 올라간 요리도 빠지지 않는다. 소금과 마늘로만 간을 한 다양한 해산물 한 접시가 나오는 피시 플래터Fish Platter나 감자 위에 연어 스테이크, 해초가 올라간 살몬 필레가 추천 메뉴! 요즘 인스타 감성에도 딱 맞는 곳이다.

**Data** **지도** 384p-B
**가는 법** 자유 광장에서 데쿠마누스 거리 왼쪽 첫 번째 골목
**주소** Vladimira Nazora 7
**전화** 99-542-2332
**운영시간** 운영시간 12:00~22:00
**요금** 스타터 15유로~, 메인 20유로~
**홈페이지** www.konobacakula.com

커다란 수제 케이크 디저트 카페

## 비예리 산 Bijeli San

수제 케이크를 파는 곳이다. 작은 베이커리지만 그냥 지나칠 수 없는 디저트 카페. 투박하고 커다란 조각 케이크 위에 풍성하게 올려진 크림과 과일은 식사를 마치고 배가 불러도 꼭 맛보고 싶게 생겼다. 손이 큰 주인장 덕분에 커다란 케이크를 저렴하게 맛볼 수 있다. 신선한 과일과 크림, 달지 않은 케이크는 많이 먹어도 물리지 않는 맛. 그래서 작은 카페 건너 커다란 비예리 산의 노천 테이블은 언제나 만석이다. 진한 커피와 궁합이 딱 맞는다.

**Data** **지도** 384p-A
**가는 법** 자유 광장에서 도보 5분
**주소** Trg. M. Gupca 4
**전화** (0)52-431-819
**운영시간** 11:00~24:00
**가격** 케이크 4유로~, 커피 3유로~

Croatia By Area

# 04

# 주변국

## AROUND CROATIA

유럽의 동부, 발칸 반도의 북서부에 위치한 크로아티아는 슬로베니아, 보스니아 헤르체고비나, 몬테네그로와 국경을 맞대고 있다. 한국에서는 모두 직항이 없으니 크로아티아 여행기간이 넉넉하다면 같이 묶어서 돌아보기를 추천한다. 가까이 붙어 있는 나라들이지만 국경을 넘을 때마다 확연히 달라지는 풍경이 여행의 즐거움을 더한다. 중, 서유럽에 비해 여행자가 적고, 개발이 덜 되어 있어 천연 자연의 모습을 만날 수 있다. 물가가 저렴한 것도 큰 장점! 기차보다는 버스 노선이 잘되어 있다.

사랑스러움으로 가득 찬 나라

# 슬로베니아

## SLOVENIA

크로아티아의 북쪽으로 인접한 슬로베니아는 2004년 EU에 가입해 경제적으로도 풍요롭고 평화로운 풍경을 가졌다. 알프스 하면 십중팔구는 스위스를 떠올리지만 실제 알프스는 이탈리아, 독일을 거쳐 니스 해안까지 이른다. 그중 슬로베니아는 알프스의 남부 '율리안 알프스Julijske Alpe'를 품고 있다. 바라만 봐도 모든 것을 치유하는 능력을 가진 나라 슬로베니아는 산과 바다, 호수 그리고 그것들을 둘러싼 작은 마을까지 사랑스러운 매력이 넘쳐난다. 화폐 단위는 유로, 물가는 크로아티아와 비슷한 수준이다. 여러 곳의 도시 중 류블랴나와 피란은 드라마 〈디어 마이 프렌즈〉의 주요 촬영지이기도 하다. 크로아티아와 함께 여행할 땐 자그레브-류블랴나-포스토이나 동굴-피란을 거쳐 크로아티아의 이스트라 지역으로 들어가거나 혹은 그 반대로 일정을 잡으면 된다. 각 도시 간의 이동시간은 차로 40분~1시간으로 렌터카가 있다면 하루에 2곳씩 나눠서 이동할 수 있다. 버스도 각 도시를 연결하고 있다. 유로를 사용해서 더 편하게 여행이 가능하다.

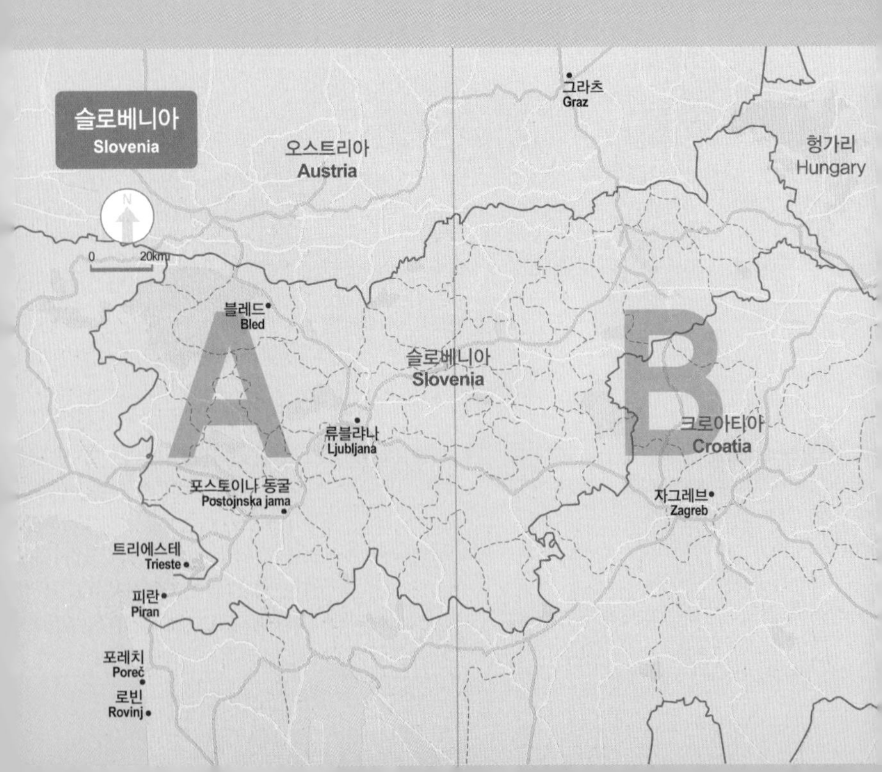

## 류블랴나 Ljubljana

슬로베니아의 수도이다. '사랑스러운'이라는 류블랴나의 뜻과 딱 어울리는 분위기의 도시이다. 도시를 걸어서 돌아보는 데 약 1~2시간 정도 소요된다. 강을 따라 늘어선 알록달록한 건물들은 생동감이 넘쳐 걷기만 해도 눈이 호사를 누린다. 류블랴나 관광의 중심은 핑크빛 프란체스코 교회 Frančiškanska Cerkev가 서 있는 프레세르노브 광장Trg. Prešernov이다. 광장 앞에 위치한 트리플 브리지Triple Bridge를 건너면 올드 타운으로 연결된다. 성 니콜라스 대성당Ljubljana Cathedral과 노천시장, 노천카페 등 아기자기한 올드 타운을 걷다 보면 이 도시가 왜 '사랑스럽다'라는 뜻의 이름을 가지게 되었는지 100% 공감하게 된다. 자그레브에서 차로 1시간 40분 소요.

## 블레드 Bled

슬로베니아의 눈동자라 불리는 블레드 호수. 호수에 떠 있는 섬과 절벽 위에 세워진 블레드성Bled Castle은 동화책의 한 모습 같다. 블레드 호수 둘레를 따라 난 6km의 산책길을 천천히 걸으면 2~3시간 정도 소요된다. 블레드 호수를 가장 아름답게 볼 수 있는 세 곳의 전망대에 올라보자. 100m 높이에 위치한 블레드성, 산 중턱의 오이스트리차Ojstrica 전망대, 블레드섬Bled Island 안의 승모 승천 교회 종탑이다. 섬으로 들어가는 나룻배는 하루 종일 운행을 하고, 나머지 전망대도 도보 혹은 차로 이동 가능하다. 여름철엔 호수에서 수영장과 카약도 이용할 수 있다. 아름다운 블레드의 모습은 슬로베니아 여행의 잊을 수 없는 풍경이 된다. 류블랴나에서 차로 40분 소요.

## 포스토이나 동굴 Postojna Cave / Postojnska jama

세계에서 두 번째, 슬로베니아에서는 가장 큰 종유동굴이다. 주변 유럽 국가에서 당일 투어로 많이 찾아올 정도로 슬로베니아의 대표적인 관광명소다. 수천만 년에 걸친 석회암의 용식으로 생겨난 동굴 속 종유석이 장관을 이룬다. 동굴의 총 길이는 20.57km. 1819년부터 여행자에게 공개된 동굴의 길이는 5.3km로 일반인에게 공개된 관광코스로는 세계에서 가장 긴 코스이다. 걸어서 관광을 다 하기가 힘들다 보니 세계 최초의 동굴열차가 설치된 곳이기도 하다. 입장권을 끊고 들어가면 시간을 정해 가이드와 함께 열차를 타고 동굴을 돌아보는 방식이다. 한국 사람들을 위한 한국어 수신기도 준비되어 있다. 성수기에는 매 시간, 비수기에는 1일 3회로 입장시간이 정해져 있으니 홈페이지에서 미리 확인하고 가자. 근처 동굴 절벽에 세워진 프레드야마성Predjama Castle도 같이 돌아보기 좋다. 동굴 입장료 29.9유로. 블레드에서 차로 1시간 소요.

**Data** 홈페이지 www.postojnska-jama.eu

## 피란 Piran

슬로베니아에서 아드리아해를 끼고 있는 작은 해안 도시이다. 가슴이 설렐 정도로 로맨틱한 도시. 크로아티아의 로빈과도 닮은 구석이 많다. 한국인에게 조금은 멀게 느껴졌던 슬로베니아가 드라마 〈디어 마이 프렌즈〉 방영 후 부쩍 가까워진 데에는 피란이 한몫했다. 로맨틱한 사랑이야기가 극에 달했던 장면에서 두 주인공과 더불어 배경 도시까지 시청자들의 시선을 빼앗아버렸다. 작은 올드 타운을 뱅 두른 바다, 도시에 우뚝 솟은 교회의 종탑, 좁은 골목길까지 피란은 한발 한발이 감동이다. 올드 타운만 돌아본다면 2시간 정도가 소요된다. 포스토이나 동굴에서 차로 50분 소요. 크로아티아의 자그레브 외 이스트라 지역의 각 도시에서 류블랴나, 피란, 블레드로 향하는 버스가 매일 1~3회 운행하고 있다. **Data** 버스 안내 www.getbybus.com / www.buscroatia.com

알프스산맥의 남부, 경이로운 자연

# 몬테네그로

## MONTENEGRO

'검은 산'이라는 뜻의 몬테네그로는 우리에게 미지의 나라이다. 발칸의 크로아티아를 만났다면 다음은 몬테네그로를 만날 차례. 디나르 알프스Dinarske Planine산맥 남부에 위치해 바위산과 바다가 뒤섞인 나라로 자연의 경이로움을 느낄 수 있다. 곳곳에 위치한 회색빛의 단단한 도시들에서 강인한 남성미가 물씬 느껴진다. 한국의 전라도 면적 크기의 작은 나라로 크로아티아의 두브로브니크와 가깝다. 두브로브니크에서 차로 약 40분이면 몬테네그로의 국경에 닿을 정도의 거리이다. 두브로브니크에서는 당일 투어로도 많이 방문한다. 여행자들이 가장 방문을 많이 하는 곳은 코토르Kotor와 부드바Budva이다. 성벽과 요새로 둘러싸인 해안 중세도시들. 두브로브니크를 여행하고 갔다면 도시에는 크게 감흥이 없을 수 있다. 하지만 오가는 길의 경관은 그 어느 곳과도 비교가 안 된다. 물가는 크로아티아보다 약 30~40% 저렴하고 화폐는 유로를 사용한다.

### 페라스트 Perast

내륙 깊숙이 만으로 이루어진 코토르 베이Bay of Kotor를 따라 코토르로 달리다 보면 바다 한가운데 2개의 섬이 위치한 페라스트Perast 마을을 만나게 된다. 2개의 섬 중 오른쪽 섬은 바위의 성모Our Lady of the Rocks, Gospa od Škrpjela라 부르는데 560년간 주민들이 돌을 실어 날라 만든 인공섬이다. 마리나 페라스트Marina Perast에서 코토르 베이와 인공 섬을 다녀올 수 있는 보트 투어(1인 20유로)가 있으니 이용해 볼 만하다. 코토르에서 약 18km의 거리. 일반 시내버스 혹은 고속버스를 이용해서 다녀올 수 있다.

### 코토르 Kotor

두브로브니크같이 성벽과 요새로 둘러싸인 도시. 산자락 아래 펼쳐진 회색빛 올드 타운은 기품 있는 모습이다. 시계탑Town Clock Tower, 성 트리폰 성당St. Tryphone Cathedral, 성 니콜라스 교회St. Nicholas Church 등이 있는 올드 타운과 4.5km의 성벽을 따라 오르면 나오는 요새가 가장 큰 볼거리이다. 두브로브니크에서 렌터카로 2시간 거리. 두브로브니크에서 코토르까지 하루 3편의 버스가 운행되고 있다. 요금 25유로, 2시간 소요.

### 부드바 Budva

몬테네그로 남부에 위치한 휴양도시이자 2,500년 역사를 가지고 있는 고대 도시. 여름철이면 러시아 사람들의 휴양지로 사랑받는 곳이다. 올드 타운과 더불어 바다는 휴양을 즐기려는 사람들로 가득 차 있다. 한국으로 치자면 강원도와 같은 작은 바닷가 마을. 사람들도 분위기도 조금은 촌스러운 듯한 모습이지만 그만큼 정감 있고, 물가가 착한 여행지이다. 올드 타운 외에도 근처에 위치한 야시장(휴가철만 오픈) 등을 돌아보며 시간을 보내보자. 두브로브니크에서 하루 3편의 버스가 운행되고 있다. 요금 28유로, 2시간 50분 소요.

달콤한 미래를 꿈꾸는 나라

# 보스니아 헤르체고비나

## BOSNIA AND HERZEGOVINA

인터넷으로 보스니아 헤르체고비나를 검색하면 가장 눈에 띄는 검색어가 전쟁 혹은 내전일 정도로 전쟁으로 인한 피해가 극심했던 나라이다. 본래 하나였던 발칸의 6개국은 말 많고 탈 많은 오랜 내전을 겪고 저마다 독립에 성공했다. 보스니아 헤르체고비나도 그 후 더 이상 분쟁 없는 달콤한 미래를 준비하고 있다. 이곳은 발칸반도에서도 문화와 종교적으로 특색이 강한 곳이다. 15세기 오스만터키의 지배를 받으며 생겨난 이슬람교와 더불어 세르비아 정교, 로마 가톨릭까지 세 가지의 종교가 평화롭게 공존하며 도시마다 독특한 분위기를 자아낸다. 여행자들이 많이 찾는 도시로는 역사도시 모스타르와 수도 사라예보가 있다. 크로아티아 물가의 반 정도로 저렴한 물가에 사람들도 순박해서 여행하기 좋다. 화폐는 마르카(KM)를 쓰고 있지만 유로도 사용 가능하다.

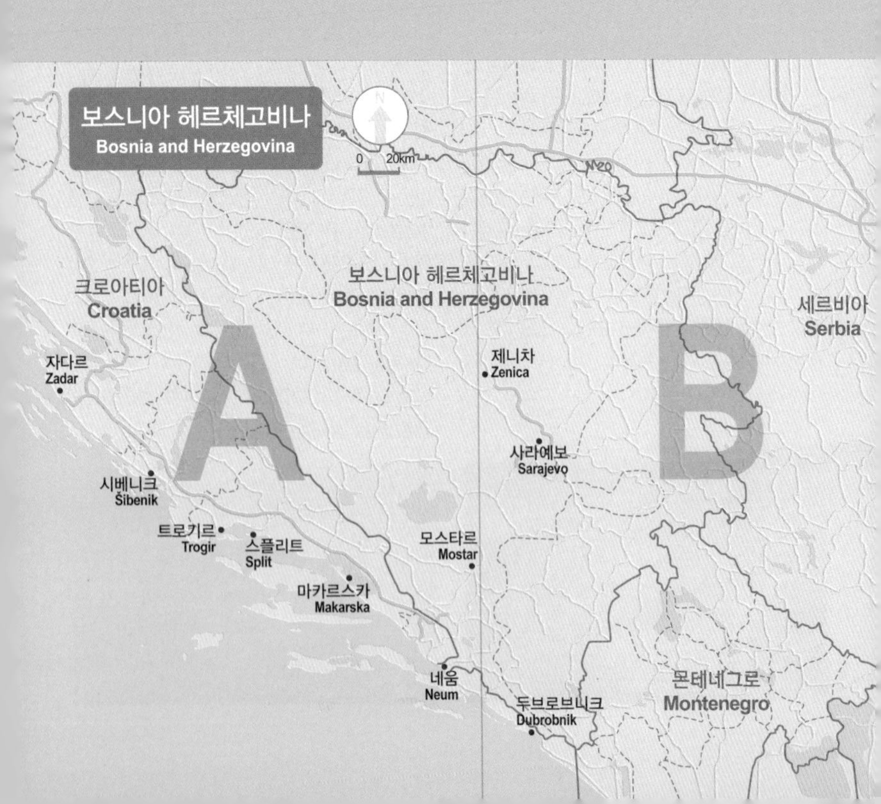

## 모스타르 Mostar

보스니아 헤르체고비나 남부지역에 위치한 작은 도시. 청록빛 네레트바강Neretva River 주변으로 조성된 도시와 모스타르를 대표하는 스타리모스트 다리Stari Most가 가장 큰 볼거리이다. 스타리모스트는 오래된 다리라는 뜻이다. 아치형 석조 다리로 오스만 문화의 빼어난 건축미를 잘 표현한 건축물이라고 칭송받고 있다. 1566년에 세워진 후 "모스타르가 존재하는 이유"라고 할 정도로 사람은 물론 문화와 물자, 종교까지 모든 것을 잇는 역할을 수행했으나 1993년 유고슬라비아의 내전 속 크로아티아의 포병대에 의해 파괴되었다. 그 후 유네스코의 후원을 받아 2004년 재건축이 완료되었고, 2005년 유네스코 세계문화유산으로 등재되었다. 다리의 강 양쪽으로 조성된 거리에서 각종 기념품과 특산품을 팔고 있는데 독특한 느낌의 수공예품이 많아 쇼핑하는 재미가 쏠쏠하다. 이슬람 문화에 관심이 있다면 다리 근처에 위치한 코스키 모스크Koski Mehmed-pašina džamija를 방문하자. 다리가 보이는 곳곳에 전망 좋은 레스토랑이 많다. 기도 소리를 알리는 시간이면 도시 전체가 신비로움으로 가득하다.

## 사라예보 Sarajevo

보스니아 헤르체고비나의 수도로 높고 낮은 산으로 둘러싸여 아늑하고 목가적인 분위기가 흐른다. 1914년 발생한 오스트리아 황태자 암살 사건으로 제1차 세계대전의 도화선이 된 곳이지만, 언제 그런 일을 겪었냐는 듯 아름답고 평화롭기만 하다. 1984년 사라예보 동계 올림픽을 개최하며 현대적인 미가 더해졌다. 낡은 전차, 뾰족한 지붕의 집들, 곳곳에 포진해 있는 오스만 제국의 유산들을 볼 수 있다. 보스니아 헤르체고비나에서 가장 오래된 모스크 가지 후스레브 벡스 모스크Gazi Husrev-Beg's Mosque와 쇼핑가 페르하디야 거리, 내전 때 고립된 사람들의 생명길이었던 희망의 터널Sarajevo Tunnel 등이 볼거리이다. 크로아티아의 스플리트, 마카르스카, 두브로브니크에서는 모스타르를 거쳐 사라예보로 가는 버스 노선이 매일 1~2회 운행되고 있다. 스플리트와 두브로브니크에서 모스타르까지 약 2시간 30분 소요된다. 운전이 힘들거나 일정이 여유롭지 않다면 스플리트나 두브로브니크에서 당일 투어로 다녀올 수도 있다(70~90유로).

**Data** 버스 안내 www.getbybus.com / www.buscroatia.com

# 여행 준비 컨설팅

여행을 떠나겠다고 마음먹은 순간, 두려움과 설렘이 교차한다. 막상 떠나보면 별것도 아닌 일에 걱정했다는 생각이 들겠지만 처음에는 막막하고 두려운 마음이 더 클 것이다. 하지만, 하나하나 준비해 나가다 보면 어느새 두려움은 사라지고 설렘만 남게 될 것이니 걱정은 넣어두자. 미리미리 준비하면 여행 비용도 절감되고 여행지에서 우왕좌왕하는 일도 줄어든다. 여행을 결정했다면 크로아티아의 아름다운 풍경을 떠올리며 설레는 마음으로 떠날 준비를 하자.

# 한눈에 보는 크로아티아 필수 정보

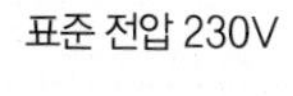

### 수도

자그레브

### 면적

880만 7천ha

### 인구

398만 6,627명

### 언어

크로아티아어

### 통화

유로(EUR, €)

### 전압

표준 전압 230V

### 국제전화 국가 번호

+385

### 시차

한국보다 8시간 느림(3월~10월 서머타임 시 7시간 느림)

### 기후

전체적으로 사계절이 뚜렷하며, 지역마다 차이가 존재하나 대체로 온건한 기후, 아드리아해 연안은 지중해성 기후

### 여행하기 좋은 시기

3월~10월

# 크로아티아 여행 체크 리스트

여행 떠나기 전 가장 먼저 챙겨야 할 1단계는 여권과 비자!
여행지에서 운전을 하려면 국제 운전면허증이 필요하다.

## 1. 여권

여권은 여행자의 국적이나 신분을 증명하기 위해 꼭 필요하다. 여권이 없다면 반드시 만들어야 하고, 유효기간이 6개월 미만이라면 재발급을 받는 것이 좋다. 여권 신청은 가까운 구청이나 시청, 도청에서 발급받으면 된다. 여권 발급 접수 기관을 알아보려면 외교부 여권 안내 홈페이지(passport.go.kr)에서 찾아보자. 여권 신청 후 평균 7~10일 정도이니 미리 발급받아 두는 것이 좋다.
또한 기존에 전자여권을 한 번이라도 발급받은 적이 있다면 온라인으로도 재발급 신청을 할 수 있다. 정부24(gov.kr)에서 온라인 여권 재발급 신청을 하면 되고, 여권을 찾을 때는 수령 희망한 기관에 신분증과 기존 여권을 지참하고 직접 방문해 찾으면 된다.

여권 신청 준비물

- ♥ 여권발급 신청서(여권 신청 기관 내 비치)
- ♥ 신분증
- ♥ 여권 사진 1매(6개월 이내 촬영)
- ♥ 병역관계 서류(18세 이상 37세 이하 남자인 경우)
- ♥ 여권 발급 수수료

## 2. 비자

비자는 국가가 외국인에게 입국 · 체류를 허가하는 증명서로, 비자 입국이 필요한 나라는 여권과 함께 꼭 비자를 발급받아야 한다. 크로아티아의 경우 솅겐협약 가입국으로, 마지막 출국일을 기준으로 이전 180일 이내 90일간 무비자 여행이 가능하다. 체류기간이 초과되면 향후 솅겐국가 입국 시 불이익을 받을 수 있다.
솅겐협약 가입국 여행 시 별도의 출입국 심사가 없기 때문에 체류사실이 여권 상에 표기되지 않는다. 따라서 체류사실 증명자료로 체류허가서나 교통, 숙박, 신용카드 영수증 등 관련 서류를 여행 끝날 때까지 보관하고, 여행 중이거나 출국 시에도 지참하자. 무비자 국가라 하더라도 체류 인정 기간이 나라마다 다르므로 장기간 여행을 하게 된다면 미리 체류 기간을 확인하자.

## 3. 운전면허증

여행지에서 오토바이나 자동차 등 운전을 할 계획이라면 운전면허증을 챙겨야 한다. 해외에서 운전 시 국제 운전면허증, 국내 운전면허증, 여권을 모두 지참해야만 한다.
국제 운전면허증은 전국 운전면허 시험장이나 경찰서, 인천·김해공항 국제 운전면허 발급 센터, 도로교통공단과 협약 중인 지방자치단체에서 발급받을 수 있다. 온라인 발급은 '도로교통공단 안전운전 통합민원' 홈페이지(safedriving.or.kr)를 통해 신청하고 등기로 면허증을 받으면 된다. 온라인으로 신청할 경우 면허증을 받기까지 최대 2주 정도의 기간이 소요되므로 미리 신청하자. 국제 운전면허증의 영문 이름과 서명은 여권의 영문 이름, 서명과 같아야만 효력을 인정받을 수 있다. 유효기간은 1년이다.

### 국제 운전면허증 신청 준비물

♥ 여권사진 1매(6개월 이내 촬영, 사진 촬영 별도 없이 신청 데스크에서 사진 촬영 진행)
♥ 운전면허증(혹은 신분증)
♥ 수수료(온라인의 경우 등기료 포함)

영문 운전면허증이 인정되는 국가에서는 국제 운전면허증이 없더라도 해외에서 운전이 가능하다. 다만 영문 운전면허증을 인정해 주는 국가가 의외로 적다. 미국, 캐나다는 인정하지 않는다. 따라서 여행하려는 국가에서 영문 운전면허증 인정 여부부터 확인하자. 영문 운전면허증은 해외에서는 신분증을 대신할 수 없기 때문에 꼭 여권을 함께 소지해야 한다. 영문 운전면허증 발급은 신규 취득 시나 재발급, 적성검사, 갱신 시에 전국 운전면허 시험장에서 할 수 있으며, 면허를 재발급하거나 갱신하는 경우에는 전국 경찰서 민원실에서도 신청할 수 있다. 자세한 사항은 도로교통공단 안전운전 통합민원 사이트(safedriving.or.kr)에서 모두 확인할 수 있다. 유효기간은 10년이다.

크로아티아는 영문 운전면허증도 가능한 나라다. 하지만 간혹 검문이 있거나 렌트회사에서 요구하는 경우가 있으므로 안전하게 국제 운전면허증을 발급받아 준비해 가는 것을 추천한다. 크로아티아 여행 시 운전을 할 계획이라면 여권과 국제 운전면허증, 국내 운전면허증을 챙겨두자.

### 영문 운전면허증 신청 준비물

♥ 신분증 ♥ 사진 1매 ♥ 발급 수수료

## 4. 항공권 구매

여행은 항공권 예약을 하면서부터 시작된다. 항공권은 각 항공사 공식 홈페이지나 여행사, 온라인 여행 플랫폼에서 구매할 수 있다. 네이버나 구글 항공권 검색 사이트와 온라인 여행 플랫폼 가격 비교 사이트를 이용하면 다양한 항공사의 항공권 가격을 한눈에 비교해 볼 수 있다. 대표적인 사이트를 소개한다.

### ① 항공권 구매 사이트

♥ **네이버 항공권** flight.naver.com
여러 항공사의 항공권 정보를 실시간으로 조회해 가장 저렴한 항공권부터 검색해 준다. 구매는 항공권 판매 사이트에서 이루어진다.

♥**구글 플라이트** google.com/travel/flights
다양하고 유용한 검색 필터로 편리하게 옵션을 검색할 수 있고, 가격 변동을 그래프로 나타내 준다. 가격 변동 알람 설정을 하면 메일로 정보를 받아볼 수 있다.

♥**트립닷컴** trip.com
프로모션이나 회원 전용 리워드가 좋다. '가격 알리미 설정'을 해두면 자신이 원하는 가격의 항공권이 나왔을 때 메일로 알려준다.

♥**스카이스캐너** skyscanner.co.kr
날짜별로 최저가 항공권을 검색하기 쉽고, 가격을 3단계로 표시해 준다. 여행지를 정하지 않았다면 '어디든지' 검색을 이용해 보자.

♥**트립어드바이저** tripadvisor.co.kr
항공권 검색 시 '가성비 최고' 옵션으로 검색하면 편리하다.

♥**아고다** agoda.com
구글로 접속하거나 개인 메일로 특가 할인 안내 링크를 통해 접속하면 저렴한 항공권을 구매할 수 있다.

**② 항공권 구매 노하우**

항공권 가격은 천차만별이기 때문에 먼저 가격 비교 사이트에서 항공권을 검색해 대략적인 가격을 알아본 다음, 항공사 공식 홈페이지 가격과 비교해 보는 게 좋다. 가격이 비슷하다면 항공사 공식 홈이 서비스 면에서 훨씬 편리하고, 예약 취소나 변경에 대응하기 좋다. 항공사의 마일리지 이용이나 할인 등 이벤트를 이용하면 더 저렴하게 구입할 수 있다.
여행사나 온라인 여행 플랫폼에서 항공권을 구매할 경우 수수료를 조심해야 한다. 예약을 대행해 주기 때문에 예약 수수료가 있고 일정이 바뀌어 취소나 예약 변경을 해야 할 경우에도 취소 수수료를 별도로 내야 한다. 또한 마일리지 적립이나 수하물 추가 비용, 유류비 등이 포함된 가격인지 여부를 확인하자. 문제가 발생했을 때 항공사 공식 홈에서 구입한 항공권은 항공사에서 직접 대응 방안을 모색해 주지만, 대행 사이트에서 항공권을 구매했을 경우 해당 사이트 고객센터로 문의를 해야 한다는 사실도 감안하자.

### 얼리버드 항공권

항공권 중 가장 저렴한 것은 일찍 구매하는 항공권이다. 항공사들마다 매년 얼리버드 특가 이벤트를 진행한다. 주로 매년 1~2월, 6~8월 사이에 진행하니 메모해 두자.

### 공동구매 항공권

여행사들이 패키지로 미리 항공사와 계약한 항공권인데 다 채우지 못해 남은 티켓들을 판매하는 경우가 있다. 공동구매 항공권을 구입할 수 있는 여행사는 하나투어, 모두투어, 여행이지 등이다. 각 여행사 홈페이지에서 공동구매 항공권을 찾아 구입하면 저렴한 가격에 항공권을 구입할 수 있다.

직항이 아닌 경유지 환승의 경우 항공권 예약 시 주의할 점

**① 수하물 처리**

수하물은 경유 편으로 항공권을 발권해도 대부분 도착지에서 찾게 된다. 하지만 경유지 체류 시간이 아주 길어서 경유지에서 짐을 찾아야 할 경우 체크인하면서 수하물을 부칠 때 관련 사항을 직원에게 물어보고 어떻게 할지 결정하면 된다.
이스탄불이나 다른 곳을 경유해 크로아티아로 입국하거나 우리나라로 돌아올 경우 출발 전 수하물 관련 사항을 항공사에 반드시 체크해 두자.

**② 환승 시간은 여유 있게 잡자.**

경유해서 항공권을 예약할 때는 환승 시간이 최소 2시간 이상 여유가 있는 티켓으로 구매해야 한다. 해외에서는 공항 사정 등 여러 변수가 생길 수 있으므로 여유롭게 환승 시간을 남겨 두는 것이 좋다. 특히 유럽의 경우 경유지에서 입국심사를 받게 되기 때문에 승객이 많을 때는 시간을 지체하다 비행기를 놓칠 수 있다. 환승 시간이 짧은 경우 사전에 환승 가능 여부를 항공사나 여행사에 문의해 보고 구매하자.

## 5. 숙소 예약

여행에서 숙소는 여행의 성패를 좌우하기 때문에 매우 중요하다. 편안하고 즐거운 여행을 위한 숙소 예약 방법을 알아보자.

**① 숙소 예약 사이트**

♥ **아고다** agoda.com
전 세계 호텔과 리조트 정보가 모두 있어 선택할 수 있는 옵션이 많다. 등급이 높을수록 혜택이 많고, 저렴한 프로모션이 많다.

♥ **부킹닷컴** Booking.com
전 세계 폭넓은 호텔 네트워크를 보유하고 있어 다른 사이트보다 많은 숙소를 찾아볼 수 있다. 무료 취소와 현장 결제가 가능하다.

♥ **트리바고** trivago.co.kr
간단하고 직관적인 검색시스템으로 다양한 사이트의 숙소 가격을 한눈에 볼 수 있어 최저가를 빠르게 확인할 수 있다. 수수료도 낮은 편.

♥ **에어비앤비** Airbnb.co.kr
호스트가 사이트에 등록해 놓은 로컬 숙소를 여행자가 예약하는 사이트. 개성 있는 다양한 현지 숙소를 알아볼 수 있다.

♥**트립닷컴** trip.com
다양한 프로모션과 리워드가 있고, 액티비티 티켓이나 공항 픽업 등 교통편도 있어 편리하다.

♥**호텔스닷컴** hotels.com
다양한 숙박 옵션, 일일 특가와 최저가 보장 등으로 저렴한 숙소 예약이 가능하다. 특히 여행자들의 리얼 리뷰와 평가를 공개한다.

♥**호텔스컴바인** hotelscombined.co.kr
여러 사이트를 일일이 비교하는 번거로움 없이 한 번에 가격 비교가 가능하다.

♥**트립어드바이저** tripadvisor.co.kr
전 세계 호텔의 리뷰와 평점을 제공해 호텔 상태를 미리 파악할 수 있다.

### ② 숙소 예약 시 팁과 주의 사항

숙소 예약 시 숙소 가격을 한눈에 비교해 볼 수 있는 사이트를 찾아 최저가 검색을 먼저 해보자. 이때 2~3개 사이트를 비교해 보는 것이 좋다. 무료 취소가 가능하다면 먼저 예약을 해두는 것도 좋은 방법이다. 검색 사이트에 여행자들의 리뷰도 숙소 선택에 도움이 되니 잘 살펴보고 선택하자.

숙소 예약 시 주의 사항

**① 결제통화 설정(달러나 현지 통화로 결제)**

해외 숙소를 예약할 경우 달러나 원화를 선택해 결제할 수 있다. 원화로 결제할 경우 환전 수수료가 올라가거나 이중수수료가 발생할 수 있으니 달러로 결제하는 것을 추천.

**② 각종 부가 금액 확인**

눈에 보이는 금액이 최종 금액이 아닐 수 있다. 해외 숙소의 경우 세금이 추가될 수도 있으며, 기타 리조트 Fee 등이 추가될 수 있기 때문에 예약하는 금액이 최종인지 아닌지 미리 확인한 후 예약해야 한다.

**③ 환불 정책, 체크인 시간 확인**

무료 취소가 가능한지, 무료 취소가 언제까지 가능한지, 체크인 시간은 언제인지 반드시 확인하고 예약을 진행해야 한다. 여행 일정이 바뀌어 취소를 하는 경우가 생길 수도 있고, 체크인이 늦어질 경우 예약한 옵션의 방을 받지 못하는 경우도 있기 때문. 체크인이 늦어질 경우 호텔에 미리 알리는 것도 방법.

**④ 할인 코드 및 이벤트 확인**

대부분의 호텔 예약 사이트는 할인 코드를 제공하고 있으니 검색 후 코드를 활용하면 더 저렴하게 예약할 수 있다. 호텔 예약 사이트의 할인 코드를 꼭 검색해 보고 예약하자.

**⑤ 숙소 사이트 회원가입이나 멤버십 가입**

브랜드 호텔을 이용할 경우 각 호텔 사이트를 통해 예약하는 것을 추천한다. 호텔 멤버십을 가입하면 가입비는 무료이고 등급이 높을수록 무료 조식이나 객실 업그레이드, 이용 횟수와 결제 금액에 따른 리워드 프로그램 등 더 많은 혜택을 받을 수 있으니 챙겨보자.

## 6. 여행 경비-환전과 현지 결제

여행에서 사용할 경비는 환전을 하거나 카드를 준비해야 한다. 환전과 결제의 스마트한 대안이 요즘 핫한 트래블 카드다. 게다가 해외에서 결제 가능한 곳이 많아진 페이도 있다. 여행 경비를 어떤 방법으로 사용할 것인지 잘 계획해서 안전하고 스마트한 여행을 준비해 보자.

### 현금 환전

크로아티아 여행 시 여행 경비로 현금을 사용하려면 여행을 떠나기 전 은행에 직접 가서 유로(EUR)로 환전해야 한다. 크로아티아 화폐는 쿠나였으나 2023년 공식 화폐가 유로로 바뀌었기 때문. 은행마다 우대 환전 수수료가 다르니 확인해 보고 가면 수수료를 절약할 수 있고, 모바일 앱을 통해서는 90%까지 우대받을 수 있다. 크로아티아는 카드 사용이 가능하기 때문에 현금은 소액으로 환전해 가고, 트래블 카드로 현지에서 환전해서 쓰는 방법을 추천한다. 수수료도 절약할 수 있고, 실시간 환율로 환전이 가능하다.

### 현지 결제-트래블 카드

해외여행 시 결제를 위해서는 현금과 카드가 필요하다. 대부분 비자나 마스터 기반 신용카드나 체크카드를 준비해 가는데, 요즘은 환전과 결제가 모두 가능한 트래블 카드가 인기다. 트래블 카드는 은행 계좌를 앱과 연결해 앱에서 환전과 결제를 할 수 있는데, 심지어 환전 수수료도 무료이거나 저렴하고, 실시간 환율로 24시간 환전이 가능하다. 결제는 실물 카드와 모바일 카드 모두 가능한데, 실물 카드는 앱에서 카드 신청을 할 수 있으니 여행 전에 미리 만들어 두면 된다. 현금이 필요할 경우 현지 ATM에서 인출해서 사용하면 되고, 인출 수수료도 무료(현지 ATM 사용 수수료는 제외)다. 크로아티아에서도 Visa나 Master 기반 ATM기에서는 사용 수수료가 무료인 곳이 있으니 트래블 카드 홈페이지를 확인하거나 관련 정보를 찾아보자. 가능하면 은행 ATM기를 사용하는 것이 좋다.
또한 트래블 카드는 다양한 외화를 충전할 수 있고, 결제 활성화 기능도 있어 실물 카드를 잃어버려도 앱으로 직접 조정할 수 있다. 교통카드 결제 기능도 있다.

#### ① 트래블 페이 카드

트래블 월렛 앱을 통해 충전한 외화를 해외 현지에서 사용하는 방식으로, 현지 통화를 직접 환전하고 결제할 수 있다. Visa 카드 기반. 모든 은행 계좌 연결이 가능하다. 크로아티아에서 사용하는 유로는 무료 환전이 가능하니 필요한 만큼 그때그때 충전해서 사용할 수 있어 편리하다.

#### ② 트래블 로그 카드

하나머니 앱으로 충전하고 직접 환전해서 쓴다. 트래블 로그 체크카드도 모든 은행 계좌 연결이 가능하다. Master 카드 기반. 수수료 면제 금액을 확인할 수 있어 얼마나 아꼈는지 쉽게 확인할 수 있다. 트래블 로그 카드는 카드 디자인이나 체크카드와 신용카드 중 선택할 수 있다. 달러(USD), 유로(EUR), 엔화(JPY), 파운드(GBP)는 상시 무료 환전이며, 이벤트를 통해 다양한 통화의 환율 우대 서비스를 제공하고 있다. 환전하기 전에 이벤트를 꼭 확인하자.

### 트래블 카드 사용 시 주의 사항

♥트래블 카드는 충전 한도나 결제 한도, ATM 인출 한도가 각각 다르니 꼭 확인해야 한다.
♥해외 ATM에서 현금을 인출할 경우 일반적으로 비자, 마스터 무료 인출이 가능한 ATM이나 은행을 이용하자. 사설 ATM은 기기 사용 수수료가 포함되니 가급적 피하는 것이 좋다.

### 해외 원화 결제 차단 서비스를 사용하자.

해외에서 사용할 신용카드나 체크카드를 신청할 경우 카드사로부터 해외 원화 결제(DCC) 차단서비스 이용 여부를 꼭 챙겨야 한다. 해외 원화 결제(DCC) 차단 서비스는 해외 가맹점에서 현지통화가 아닌 원화로 결제되는 경우 카드 사용 승인이 거절되는 서비스로 사용자가 해외에서 카드 이용 시 원치 않는 해외 원화 결제(DCC) 수수료를 부담하지 않도록 한 것이다.

## 7. 여행 안전

해외여행 중에는 여러 가지 문제나 사건 사고가 발생할 수 있다. 이럴 때 당황하지 않도록 미리 대비해 두어야 할 것들을 살펴보자.

**① 여행자보험 가입**

여행자보험은 여행 중에 발생할 수 있는 여러 위험 요소들을 보장해 주는 보험이다. 여행 중 아프거나 도난 사고가 발생하는 등 예기치 못한 문제가 생겼을 때 여행자보험이 도움이 될 수 있기 때문에 중요하다. 여행은 안전하게 다녀오는 것이 가장 좋지만, 만일의 상황을 대비해 여행자보험은 망설이지 말고 꼭 가입하는 것을 추천한다. 가능하면 최대한 보장받을 수 있는 상품으로 가입하자.

**② 비상 연락망 정리**

여행 중 긴급 상황이 발생할 경우를 대비해 비상 연락망을 준비해 두는 것이 좋다. 현지에서 도움을 받을 수 있는 영사 콜센터나 대사관 등 관련 기관의 주소와 연락처를 미리 메모해 둔다. 그리고 현지에서 국내로 쉽게 연락이 가능한 가족이나 지인들의 전화번호를 잘 챙기고, 여행 사실을 미리 알려두도록 하자.

**③ 클라우드 활용하기**

여행 중 여권과 같이 꼭 필요하고 분실하면 안 되는 것들은 클라우드에 저장해 두고 활용해 보자. 여권 사진이나 여권 사본, 신분증, 비자 등을 클라우드에 따로 저장해 두면 안전하게 보관하고, 안정적으로 백업도 되기 때문에 필요할 때 언제든 사용할 수 있다.

**④ 휴대 물품 및 캐리어 관리**

해외여행 시 고가의 물품(귀중품이나 고가의 카메라 등)을 가지고 출국했다가 입국 시 다시 가지고 입국하려면 휴대 물품 반출신고를 해야 한다. 휴대 물품을 가지고 출국할 때 여행자는 인터넷으로 세관에 사전신고(unipass.customs.go.kr)하거나 공항 세관에 신고해 '휴대 물품 반출신고서'를 발급받고, 입국 시에 세관에 자진 신고해야 관세를 면제받아 통관할 수 있다.
여행 시 필요한 짐이 들어있는 캐리어는 파손이나 도난의 우려가 많다. 도난 방지를 위해 캐리어용 열쇠를 따로 준비하거나 파손을 대비해 캐리어 벨트나 커버를 이용해 보자. 만약 수하물로 부친 캐리어가 파손되었을 경우에는 보상을 받을 수 있다. 여행자 보험을 들었다면 여행자 보험에서 보상받을 수 있고, 보험을 들지 않았다면 항공사에서도 보상을 받을 수 있다. 이때 항공사 규정은 조금씩 다르니 수하물 규정을 확인해 두자. 혹 배상 한도를 초과하는 수하물을 위탁하는 경우에는 수하물 위탁 시 가격을 신고하면 신고한 한도 내에서 배상을 받을 수 있다. 수하물에 이상이 생기면 도착 공항 수하물 벨트에서 확인한 후 직원에게 바로 접수하는 것이 좋다.

### ⑤ 비상금

여행하다 보면 분실이나 도난의 위험은 언제나 있기 마련이다. 만약 소매치기의 위험이 높은 나라를 여행한다면 특히 조심해야 한다. 비상용으로 사용할 돈과 신용카드 하나 정도는 숙소 캐리어에 넣어두고, 여행 시 현금은 2~3군데 나누어 보관하자. 소매치기 위험이 높은 곳이라면 따로 작은 지갑에 현금을 조금씩 꺼내 사용하고, 지갑은 속주머니나 눈에 잘 띄지 않는 곳에 보관하는 것이 좋다. 사용하는 배낭이나 가방에 작은 열쇠를 사용하는 것도 추천한다. 유럽은 소매치기가 빈번히 발생하는 도시이므로 조심하는 것이 좋다. 안전을 위해 필요한 만큼만 소액을 들고 다니고, 외부 일정이 있을 시 가능하면 여러 군데로 나누어 현금 보관할 것을 추천한다.

### ⑥ 분실 사고 대처법

해외여행 중 가장 자주 발생하는 문제는 분실사고다. 여권이나 항공권, 휴대폰이나 개인 물품 등을 잃어버리거나 도난당하는 일이 일어날 수 있다. 이런 일이 발생하면 현지에서 당황하지 않도록 미리 대처 방법을 알아두도록 하자.

**TIP ❶ 여권 분실**

여권을 분실했다면 즉시 가까운 현지 경찰서를 찾아가 상황 설명을 하고 여권 분실증명서를 발급받아야 한다. 미리 챙겨간 신분증(주민등록증, 여권 사본 등)과 경찰서에서 발행한 여권 분실증명서, 여권용 사진, 수수료 등을 지참해 현지 재외공관을 방문해 필요한 여행증명서나 긴급 여권을 발급받도록 하자.

**❷ 수하물 분실**

수하물을 분실한 경우에는 화물인수증(Clam Tag)을 해당 항공사 카운터에 보여주고, 분실 신고서를 작성하면 된다. 공항에서 짐을 찾을 수 없을 경우 항공사에서 배상한다.

**❸ 여행 중 물품 분실**

현지에서 여행 중 물건을 분실했을 경우 현지 경찰서에 가서 신고하면 된다. 여행자 보험에 가입했다면 현지 경찰서에서 도난 신고서를 발급받는 후 귀국 후에 해당 보험사에 청구하면 보상받을 수 있다.

**❹ 지갑 분실이나 도난으로 현금이나 카드가 없을 경우**

가까운 우리나라 대사관이나 영사관을 찾아가 그곳에서 신속 해외송금을 신청하면 된다. 서류를 작성해 제출하면 외교부 지정 계좌로 송금해 필요한 현금을 수령할 수 있다.

# 여행 실전 준비

## 여행 전에 할 일

여행은 공항에서부터 시작되는 것이 아니라 여행을 준비하는 그날부터 시작된다.
누구나 처음에는 다 막막하다. 그러나 걱정 대신 열정으로 하나하나 날짜에 맞춰
여행 준비를 시작해 보자. 열심히 준비한 만큼 여행은 알차진다.

---

### 여행 90일 전

**여행 일정을 계획하고 항공권을 확보하자**

여행지와 여행의 형태를 결정하자. 먼저 여행지를 선정하고, 자신의 스타일에 맞게 자유여행을 할 것인지 패키지여행을 할 것인지 결정한다. 출발일과 여행 기간이 정해지면 대략적인 일정을 잡자. 항공권은 최소 두세 달 전에는 구매하는 것을 추천한다. 여러 항공사 홈페이지와 항공권 가격비교 사이트를 체크하고, 프로모션 이벤트 등을 주시하면서 늦어도 3개월 전에는 항공권을 확보하자.

---

### 여행 80일 전

**여행 예산을 짜자**

여행 예산을 짤 때는 항공권, 숙박비, 식비, 교통비, 입장료, 투어 비용, 비상금 등을 고려해야 한다. 예산을 절약할 수 있는 다양한 방법들을 잘 살펴 알찬 여행을 완성해 보자.

---

### 여행 60일 전

**여권과 비자를 확인하자**

여행을 떠나기 전 여권 확인은 필수다. 여권 유효 기간이 6개월 미만이라면 꼭 재발급을 받도록 하자. 또한 무비자 여행국인지, 비자가 필요한지, 전자 여행 허가제가 필요한 나라인지 꼭 미리 확인해서 준비해야 한다.

## 여행 50일 전

### 여행 정보를 수집하자

여행지의 역사와 문화, 풍습 등 다양한 정보들이 있으니 살펴보자. 홀리데이 가이드북을 정독하고 관광청 홈페이지와 유튜브 등을 통해 자세한 정보를 알아두자. 카페나 블로그, 구글 검색도 이용해 볼 수 있다. 알고 가면 여행의 수준이 달라질 것이다.

## 여행 40일 전

### 숙소와 투어를 예약하자

숙소는 일정에 따라 이동이 편리한 곳에 위치를 정하고 예약하자. 도보로 이동이 가능하거나 역 주변이면 이동이 편하다. 또 투어나 액티비티, 공연 관람 등을 계획하고 있다면 미리 알아보고 예약해 두는 것이 좋다. 온라인 예약이 꼭 필요하거나 할인 패스 등이 있다면 정보를 알아보고 준비해 두자.

## 여행 30일 전

### 여행자보험에 가입하자

여행자보험을 가입하자. 인터넷이나 여행사, 출발 전 공항에서 가입할 수 있다. 공항에서 가입하는 보험이 가장 비싸니 미리 가입해 두는 것이 좋다. 보험증서, 비상 연락처, 제휴 병원 등 증빙 서류는 여행 가방 안에 꼭 챙겨두자. 여행 시 문제가 생겼다면 보험 회사로 연락해 귀국 후 보상금 신청을 하면 된다. 미리 보상 절차를 알아두자.

## 여행 20일 전

### 각종 증명서를 발급받자

여권을 잃어버렸을 때를 대비해 여권 사본과 여권 사진 두 장, 현지에서 운전할 계획이라면 국제 운전면허증을 미리 발급받아 두어야 한다. 국내 운전면허증도 함께 챙겨두자. 학생인 경우 국제 학생증을 발급받아 각종 학생 할인과 무료입장의 혜택을 받도록 하자.

## 여행 15일 전

### 환전과 결제 준비를 하자

현지에서 사용할 현금은 미리 현지 화폐로 환전을 해서 준비해 두자. 요즘 핫한 트래블 카드로 환전해 사용할 예정이라면 미리 트래블 카드도 발급받고, 관련 앱도 설치해 두는 것이 좋다. 여행지에서 사용 가능한 페이가 있다면 미리 카드등록을 해두자. 해외에서 결제 가능한 신용카드도 챙겨두면 유용하다.

## 여행 7일 전

### 여행 짐을 꾸리자

아무리 완벽하게 짐을 꾸려도 현지에 도착한 후 생각나는 경우가 많다. 미리 체크리스트를 작성해 두고 참고해서 짐을 꾸리면 아쉬움을 줄일 수 있다. 여행에 꼭 필요한 각종 서류들도 다시 한 번 체크해 두자. 여권, 항공권, 숙소 예약 티켓, 각종 증명서나 사본, 교통편 확인 체크, 로밍이나 현지 데이터 사용 방법을 확정해서 준비해 두자.

## 여행 당일

### 출국과 여행지 입국하기

출국을 하려면 최소 출발 2시간 전에는 공항에 도착해야 한다. 면세품을 인도받아야 한다면 넉넉히 3시간 전에 도착하는 것이 좋다. 출국 24시간 전부터 온라인 체크인이 가능할 경우 원하는 좌석 선택과 항공권 출력을 해두자. 출발 시 꼭 여권을 챙기자.

## 여행 스케줄표 만들기

여행지에서 할 일과 이동 시 교통편, 숙소나 항공, 여행비 등을 함께 일목요연하게 정리해 두면 여행 시 필요한 내용을 한눈에 볼 수 있고, 체크할 수 있어서 좋다. 여행 일정을 체크하면서 여행 스케줄표를 미리 만들어 보자. 여행 스케줄표는 각자 여행의 목적이나 인원 등에 따라 항목을 만들면 된다. 엑셀 파일로 정리하거나 여행 일정 앱을 사용하면 훨씬 편리하고 효율적으로 활용할 수 있고 공유도 할 수 있다.

### 여행 스케줄표 작성 Tip

♥항목은 각자 편리한 대로 만들면 되는데, 교통비나 숙박비 등 여행 시 사용할 비용도 함께 만들어 두면 금액이 한눈에 들어와 예산을 파악하는 데도 도움이 된다.

♥엑셀 항목은 날짜/ 나라(도시)/ 일정(할 일)/ 교통편/ 교통비/ 숙박/ 숙박비/ 입장료/ 기타 등으로 나누어 스케줄표를 짜 보자. 여행 일정이 한눈에 들어와 편리하다.

♥엑셀로 정리한 여행 스케줄표는 현지에서 매일 일정별로 한 장씩 들고 다닐 수 있도록 프린트해 가면 현지에서 편리하다. 매일의 일정표를 작성하려면 이동 교통편을 자세히 정리해 두면 도움이 된다.

## 여행 준비 체크리스트

□ 여권 및 여권 사본, 여권 사진
□ 국제 운전면허증
□ 신분증, (필요한 경우) 국제 학생증
□ 항공권 e-티켓 인쇄
□ 숙소 바우처 인쇄
□ 각종 티켓이나 바우처
□ 여행자보험 인쇄
□ 여행스케줄표 인쇄
□ 통신사 확인(해외 로밍 등)
□ 해외 사용 앱 다운로드
□ 환전 / 해외 결제 카드
□ 지갑
□ 교통패스 구입
□ 멀티 어댑터
□ 보조배터리 / USB 허브
□ 핸드폰 충전기
□ 캐리어/보조 백
□ 비상약
□ 옷(양말, 속옷, 잠옷, 여벌 옷, 수영복 등)
□ 모자
□ 신발(샌들, 슬리퍼, 아쿠아슈즈 등)
□ 접이식 우산
□ 휴지(물티슈 등)
□ 세면도구(칫솔, 치약, 샴푸, 린스, 바디워시, 샤워타월, 클렌징, 면도기, 손톱깎이 등)
□ 화장품(스킨, 로션, 선크림, 기타 화장품 등)
□ 선글라스(안경)
□ 카메라 및 관련 물품
□ 셀카봉
□ 방수팩
□ 지퍼백(비닐 팩 등)
□ 비상식량
□ 여행용 파우치

# INDEX

*EAT*

# INDEX

# 꿈의 여행지로 안내하는 친절한 길잡이

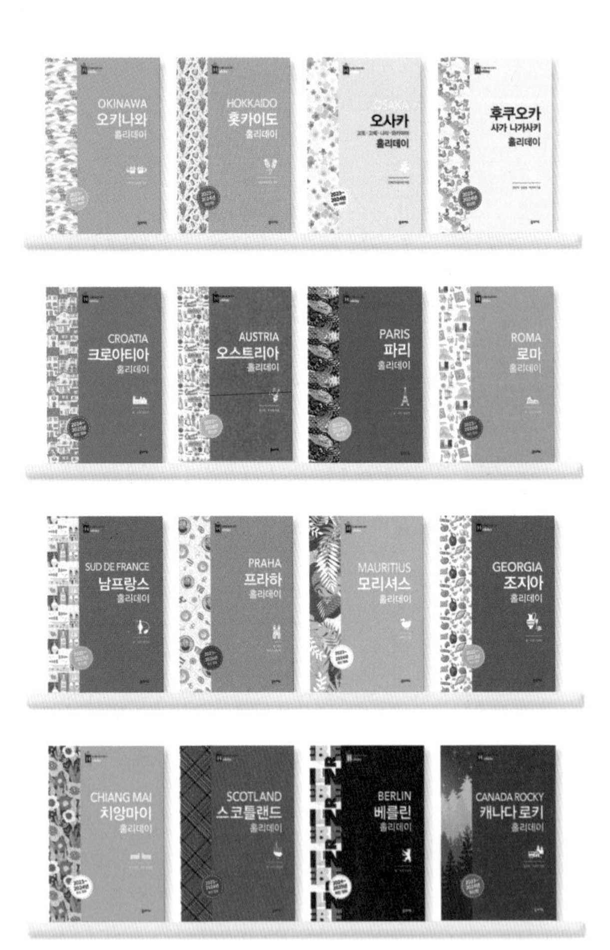


최고의 휴가는 **홀리데이 가이드북 시리즈**와 함께~

• MEMO •